新世纪高等学校教材·环境生态工程系列

U0659696

环境生态 水力学

王 烜◎主 编

易雨君　邵冬冬　刘海飞　陈家军◎副主编

HUANJING SHENGTAI
SHUILIXUE

北京师范大学出版集团
BEIJING NORMAL UNIVERSITY PUBLISHING GROUP
北京师范大学出版社

图书在版编目(CIP)数据

环境生态水力学 / 王烜主编. —北京：北京师范大学出版
社，2025.4
（新世纪高等学校教材·环境生态工程系列）
ISBN 978-7-303-27713-1

Ⅰ. ①环⋯ Ⅱ. ①王⋯ Ⅲ. ①环境水力学－高等学校－
教材②生态学－水力学－高等学校－教材 Ⅳ. ①X52②TV13-05

中国版本图书馆 CIP 数据核字(2022)第 001458 号

出版发行：北京师范大学出版社 https://www.bnupg.com
　　　　　北京市西城区新街口外大街 12-3 号
　　　　　邮政编码：100088
印　　刷：北京虎彩文化传播有限公司
经　　销：全国新华书店
开　　本：787 mm×1092 mm　1/16
印　　张：12.5
字　　数：280 千字
版　　次：2025 年 4 月第 1 版
印　　次：2025 年 4 月第 1 次印刷
定　　价：39.00 元

策划编辑：刘风娟　　　　　　　责任编辑：刘风娟
美术编辑：焦　丽　　　　　　　装帧设计：焦　丽
责任校对：陈　民　　　　　　　责任印制：马　洁

内容简介

本书以经典水力学理论为基础，结合环境科学、生态学、工程科学的原理和方法，全面系统地阐述水体中水动力变化及其对水环境、水生态系统影响研究的基本理论、技术方法及其在实际工程中的应用，并介绍了国内外相关研究的新进展。

本书可作为高等学校水利、环境、生态、化工、能源等专业的大学生和研究生教材，也可为相关专业的科技与工程技术人员提供参考。

前　言

　　环境生态水力学是水力学与环境科学、生态学及工程科学的交叉学科，它以水动力、水环境、水生态三者之间的关系与相互作用为核心，主要研究水动力条件驱动下水环境、水生态系统的变化规律。

　　本书系统地介绍了环境生态水力学的基本理论、技术方法及其在实际工程与管理中的应用，共分 9 章：第 1 章介绍环境生态水力学的研究背景、发展历程、研究任务及方法；第 2 章介绍液体运动的基本原理及分析方法；第 3 章介绍水环境中物质传输的分子扩散、紊动扩散和剪切流离散等基本理论及分析方法；第 4 章介绍天然水体中输移扩散问题的分析方法；第 5 章介绍射流理论及其在废水排放工程中的应用；第 6 章介绍环境生态水力学物理模型及应用；第 7 章介绍环境生态水力学数值模型及应用；第 8 章介绍基于环境生态水力学的生态修复工程；第 9 章介绍基于生态水力模拟的生态需水核算和配置。每章结尾有拓展阅读，可以拓宽研究视角；章末有复习思考题，有助于启发读者的发散思维，帮助读者巩固和思考，提高分析解决问题的能力。

　　参与本书编写的有：王烜（第 1、2、3、4、8、9 章）、易雨君（第 1、4、6、7、8 章）、邵冬冬（第 1、5、6、8 章）、刘海飞（第 1、2、4 章）、陈家军（第 2 章）。王烜负责全书的统稿和审核，刘海飞参与审核。研究生曾祥来、丁禹、朱洁、卫晨曦、方佳佳、廖珍梅、茹志明、蔡剑英、邢立铭、藏楠、唐彩红、施伟、李冬雪、章藐、徐嘉欣、刘泓汐、郑劭彦、刘丹、王子睿等也参与了文稿编写、插图绘制和校核。本书从组织到出版的过程中，得到北京师范大学环境学院徐琳瑜教授的大力支持和协助。此外，本书参考了大量文献资料，在此一并表示衷心的感谢！

　　环境生态水力学作为交叉融合的新兴学科，研究内容极其丰富，本书只是反映了其中一些相对成熟的基础性研究成果，随着流域生态环境保护需求的日益增长和现代科学技术的迅猛发展，环境生态水力学的学科体系和研究范畴必将不断更新和发展。由于时间紧迫，加之作者才疏学浅，书中难免存在疏漏，恳请读者批评指正！

编者

2024 年 12 月于北京师范大学

目　录

第1章 绪 论

随着人口的增长和工农业的迅速发展，人类对水资源的需求量不断增加，而水环境污染、水生态退化问题不断加剧，水量短缺和水质污染交织是我国现阶段面临的主要生态环境问题。为了解决这些问题，由环境科学、生态学等多学科交叉融合而成的环境生态水力学应运而生。本章从我国水生态环境现状入手，介绍环境生态水力学学科的研究背景、发展历程、研究任务及方法。

1.1 水生态系统失衡问题

1.1.1 水量短缺与水质污染交织

我国水资源总量居世界第六，但水资源人均占有量低。降水时空分布不均匀，总体呈现夏秋多、春冬少、南多北少、东多西少等特点（龙小菊，2011）。大部分地区每年汛期连续4个月的降水量占全年的60%～80%，降水年内分配不均不但容易形成春旱夏涝，而且由于水资源中大约有2/3是洪水径流量，还会形成江河的汛期洪水和非汛期枯水（夏军等，2016）。与此同时，全球气候变化将进一步加剧水资源短缺。*Nature*杂志研究表明，21世纪末全球变暖的预估值可能比政府间气候变化专门委员会（Intergovernmental Panel on Climate Change，IPCC）在最大排放场景下的预测结果还要高15%左右（Brown和Caldeira，2017），全球水资源短缺的态势不容乐观。

另外，地表水、地下水等污染状况堪忧。根据《地表水环境质量标准》（GB 3838—2002），2020年1 940个地表水国控断面中，水质优良（Ⅰ～Ⅲ类）断面比例为83.4%，Ⅳ类断面比例为13.6%；Ⅴ类断面比例为2.4%；劣Ⅴ类断面比例为0.6%。地下水水源监测点位304个，其中268个全年均达标，占88.2%；36个超标点位中，5个为部分月份超标，31个为全年均超标，主要超标指标为锰、铁和氨氮（2020年全国生态环境质量简况，2021）。

水量短缺与水质污染交织进一步加剧了水生态系统的失衡。资源型缺水、水质型缺水、工程型缺水和制度型缺水等共存，从根本上制约着经济社会的可持续发展，而水环境的持续污染将进一步加剧水量短缺，导致水生态系统的持续退化。

1.1.2 水生态系统退化

生态退化是生态系统的一种逆向演替过程，是生态系统在物质、能量匹配上存在着某一环节上的不协调或达到生态退变的临界点。水生态系统退化是指在自然演替过程中，受到自然和人为干扰后，系统的水文物理形态、水生生物群落结构和功能（如水体的净化能力、水产养殖、景观服务等）被破坏以及逐步丧失、退化的过程。水生态系统退化表现为水质恶化、水体富营养化、湿地退化萎缩、沉积物淤积、河床抬高、湖面萎缩、水生生物消失或多样性降低等（念宇，2010）。此时，生态系统处于不稳定或失衡状态，对自然或人为干扰的缓冲能力弱，生态因子或生态系统的基本结构、功能破坏和丧失，生态系统逐渐演变为另一种与之相适应的低水平状态（章家恩和徐琪，1997、1999）。例如，

2011 年下半年鄱阳湖水位持续下降，11 月都昌站水位下降至 9.25 m，部分湖底出现裸露情况(韩建和陈婷，2012)。又如，有"华北明珠"之称的白洋淀，20 世纪 50 年代水域面积尚有 561 km²，2000 年已锐减至 278 km²，2010 年减为 228 km²(李涛等，2013)。虽然通过多水源向白洋淀联合补水，2018 年水域面积达到 262.83 km²(温静和黄大庄，2020)，但白洋淀水域面积依旧未恢复到 20 世纪水平。随着湖面的萎缩、污染的加剧，白洋淀沥洪泄洪、调节气温、为生物提供栖息地等生态系统服务功能，为人类提供芦苇、鱼、虾等经济功能，娱乐、美学以及科学研究价值等逐渐丧失。

1.2　环境生态水力学的学科发展历程

人与水的密切关系可以追溯到人类的起源。因此，对于水生态系统水质的关注，特别是对饮用水和灌溉用水水质的关注可以追溯到人类社会早期。从这个意义上说，人类对环境生态水力学的关注即肇于此。然而，直到人们靠打猎、捕鱼和小群体的不断迁徙为生，对除寄生虫以外的水传播健康风险的关注仍非常有限。从大约 10 000 年前开始，地球上出现了定居耕种的农民，开始集中生活在水井、湖泊、河流和其他水源周围，这些水源位于不断发展的城市中心，充当废水排放源(Vuorinen，2007a)。对城市废水排放进行管理，以最大限度地降低微生物污染的风险及其对人类社会产生的相关影响，这是环境生态水力学最初关注的焦点。因此，我们将这一阶段称为环境生态水力学的公共卫生时代。最古老的排水系统记录出现在美索不达米亚(Mesopotamia)和波斯(Persia，约公元前 4000—前 2500 年)、米诺斯文明(Minoan civilization，约公元前 3200—前 1100 年)、古印度或哈拉帕文明(Harappan civilization，约公元前 3200—前 1900 年)以及古埃及和中国(约公元前 2000—前 500 年)(De Feo 等，2014；Mays，2010a、2010b)(图 1-1)。众所周知，阿尔克迈昂(Alcmaeon，约公元前 470 年)是第一位声称水质可能影响人类健康的古希腊医生，而后来被认为是医学鼻祖的希波克拉底(Hippocrates，约公元前 460 年—约前 370 年)在论文《空气、水、地方》中详细介绍了水的不同来源、水质及其对健康的影响(Vuorinen，2007b)，见图 1-1。当水质不符合要求时，古希腊人和古罗马人使用不同的方法来改善水质，例如，通过沉淀池(及其串联形式)、筛子、沙子过滤以去除悬浮颗粒物，以及煮沸水(Vuorinen，2007b)。此外，有人认为古罗马人使用竖井来取水、动能耗散和水流曝气，以改善水质(Chanson，2002；Gualtieri 和 Chanson，2013)。古罗马人通常以发达的输水管道而闻名于世，他们的下水道系统却鲜为人知。在古罗马的大城市，污水处理系统非常庞大。但在许多其他地方，污水处理系统部分或完全缺失，只能将污水直接排放到街道和河流。因此，街道经常需要从输水管道引水来冲洗(Mays，2010b；Vuorinen，2007a)。此外，泥沙输移作为另一种重要的环境生态水力学过程在古代就存在，典型的例子包括美索不达米亚和古埃及的灌溉和排水渠道(Mays，2010a)以及中国四川省的都江堰水利工程(约公元前 300 年)(Chanson，2004)(图 1-1)。

在欧洲，古罗马帝国衰亡后，供水和污水系统的维护和扩建减少，仅限于城堡、修道院和大城镇。缺乏恰当的卫生设施增加了中世纪和文艺复兴时期欧洲流行病的影响(如黑死病、伦敦大瘟疫等)。有趣的是，就在文艺复兴时期，意大利语单词 turbolenza(紊流)首次出现在达·芬奇(Da Vinci)的作品中(Marusic 和 Broomhall，2021；Mossa，2021)。他使用这个词来描述在一场激烈的战斗中士兵的快速移动以及水的运动，关于后者他描述了一系列漩涡的尺度和它们在小尺度上的随机性。他写道："小的漩涡几乎数不清，大的物体只被大的漩涡转动而不被小的漩涡转动，小的物体在小的漩涡和大的漩涡中旋转。"（图 1-1）。这些描述使一些研究者认为是达·芬奇首次预言了紊流相干结构和理查德森-柯尔莫哥洛夫（Richardson-Kolmogorov）能量级串理论的概念（Gad-el-Hak，2007；Marusic 和 Broomhall，2021）。有人认为，他将艺术家对自然界美的深入思考带到了科学工作中（Marusic 和 Broomhall，2021）。他的数学和机械研究与作为一名艺术家的工作之间的密切关系表明，达·芬奇的自然观处于文艺复兴时期的犹太神秘主义哲学和现代自然机械哲学之间的过渡（Yates，1964）。此外，阿尔伯特·布雷哈姆斯（Albert Brahams，1692—1758）首先描述了泥沙起动过程，他提出，如果近床面流速与床面物质重量成六分之一次方，则会发生泥沙起动，并确定了基于经验的比例系数（Wright 和 Crosato，2011）。

图 1-1 环境生态水力学的公共卫生时代

(a)巴基斯坦莫亨佐达罗大浴场(Great Bath of Mohenjo-daro，公元前 3000 年)(维基媒体)(b)希波克拉底(维基媒体)(c)中国都江堰水利工程(Carlo Gualtieri 摄)(d)法国加尔桥的罗马渡槽(1 世纪)(维基媒体)(e)坐着的老人，研究水流(约 1500 年)(温莎城堡，皇家收藏，RL 12579，达·芬奇)(f)将水喷射到水池中并产生紊流(约 1500 年)(温莎城堡，皇家收藏，RCIN 91266，达·芬奇)

18 世纪以来，随着西方工业化和城市化进程的加快，对公共卫生的管理需求日益迫切，各国政府开始大力发展供水和卫生事业。与此同时，在 19 世纪，人们确定了水在几种重要疾病传播中的作用，并对城镇的整个供水系统进行了过滤，而饮用水的系统氯化始于 20 世纪初（Vuorinen，2007b）。然而，在 20 世纪初，有关废水排放对溶解氧和营养水平影响的新挑战出现了，这使得环境生态水力学关注的重点首次从人类健康转向地表水和地下水的水质。因此，我们可以认为环境生态水力学从 20 世纪 20 年代起从公共卫生时代进入水质时代（图 1-2）。

（a）点源排放
(https://reason.org/commentary/why-are-sewage-spills-just-accepted/)

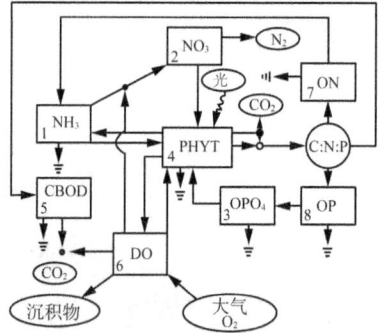

（b）WASP的富营养化动力学模型
（Wool等，2020）

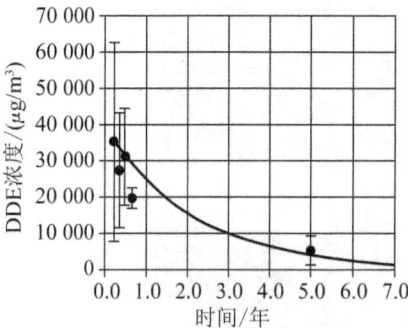

（c）活性沉积物层中的DDE浓度
(Gualtieri，1999)

（d）亚马逊河流域的有毒污染
(https://phys.org/news/2018-04-toxic-assens-amazon-basin.html)

图 1-2　环境生态水力学的水质时代

Chapra 等（1997）概述了环境生态水力学水质时代的历史发展，重点是理论分析和数值模拟。第一个开创性的现代环境生态水力学研究是斯特里特（Streeter）和费尔普斯（Phelps）于 1925 年发表的关于河流水质的研究（Streeter 和 Phelps，1958），他们开发了一个数学模型来研究俄亥俄河（Ohio River）中因废水排放而受损的溶解氧循环过程。随后的调查提供了一种评估溪流和河口溶解氧水平的方法（O'Connor，1961，1967；Velz，1938，1947）。由于辅助计算的计算机还没有出现，模型解是封闭的，并且仅限于简单的几何和稳态条件下的线性动力学。自 20 世纪 60 年代以来，环境生态水力学方面的研究迅猛增长，20 世纪 70 年代由于环保意识的提升引起了社会对环境问题的关注，并开始研究富营养化问题，20 世纪 80 年代后期有毒污染也受到了关注。与环境生态水力学相关的第一批教材也在这一时期出版，包括经典的 Fischer 等（1979）、Thomann 和 Mueller（1987）以及 Chapra 等（1997）的著作。

21 世纪以来，环境生态水力学的研究重点将传统的基于水质研究的方法与紊流机理模拟、河流地貌及环境界面研究等方面的最新进展相结合，充分考虑天然水体的物理、化学和生物过程与要素之间的联系（Gualtieri 和 Mihailovic，2012），进入了环境生态水力学的交叉融合时代（图 1-3）。

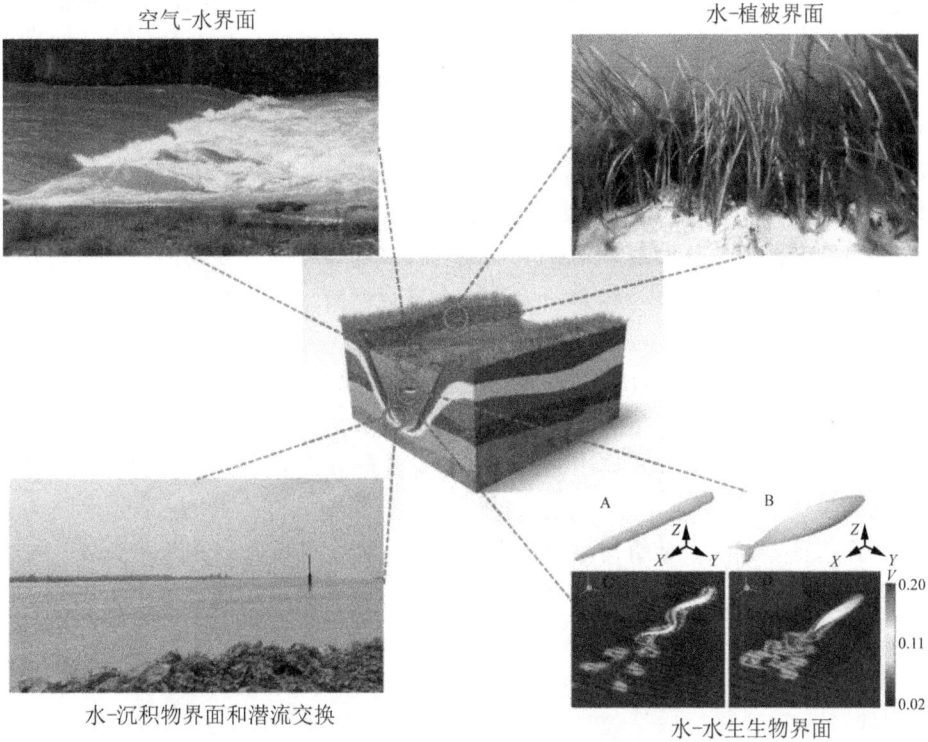

图 1-3 环境生态水力学的交叉融合时代

尽管近年来取得了一系列重大进展，但紊流的处理仍然是一项艰巨的任务。紊流是复杂的、三维的、本质上不规则和混沌的，其特征是跨越较大时空尺度的强烈混合和耗散以及相干结构和随机波动共存，并主导了环境生态水力学的关键传输过程（Pope，2000）。

环境界面可以定义为两个相对运动的非生物或生物系统之间的表面，通过生物物理和/或化学过程交换质量、热量和动量。这些过程在时间和空间上都是波动的。环境生态水力学领域关注的界面主要包括：空气-水（Gualtieri 和 Doria，2012）、水-沉积物（Chanson，2004）、水-水生生物（Maddock 等，2013）、水-植被（Nepf，2012）界面（图 1-3）。环境界面的概念也与 Nikora（2010）关于需要将水生生态学、生物力学和环境流体力学整合到水生生态系统的水动力学中的观点一致，这涉及两个关键的相互关联问题，即水流和生物体之间的相互作用以及与生态过程相关的传质-吸收过程，尚需通过进一步研究来提升目前对环境界面交换过程的认识。

在环境生态水力学交叉融合时代的近二十年中，环境生态水力学过程的分析受益于现场/实验室仪器的精度/分辨率的不断提高以及数值计算能力的快速发展，并在环境紊流、泥沙输移和地貌演化等研究方向取得一系列重大进展（Bates 等，2005；Chanson，2004；Mihailovic 和 Gualtieri，2010；Pope，2000；Rodi 等，2013）。环境生态水力学的内涵和外延日益扩展，不断利用前沿的方法和技术解决更多天然水体中面临的复杂问题。

1.3　环境生态水力学的概念和研究任务

水力学是一门与工程建设紧密联系的传统学科。它在初始阶段主要研究水流的运动规律和水流与水工建筑物之间的相互作用。随着社会的发展进步和人们生活质量的提高，越来越多的水问题涌现出来，水环境、水生态问题日益受到广泛关注，水力学与环境科学、生态学及工程科学的交叉领域不断扩大，逐渐发展形成环境生态水力学。

环境生态水力学是一门研究由水动力条件驱动的，与生物相关的环境和水力学相互作用机理的学科（董志勇，2006；陈求稳，2016）。它以水环境和水生态为主要研究对象，揭示水动力、水环境、水生态三者之间的关系与相互作用。环境生态水力学着重将物理因素（水动力学、泥沙输移和地形条件）、化学因素（保守与非保守物质的传输、反应动力学和水质）和生物因素（生态学）作为一个系统来进行研究。广义地讲，它主要研究与生态有关的环境和水力学问题。

根据社会发展和工程建设的需要，环境生态水力学的研究任务主要包括：

(1)研究在水环境和水生生物影响下的水动力过程。

(2)研究各种污染物质在水体中的稀释、迁移、转化过程，为解释或预测水质变化提供理论基础。

(3)计算水环境容量，分析污染源对水质的影响，为水环境治理提供依据。

(4)研究水动力和水质条件变化对水生生物行为的影响，实现对水生生物保护与治理的双重目标。

(5)研究水动力、水环境和水生态因子相互作用下生态系统的变化过程，实现人与自然和谐相处。

1.4　环境生态水力学的研究方法

环境生态水力学将水力学和生态学的理论方法相结合，基于水力学原理和生物本身对生态环境的需求，解决与水动力过程相关的系列生态问题。环境生态水力学从传统水力学发展而来，自然而然地继承了很多水力学的研究方法。在其发展过程中，结合对环境生态系统的分析，对传统的水力学方法进行了合理的补充，形成了具有环境生态水力学学科特色的研究体系。环境生态水力学的基本研究方法包括理论分析方法、实验模拟方法和数值模拟方法，实际研究中通常需要综合运用多种方法进行分析（李炜，1999；陈永灿等，2012）。

1. 理论分析方法

环境生态水力学的理论分析方法与传统水力学的理论分析方法类似，二者均是以连续介质假设为基础，用一系列的数学方程描述各物理量之间的关系。其中既运用了质量守恒、动量守恒和能量守恒三大守恒定律，也涉及经典的牛顿运动定律。此外，通过对污染物扩散的机理研究和实验观察，提出了关于污染物输移的对流、扩散和弥散等方程，并引进了热力学、化学、生物学和系统动力学等多个学科的基本理论和经典方程。理论分析法多用于污染物运动的机理研究，所研究的问题大多可以概括为一组由偏微分方程及其相应的初始条件和边界条件组成的定解问题。理论上说，通过求解这个定解问题可以得到每个物理量的解析解，但实际操作中往往只对于少数简单的初、边值问题才可得到方程组的解。另外，当涉及环境对生物行为的影响等问题时，单独运用理论分析法往往不够，还需要结合其他研究方法。

2. 实验模拟方法

自阿基米德发现水的浮力定律开始，实验观察就一直是研究水力学的基本手段之一。实验模拟在水力学的发展过程中有着不可替代的作用。通过实验，既能验证理论的正确与否，也能根据实验现象提出可能的运行机理，或运用数理统计方法得到相应的经验方程。由于实验观察与数理统计分析之间存在相互依赖关系，实验模拟也是研究环境生态水力学有效手段之一。

根据实验场地的不同，环境生态水力学实验可分为现场实验和模型实验。现场实验是对研究对象的原型进行实验与观察。现场实验可以得到研究对象的真实数据，但往往受到各种条件的限制，无法得到边界条件改变等特定条件下的数据。为了探寻特定条件下的情况，往往需要进行模型实验。模型实验是在对研究问题进行一定分析后，通过适当的简化，在实验室中建立模型进行实验。模型实验可以制造出特定情境，具体研究某一个或几个物理量。一个优秀的模型应尽可能地简单明了、利于操作、方便观测，但又必须满足研究的需要。

相比于其他方法，实验模拟方法得到的结果更加可靠，更加符合实际工程情况。但无论是现场实验还是模型实验，都需要投入大量的人力、物力和财力，还需长时间的观测记录。得到实验数据后，需要对实验数据进行整理，有些模型实验可能还需要运用相似理论还原为原型的参数。有时实验模拟是必不可少的，但很多污染问题并不适合使用实验模拟法。当使用实验模拟法时，还应考虑由于实验造成的环境影响。

3. 数值模拟方法

数值模拟方法又称数值分析方法。它运用计算机程序来求解数学模型的近似解，将重复的计算过程变为应用程序自动计算，又称计算机模拟。环境生态水力学的数值模拟方法主要包括两个方向：一个是基于实验观测和数理统计的非机理性数值计算法，另一个是基于理论分析的定解问题的数值解计算法，这里主要讨论后者。包含偏微分方程的定解问题解析解求解十分困难，常常需要利用各种数值计算方法对偏微分方程进行处理，得到相应问题的数值解。环境生态水力学常用的数值计算方法包括有限差分法、有限元法等。必须指出，数值解并不是精确解，但对于所研究的问题来说，可以通过优化网格和算法等技术手段，使数值解达到足够的精度。目前水质模型非常多，但往往都有各自的适用范围，需要根据研究问题的特点选择合适的模型计算。当采用数值模拟方法时，只要将定解条件和相关参数输入计算机中，就可以得到各物理量的时空变化情况。数值模拟法在环境生态水力学上的应用十分广泛，通常需要综合运用水文学、水力学、生态学、地理学等多学科领域的原理和方法进行系统模拟，而改进模型和获取高精度的数值解是目前的主要研究工作。

与其他方法相比，数值模拟法具有不受时间和场地的限制、可以通过自动进行的计算过程得到整个区域和研究时段的变化过程以及可以进行各种情境模拟等多种优点。但在使用模型的过程中必须对参数进行率定，得到的结果也需要与其他方法对比验证。如果选择的模型不适合研究的问题，得到的结果可能南辕北辙。目前我国的主要问题是对水质模型的使用没有标准的行业规范，需要在这方面加强研究。

拓展阅读

环境生态水力学研究应用实例

河湖等水环境系统为人类社会经济发展提供了水、能源和食物。它们的作用是双向的：既可以净化水体、避免水资源短缺，同时也可以通过洪水和侵蚀造成水环境、水生态系统的重大破坏。环境生态水力学面向水资源开发利用中生态环境保护的科技需求，研究水与环境过程、生态过程之间的基础动力过程，为水利工程等的生态环境效应模拟调控提供理论支持，在流域水生态文明建设中得到广泛应用和发展。

近年来，对于保护生物多样性和流域社会可持续发展的认识不断被接受，各类生态安全保障的规划中提出了对遭受破坏的生态系统进行修复的新课题，许多国家提出恢复流域的自然特征、恢复多自然特征的河流，我国的一些流域管理部门也先后提出了生态修复的目标，在这样的大潮流推动下，出现了许多环境生态水力学的研究课题，其中比较引人注目的成果有：

(1)湖泊水生态系统的修复。目前我国人口密集区的大多数湖泊出现了由于污染导致的湖泊富营养化现象，即由于磷、氮类营养盐大量进入湖泊引发藻类的异常增殖，水体生产力提高，水质恶化。对湖泊的治理除了控制污染源之外，最有效可行的措施就是修复湖泊的生态系统，我国的洱海、滇池、太湖都在开展生态修复的试点工程，如湖滨带的生态修复、湖周湿地的生态修复等。湖流对营养盐的输送、湖流对湖泊内泥沙的输移、湖流对底泥污染物释放量的影响以及综合各类研究成果建立的水域富营养化模型等成为环境生态水力学中的热门课题。中国水利水电科学研究院、中国环境科学研究院率先开展了这一领域的课题研究，已有三维的富营养化模型包括流场、温度、太阳辐射、光合作用、营养盐、浮游植物、浮游动物、大型水生动植物在内的诸多物理、化学和生态参数。

(2)恢复河流自然特征的研究。传统水力学的研究，比较注重河流输水的经济性，结果造成河流断面的均一化、河流渠道化，河流自然特征逐渐消失，河流生物多样性减少。目前，在恢复河流自然特征的研究中，创造河床的滩潭交互结构、近岸的洄流结构、创造适合特种生物生存和繁殖的流场等方面的研究方兴未艾。

(3)以河流生态系统优化为目标的水利工程调度研究。以往的水利工程调度大多只考虑水资源优化、水能经济优化等目标，没有将下游的水环境和水生态环境优化作为调度目标，结果往往是达到了经济优化的目标，损坏了下游的生态环境。近年来结合下游河流环境、生态需水的研究，开展了以下游生态环境优化为目标的水库调度研究，增加了水库的生态环境调度功能，部分有条件的地方建了生态型水库，以改善水库的生态环境。

基础理论研究基本完成之后，环境生态水力学研究将进入更深层的规律探求和实践应用阶段，结合遥感与地理信息系统及相关理论的发展，实现对流域生态水力过程的实时观测和记录，并进一步实现对生态过程的调控。

复习思考题

1. 什么是环境生态水力学？阐述其内涵和外延。
2. 从环境生态水力学的学科发展脉络出发，谈谈你对学科交叉融合的认识。

第2章 液体运动的基本原理

水力学理论是研究和发展环境生态水力学的基石。其中，把握液体运动的基本规律是了解流场特性、分析污染物迁移转化和探究水生生物生活规律的基础。研究液体运动即是研究液体各运动要素的时空变化，并建立方程对其进行描述，通常采用总流理论和流场理论进行分析。本章首先介绍描述液体运动的基本概念；接着从分析微小流束运动的基本规律入手，进而积分得到总流运动规律，再通过流场理论分析实际液体三元流的运动规律；最后介绍液体运动的三大基本方程，同时介绍液体随机运动的模拟分析方法，帮助读者全面了解理想液体和实际液体运动的基本规律。

2.1 描述液体运动的一些基本概念

2.1.1 流线、流管、微小流束、总流

在流场中，某一时刻若一曲线上各液体质点的速度矢量均与该曲线相切，则称该曲线为流线。流线图可以反映液体的运动趋势。

某一时刻于水流内任取一微分曲面 S，对于该微分曲面外边缘的任意一点有且只有一条流线，这些流线共同构成一个管状曲面，称这个管状曲面为流管(图 2-1)。

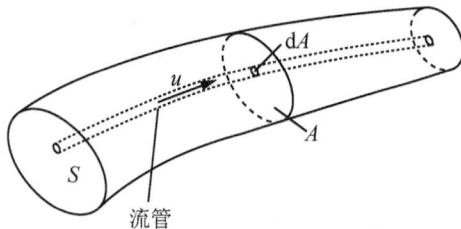

图 2-1 流管示意图

以流管为边界的一束液体，称其为微小流束。因为通过任一点的流线只有一条，所以流管内的微小流束不会从流管侧面流出，也不会有液体从侧面流入流管内部，但微小流束的形状和位置可随时间变化。与微小流束的所有流线正交的断面称为微小流束的过水断面，面积用 dA 表示。当 dA 足够小时，过水断面上的流速可以看成一个常数 u。

任何水体都有一定的边界，将边界内的实际水流称为总流，即总流是边界内所有微小流束的总和，其过水断面面积记为 A。

2.1.2 流量、断面平均流速

单位时间内通过过水断面的液体体积称为流量，微小流束的流量 dQ 可表示为

$$dQ = u \cdot dA \tag{2-1}$$

通过对组成总流的微小流束进行积分，可以得到总流的过水断面面积

$$A = \int dA \tag{2-2}$$

同理，单位时间内通过总流过水断面的液体体积为总流的流量 Q，即

$$Q = \int u \, dA \tag{2-3}$$

通过总流过水断面液体质点的流速一般并不相等，为了描述整体的情况，以它们的均值作为代表值，称为断面平均流速 v，即

$$v = \frac{Q}{A} \tag{2-4}$$

2.1.3 恒定流、非恒定流

按水流的运动要素是否随时间变化来划分，水流可以分为恒定流和非恒定流。

(1)恒定流：流场中任何空间上所有运动要素都不随时间而改变，这种水流称为恒定流。例如，在水库岸边设置一泄水隧洞，如果水库水位恒定不变，则隧洞水流为恒定流。

(2)非恒定流：流场中任何空间点上有任何一个运动要素随时间而改变，这种水流称为非恒定流。例如，汛期时水库水位会上涨，泄水隧洞内任一点的流速和压强均随时间的变化而变化，此时隧洞水流为非恒定流。

2.1.4 均匀流、非均匀流

按水流流线的形状来划分，水流可以分为均匀流和非均匀流。

(1)均匀流：当水流流线为相互平行的直线时，该水流称为均匀流。例如，液体在直径不变的直圆管中的流动为均匀流。

(2)非均匀流：若水流的流线不是相互平行的直线，该水流称为非均匀流。例如，地下水沿不透水地基流入水平排水沟为非均匀流。

2.2 液体运动的基本理论

2.2.1 总流理论

总流理论又称为流束理论，它以总流为研究对象，以微小流束(元流)为基本单元。可通过积分的方法获得总流的过水断面面积和流量，利用断面平均值作为代表值，产生的误差用动能修正系数、动量修正系数等进行修正(李家星和赵振兴，2001)。总流理论实质上是将液体作为一元流进行计算，只考虑沿流线轴线方向上的运动，无法得到液体内部质点的具体信息。可见，总流分析方法是建立在简化模型上的近似分析方法，利用它可以快速得到液体运动的宏观特征，在初步计算中常常使用这种方法。

2.2.2 流场理论

实际水体具有三维空间，因此液体运动属于三元流动，为了了解液体内部质点的具体运动情况，需要将液体按照三元流进行分析，得到实际液体运动规律。类比电场、磁场的概念，很容易得到流场。流场是指运动液体所占据的所有空间，流场理论就是研究流场内的液体运动。根据连续介质假设，液体质点在流场中连续存在，因此描述液体质点运动的物理量在流场中也是连续的。

水力学中描述液体运动的方法包括拉格朗日(Lagrange)法和欧拉(Euler)法。拉格朗日法是以个别液体质点为研究对象，描述每个质点的运动状况，综合所有质点的运动而获得液体整体的运动规律，又称为质点系法。欧拉法的着眼点则是液体运动所通过的空间点，通过考察流场中不同空间点上液体质点的运动规律，进而获得整个流场的运动规律，又称为流场法。可见，拉格朗日法研究液体质点的运动过程，欧拉法研究空间点上液体的运动要素。应用拉格朗日法需要描述许许多多质点在不同时刻的位置，实际应用复杂。而工程上一般只需要弄清楚流动空间中各运动要素之间的关系，不需要知道每个质点的运动情况，因而在描述液体运动时，多数情况下采用欧拉法。

通过计算流场中液体微团的受力特征，可以得到描述液体运动的偏微分方程，加上合适的定解条件组成实际液体运动的数学表达式。通过联立求解这些偏微分方程，可以得到流场内液体质点的所有信息，包括流速、密度、压强等。

流场理论将液体按照三元流动进行分析，求解析解一般比较困难，通常利用数值方法离散获得数值解。为简化计算，对不同类型的水域，可结合其水深、流速等水力要素的分布特点，采用不同维数的控制方程(王智勇等，2011)。例如，对于长距离河道，可采用一维水流方程；湖泊、水库、河口、海湾等水域一般采用二维方程，但当湖泊水库的水面呈窄条形，且出入水流基本上沿纵轴线方向时，可采用一维水流方程求解。对于一些水深较大，且具有明显的垂向流速或沿水深方向流速大小与方向变化较大的流场，或者对模拟结果的精度要求很高时需要采用三维方程。

2.3　液体运动的基本方程

液体运动遵循物理学上的几个普遍守恒定律：质量守恒定律、动量守恒定律和能量守恒定律，并相应地得出液体运动的三个基本控制方程：连续性方程、动量方程和能量方程。本书为便于说明，以具有普遍意义的三维方程为例，介绍液体运动的这些方程。

2.3.1　连续性方程

连续性方程是在液体作为连续介质的前提下，质量守恒定律在液体运动上的表现形式，它指出液体在运动过程中原有质量始终保持不变。数学表达式为

$$\frac{\partial \rho}{\partial t} + \frac{\partial(\rho u_x)}{\partial x} + \frac{\partial(\rho u_y)}{\partial y} + \frac{\partial(\rho u_z)}{\partial z} = 0 \tag{2-5}$$

式中：ρ 为液体密度；u_x、u_y 和 u_z 分别为流速在坐标轴 x、y、z 方向上的分量。

对于不可压缩液体，即 ρ 为常数，则式(2-5)可简化为

$$\nabla \cdot \vec{u} = \frac{\partial u_x}{\partial x} + \frac{\partial u_y}{\partial y} + \frac{\partial u_z}{\partial z} = 0 \tag{2-6}$$

式中：$\vec{u} = u_x \vec{i} + u_y \vec{j} + u_z \vec{k}$ 为速度矢量，$\nabla \cdot \vec{u}$ 为 $\vec{u}$ 的散度。

由于连续性方程不涉及任何力，对恒定流或非恒定流、实际液体或理想液体均可适用。

2.3.2　动量方程

动量方程又称运动方程，是牛顿第二定律在液体运动上的表现形式，其含义是作用

于液体的外力等于单位时间内液体动量的增量。实际液体运动的微分方程（即 Navier-Stokes 方程或简称 N-S 方程）为

$$\frac{\partial u_x}{\partial t}+u_x\,\frac{\partial u_x}{\partial x}+u_y\,\frac{\partial u_x}{\partial y}+u_z\,\frac{\partial u_x}{\partial z}=X-\frac{1}{\rho}\,\frac{\partial p}{\partial x}+\nu\left(\frac{\partial^2 u_x}{\partial x^2}+\frac{\partial^2 u_x}{\partial y^2}+\frac{\partial^2 u_x}{\partial z^2}\right)$$

$$\frac{\partial u_y}{\partial t}+u_x\,\frac{\partial u_y}{\partial x}+u_y\,\frac{\partial u_y}{\partial y}+u_z\,\frac{\partial u_y}{\partial z}=Y-\frac{1}{\rho}\,\frac{\partial p}{\partial y}+\nu\left(\frac{\partial^2 u_y}{\partial x^2}+\frac{\partial^2 u_y}{\partial y^2}+\frac{\partial^2 u_y}{\partial z^2}\right)$$

$$\frac{\partial u_z}{\partial t}+u_x\,\frac{\partial u_z}{\partial x}+u_y\,\frac{\partial u_z}{\partial y}+u_z\,\frac{\partial u_z}{\partial z}=Z-\frac{1}{\rho}\,\frac{\partial p}{\partial z}+\nu\left(\frac{\partial^2 u_z}{\partial x^2}+\frac{\partial^2 u_z}{\partial y^2}+\frac{\partial^2 u_z}{\partial z^2}\right) \tag{2-7}$$

式中：p 为压强；X、Y、Z 为单位质量力在各坐标轴 x、y、z 方向的投影；ν 为运动黏滞系数，它是动力黏滞系数 μ 和液体密度 ρ 的比值（即 $\nu=\dfrac{\mu}{\rho}$）。

式（2-7）也可以写成矢量式

$$\frac{\partial \vec{u}}{\partial t}+(\vec{u}\cdot\nabla)\vec{u}=\vec{f}-\frac{1}{\rho}\nabla p+\nu\,\nabla^2\vec{u} \tag{2-8}$$

式中：$\vec{f}=X\vec{i}+Y\vec{j}+Z\vec{k}$ 为单位质量力矢量；$\nabla p=\dfrac{\partial p}{\partial x}\vec{i}+\dfrac{\partial p}{\partial y}\vec{j}+\dfrac{\partial p}{\partial z}\vec{k}$ 为压强梯度；$\nabla^2=\dfrac{\partial^2}{\partial x^2}+\dfrac{\partial^2}{\partial y^2}+\dfrac{\partial^2}{\partial z^2}$ 为拉普拉斯算符。方程左边还可以表示为 $\dfrac{D\vec{u}}{Dt}$，其物理意义是用欧拉法表示的加速度 $\vec{a}$，即

$$\vec{a}=\frac{D\vec{u}}{Dt}=\frac{\partial \vec{u}}{\partial t}+(\vec{u}\cdot\nabla)\vec{u}=\frac{\partial \vec{u}}{\partial t}+u_x\,\frac{\partial \vec{u}}{\partial x}+u_y\,\frac{\partial \vec{u}}{\partial y}+u_z\,\frac{\partial \vec{u}}{\partial z} \tag{2-9}$$

式中：$\dfrac{D}{Dt}=\dfrac{\partial}{\partial t}+\vec{u}\cdot\nabla$，称为质点导数或随体导数。

对于理想液体，$\nu=0$，N-S 方程式（2-7）或式（2-8）称为欧拉运动方程。

$$\frac{\partial u_x}{\partial t}+u_x\,\frac{\partial u_x}{\partial x}+u_y\,\frac{\partial u_x}{\partial y}+u_z\,\frac{\partial u_x}{\partial z}=X-\frac{1}{\rho}\,\frac{\partial p}{\partial x}$$

$$\frac{\partial u_y}{\partial t}+u_x\,\frac{\partial u_y}{\partial x}+u_y\,\frac{\partial u_y}{\partial y}+u_z\,\frac{\partial u_y}{\partial z}=Y-\frac{1}{\rho}\,\frac{\partial p}{\partial y} \tag{2-10}$$

$$\frac{\partial u_z}{\partial t}+u_x\,\frac{\partial u_z}{\partial x}+u_y\,\frac{\partial u_z}{\partial y}+u_z\,\frac{\partial u_z}{\partial z}=Z-\frac{1}{\rho}\,\frac{\partial p}{\partial z}$$

2.3.3 能量方程

对于用欧拉法描述的流场，能量守恒原理可表述为：单位时间内传给控制体内液体的热量、外界对控制体内液体所做的功与通过控制面流入的总能量之和，等于控制体内液体的总能量对时间的变化率。根据能量守恒原理，可导出微分形式的能量方程（余常昭等，1992）：

$$\oiint_A q_\lambda \mathrm{d}A+\iiint_\tau \rho q_{\mathrm{R}}\mathrm{d}\tau+\iiint_\tau (\rho\vec{f}\cdot\vec{u})\mathrm{d}\tau+\oiint_A \vec{p}_n\cdot\vec{u}\mathrm{d}A-$$

$$\oiint_A\left[\left(e+\frac{u^2}{2}\right)\rho(\vec{u}\cdot\vec{n})\right]\mathrm{d}A=\frac{\partial}{\partial t}\iiint_\tau\left[\rho\left(e+\frac{u^2}{2}\right)\right]\mathrm{d}\tau \tag{2-11}$$

式中：e 为单位质量液体的内能；$\dfrac{u^2}{2}$ 为单位质量液体的动能；q_λ 为单位时间内通过控制面积传入的热传导量；q_R 为单位时间内由于辐射及其他原因传给控制体内单位质量液体的热量。等式左边第一、第二项为单位时间内传给控制体内液体的热能，第三、第四项为外界对控制体内液体所做的功，第五项为通过控制面流入的总能量之和，等式右边为单位时间内控制体中总能量的增量。

针对一些特定的流动条件可将能量方程进行简化，如在理想液体恒定流情况下，伯努利（Bernoulli）推出的能量方程可表述为

$$U-\frac{p}{\rho}-\frac{u^2}{2}=常数 \tag{2-12}$$

式中：U 为力势函数；$u=\sqrt{u_x^2+u_y^2+u_z^2}$。

在求具体流场时，需要给定适当的初始条件和边界条件，选择相应的模型方程进行计算。

2.4 紊流的基本概念和模拟方法

按流动形式可将水流分为层流和紊流。当流速较小时，水流各流层质点有条不紊地做规则运动，互不混掺，这种形态的流动称为层流；当流速较大时，水流各流层质点形成涡体，在流动过程中互相混掺，运动要素呈现脉动现象，这种形态的流动称为紊流，又称湍流。在实际工程应用中，常用雷诺数（Reynolds number，Re）来判别液流的形态。

环境问题中大多数流动都属于紊流。紊流是一种随机运动，形成的机理非常复杂，目前的研究一般都采用雷诺（Reynolds）提出的时间平均法，将流场中任意一点(x, y, z)的运动要素（流速 u、压强 p 等）的瞬时值表示为时均值与脉动值的合成，即

$$u_x=\overline{u_x}+u'_x,\ u_y=\overline{u_y}+u'_y,\ u_z=\overline{u_z}+u'_z \tag{2-13}$$

和

$$p=\overline{p}+p' \tag{2-14}$$

式中：$\overline{u_x}$、$\overline{u_y}$ 和 $\overline{u_z}$ 分别为 x、y、z 方向上的时均流速；u'_x、u'_y 和 u'_z 分别为 x、y、z 方向上的脉动流速；$\overline{p}$、p' 分别为时均压强和脉动压强。

紊流瞬时运动的规律仍可用前面所述的基本方程表达，针对时均流动和脉动可建立相应的方程，在实用上主要是求解时均流动方程（张莉莉等，2015）。这里为便于表达，用 x_1、x_2、x_3 代表 x、y、z 三个坐标轴，统一表示为 $x_i(i=1, 2, 3)$。在一项中有一个下标(i, j, k)重复出现时，就代表这个下标为1、2、3时的各项之和。例如

$$\frac{\partial u_i}{\partial x_i}=\frac{\partial u_1}{\partial x_1}+\frac{\partial u_2}{\partial x_2}+\frac{\partial u_3}{\partial x_3} \tag{2-15}$$

将式(2-13)、式(2-14)代入液体运动的连续性方程和运动方程，并对方程两边取时间平均，可得不可压缩紊流时均流动的连续性方程为

$$\frac{\partial \overline{u_i}}{\partial x_i}=0 \tag{2-16}$$

运动方程（又称雷诺方程）为

$$\frac{\partial \overline{u_i}}{\partial t} + \overline{u_j}\,\frac{\partial \overline{u_i}}{\partial x_j} = \overline{f}_i - \frac{1}{\rho}\,\frac{\partial \overline{p}}{\partial x_j} + \frac{\partial}{\rho\,\partial x_j}\left(\nu\,\frac{\partial \overline{u_i}}{\partial x_j} - \overline{\rho u_i' u_j'}\right) \tag{2-17}$$

式中：$\overline{f}_i$ 为单位质量力在 i 方向的分量；$\overline{\rho u_i' u_j'}$ 是由于紊动引起的附加应力，称为雷诺应力。当没有紊动时，式(2-17)简化为 N-S 方程，显然也适用于层流。

由式(2-16)和式(2-17)可知，紊流时均流动的连续性方程和运动方程共有 4 个方程式。比较雷诺方程组和 N-S 方程，不难看出雷诺方程中除了 u_i 和 p 未知，还多出了 $\overline{\rho u_i' u_j'}$ 等 6 个未知的雷诺应力项，因此雷诺方程不封闭。

为了使方程组可解，需要根据紊流的性质补充一些附加的数学模式，即紊流模型来预先确定雷诺应力项，使方程组封闭。根据用来确定雷诺应力项的方程个数，可以把紊流模型分为零方程模型、单方程模型、双方程模型和多方程模型(金忠青，1989；武玉涛等，2017)。例如，普朗特混合长度模型(Prandtl mixing-length model)是一个常用的零方程模型，它直接把涡黏性系数和时均速度场联系起来，在许多薄剪切层流动中得到了成功的应用；单方程模型是引入单位质量液体的紊动动能 k，建立 k 的输运方程，该模型比混合长度假说的优越之处在于考虑了对流、扩散输运和紊动速度尺度的经历；双方程模型是在单方程模型的基础上，建立关于紊动能量耗散率 ε 的方程，从而构成 k-ε 方程组，该模型可以较方便地用于模拟那些无法用简易经验方法确定长度尺度的复杂流动(如回流流动)；多方程模型包括雷诺应力模型、代数应力模型等，这些模型能较真实地模拟紊动过程，但模型构成复杂，计算较为耗时且困难(魏文礼等，2015)。

近年来，随着计算机运算能力的突飞猛进，高阶紊流数学模型的研究和应用有了长足的进步。由于 k-ε 模型、代数应力模型和雷诺应力模型等较高阶的紊流模型能够将水体的流场与污染物的浓度场耦合，根据流场各点的紊动特性确定污染物的紊动输运系数，进而可以直接求解流体的控制微分方程组和污染物的对流扩散方程。如此对全域由同一组控制方程进行数值求解，可避免由于分远、近区计算带来的误差，因此这些紊流模型在实际工程中的应用日益广泛(马欣等，2018；黄海等，2020)。近年来，关于紊流数学模型的研究成果及应用实例很多，有兴趣的读者可参阅相关文献。

拓展阅读

紊流数值模拟方法

随着计算机技术和紊流理论的发展，通过建立紊流模型对紊流进行数值模拟已成为研究紊流理论和解决实际工程问题的重要手段。然而，由于紊流本身的复杂性和不确定性，数值模拟缺乏通用模型(赵雪峰和茅泽育，2008)。

1896 年，雷诺首先提出将流场中的变量分解为时均量和紊动量。对 N-S 方程进行时间上的平均处理后，相比原本的方程在变量和形式上基本没有变化，只是增加了雷诺应力项(赵振兴和何建京，2010)。因此，雷诺平均 N-S 方程(Reynolds-averaged Navier-Stokes equations，RANS)针对流场涡结构，只能提供定常的流场结果。由于增加了雷诺应力项，得到的雷诺应力项方程组不封闭，需要采用一定的数学模式，来预先确定紊流应力项，使雷诺方程组可解。

传统的 RANS 模型分涡黏模式和二阶矩封闭模式两大类，其中涡黏模式采用涡黏性假设对雷诺应力模化封闭方程，二阶矩封闭模式则绕过涡黏性假设，建立雷诺应力的输运方程，将方程中的某些项模化封闭而得到。由于雷诺应力模型计算复杂，有学者将雷诺应力方程简化为代数方程，得到雷诺代数应力模型，但这类模型不能适用于预测轴对称射流与尾流模拟计算。

RANS 方法处理紊流的脉动细节时，通过取时间平均运算将其全部抹平，损失了脉动所蕴藏的所有重要信息，而且 RANS 方法对雷诺应力的求解严重依赖实验和经验，不具有普适性(邹高万等，2013)。直接数值模拟(direct numerical simulation，DNS)方法为了分辨紊流在所有尺度的脉动，其网格大小必须达到柯尔莫哥洛夫(Kolmogorov)耗散尺度 η，时间步长也极其微小，所需的内存和计算量甚至连超级计算机也难以胜任。为了克服 RANS 方法和 DNS 方法的固有缺陷，研究者建立了紊流的大涡模拟(large eddy simulation，LES)方法。如果说 RANS 方法和 DNS 方法分别是"粗糙"和"精细"的两个极端，LES 方法则是二者的中和。在紊流中存在着各种不同时空尺度的涡旋运动，相较于小尺度运动，大尺度运动集中了绝大部分能量，其输运质量、动量和能量的能力也强得多。因此，大涡模拟的基本思想是对大尺度和小尺度运动"分而治之"：大尺度涡旋运动通过控制方程直接计算，而小尺度涡旋运动使用模型来模拟。LES 方法有两个核心步骤：一是滤波(filtering)，通过构造核函数进行卷积运算，将小尺度运动滤掉，得到大尺度涡旋运动的控制方程；二是构建亚格子模型(sub-grid scale model)，将小尺度运动对大尺度运动的影响通过附加应力(亚格子应力)的方式引入大尺度涡旋控制方程。与 RANS 方法相比，LES 方法能够分辨大尺度涡旋，因此更加精确地反映了紊流现象。此外，由于小尺度脉动不受边界条件影响，所以 LES 方法具有通用性，且建模难度也比 RANS 方法小得多。相较 DNS 方法而言，LES 方法计算量显著降低，但在处理高 Re 数充分发展的紊流时，计算量依然相当大。随着计算机技术的迅猛发展，LES 方法的舞台将更加广阔。

分离涡模拟(detached eddy simulation，DES)方法是一种新兴的紊流模拟方法，由斯普拉特(Spalart)于 1997 年提出(Spalart，2009)。DES 方法建立的初衷是为了解决高 Re 数下的大规模流动分离问题。LES 和 RANS 方法在处理这类流动时有明显的缺陷。LES 方法的缺点是其计算量巨大，消耗了大量的时间成本和计算资源；RANS 方法的问题在于它对紊流脉动量的平均化处理使其无法揭示高 Re 数紊流的本质结构。DES 方法巧妙规避了二者的缺陷，其基本原理为：在边界层区域使用 RANS 模拟，在大规模分离区域使用 LES 模拟，而介于这两者之间的区域称为"灰色区域"(梁志成，2012)。DES 方法的难点就在于"灰色区域"使用哪种方法求解。DES 方法的初期版本过早地在边界层内部进入 LES 计算域，使得雷诺应力化不足(modeled-stress depletion)，甚至产生由网格导致的非物理的流动分离。Spalart 等提出了改进版的 DES 方法，使"灰色区域"的缺陷得到一定的改善，却大大增加了模型的复杂程度。总体来说，DES 方法是一种尚未成熟、正在发展的紊流模拟方法，它集成了 RANS 和 LES 两种方法的优点，在 RANS 方法的"盲区"(大规模分离区)采用更为精细的 LES 方法求解，在边界层内部使用网格数较少的 RANS 方法，使精度和计算量达到较好的平衡。

复习思考题

1. 液体运动的分析方法有哪些？它们的主要区别是什么？
2. 不可压缩液体运动的基本方程是什么？如何表达？物理意义是什么？
3. 紊流的基本方程(雷诺方程)和 N-S 方程的区别与联系是什么？

第3章 水环境中物质传输的基本理论

分子扩散是水环境中物质传输的基本形式之一,其中研究和应用最为广泛的是化学与生物学等领域。由于它对物质特性的描述过于微观,在环境问题中没有直接的重要意义。但是在许多情况下,水环境中具有较大尺度的紊动扩散和分散问题可以用类似于分析分子扩散的基本方法来研究,因此分子扩散知识的学习可以为后续的相关研究做好铺垫。本章首先讨论扩散质在静止液体中的分子扩散,在此基础上,考虑到液体做层流运动时只有分子扩散和随流输移,而不存在紊动扩散,因此进一步讨论做层流运动的液体中的分子扩散。

3.1 分子扩散理论

不同物质通过它们的分子运动而相互渗透的现象称为分子扩散。分子运动不仅可以传递物质,也可以传递动量、能量、热量和涡量等。当分子场中有浓度梯度、温度梯度、压力梯度或其他作用力梯度存在时,物质的分子扩散可以借助这些推动力发生,这些由不同原因引起的扩散分别称为浓度扩散、温度扩散、压力扩散和强制扩散。

静止水体中没有对流,只有扩散。例如,取一个玻璃圆筒,下部装满了棕黄色的碘溶液。在其上部慢慢地注入清水,不干扰下面的碘溶液,两层液体之间有明显的分界面。稍待片刻后,上层清水就变成淡黄色,并且颜色逐渐加深,而下层液体的颜色慢慢变淡,最终上下两层的颜色完全相同。这说明在稀释的溶液中,碘分子与水分子在随机运动过程中经常碰撞,由于下层碘的浓度较高,所含碘分子较多,所以由下向上的碘分子相对较多,即水中含有物质从高浓度的部分向低浓度的部分扩散,直至上下两层的浓度完全相等。此时圆筒中碘溶液的扩散是单一方向,可以看作一元扩散。如果在玻璃杯中放入一滴红墨水,可以看到向四周扩散的现象,为三元扩散。水环境中分子扩散规律是分析物质传输的重要基础。

1855年,德国生理学家阿道夫·费克(Adolf Fick)率先提出分子扩散理论,它描述了分子扩散过程中扩散质通量与浓度梯度之间的关系。分子扩散定律可表述为:单位时间内,通过单位面积的溶解物质的质量与溶解物质质量浓度在该面法线方向的梯度成比例。数学表达式为

$$q_i = -D \frac{\partial C}{\partial x_i} \tag{3-1}$$

式中:q_i 为在 x_i 方向上,单位时间内溶解物质(溶质)通过单位面积的质量(即质量通量);C 为溶质浓度;D 为分子扩散系数,量纲与运动黏滞系数的量纲相同,即为 $[L^2 T^{-1}]$。表3-1是根据实验测定出的一些溶质在水中的分子扩散系数,它们随着溶质的种类、温度和压力等的变化而变化。由于溶质总是从高浓度区向低浓度区扩散,故 $\frac{\partial C}{\partial x_i}$ 恒为负。为了使质量通量 q_i 保持正值,所以需要在公式右边加上负号。式(3-1)称为费克第一定律或费克定律。

表 3-1　部分溶质在水中的分子扩散系数

溶质	温度/℃	分子扩散系数 D/($\times 10^{-9}$ m²/s)	溶质	温度/℃	分子扩散系数 D/($\times 10^{-9}$ m²/s)
O_2	20	1.80	氢氧化钠	20	1.51
H_2	20	5.13	食盐	20	1.35
CO_2	20	1.50	食盐	0	0.78
N_2	20	1.64	蔗糖	20	0.45
NH_3	20	1.76	葡萄糖	20	0.60
H_2S	20	1.41	尿素	20	1.06
N_2O	20	1.51	甲醇	20	1.28
Cl_2	20	1.22	乙醇	20	1.00
HCl	20	2.64	醋酸	20	0.88
H_2SO_4	20	1.73	甘油	20	0.72
酚	20	0.84	甘油	10	0.63

设在含有某种物质的静止溶液中，由于扩散质浓度分布不均匀而引起分子扩散。取一个以 $P(x, y, z)$ 为中心的微分六面体，如图 3-1 所示。六面体的各边分别与坐标轴平行，边长为 dx、dy、dz。P 点的浓度为 $C(x, y, z, t)$，在三个坐标轴方向上的质量通量分别为 q_x、q_y、q_z。以 x 方向为例，在 dt 时段内流入、流出六面体的扩散质的质量可根据泰勒级数(Taylor series)分别近似地表示为 $\left(q_x - \dfrac{\partial q_x}{\partial x}\dfrac{\mathrm{d}x}{2}\right)\mathrm{d}y\,\mathrm{d}z\,\mathrm{d}t$ 和 $\left(q_x + \dfrac{\partial q_x}{\partial x}\dfrac{\mathrm{d}x}{2}\right)\mathrm{d}y\,\mathrm{d}z\,\mathrm{d}t$，则该时段内流入和流出的扩散质质量差值为 $-\dfrac{\partial q_x}{\partial x}\mathrm{d}x\,\mathrm{d}y\,\mathrm{d}z\,\mathrm{d}t$。同理，dt 时段内在 y、z 方向流入和流出的扩散质质量差值分别为 $-\dfrac{\partial q_y}{\partial y}\mathrm{d}y\,\mathrm{d}z\,\mathrm{d}x\,\mathrm{d}t$ 和 $-\dfrac{\partial q_z}{\partial z}\mathrm{d}z\,\mathrm{d}x\,\mathrm{d}y\,\mathrm{d}t$。

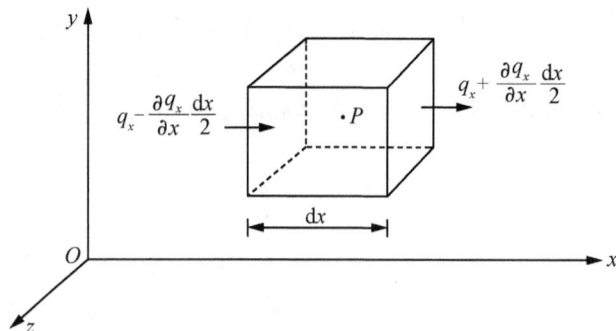

图 3-1　一维扩散过程控制单元体

根据质量守恒原理，在三个坐标方向上流入和流出的扩散质质量之差的总和，应与该时段内微分六面体中因浓度变化而引起的扩散质的质量增量相等，即

$$\frac{\partial C}{\partial t}\mathrm{d}t\,\mathrm{d}x\,\mathrm{d}y\,\mathrm{d}z = -\left(\frac{\partial q_x}{\partial x}+\frac{\partial q_y}{\partial y}+\frac{\partial q_z}{\partial z}\right)\mathrm{d}x\,\mathrm{d}y\,\mathrm{d}z\,\mathrm{d}t \tag{3-2}$$

或

$$\frac{\partial C}{\partial t}+\frac{\partial q_x}{\partial x}+\frac{\partial q_y}{\partial y}+\frac{\partial q_z}{\partial z}=0 \tag{3-3}$$

根据费克第一定律

$$q_x = -D_x\frac{\partial C}{\partial x},\ \ q_y = -D_y\frac{\partial C}{\partial y},\ \ q_z = -D_z\frac{\partial C}{\partial z} \tag{3-4}$$

式中：D_x、D_y 和 D_z 分别是 x、y 和 z 方向的扩散系数。

式(3-3)可以改写为

$$\frac{\partial C}{\partial t}=D_x\frac{\partial^2 C}{\partial x^2}+D_y\frac{\partial^2 C}{\partial y^2}+D_z\frac{\partial^2 C}{\partial z^2} \tag{3-5}$$

当物质在溶液中的扩散为各向同性时，即 $D_x=D_y=D_z=D$，则式(3-5)可以简化为

$$\frac{\partial C}{\partial t}=D\left(\frac{\partial^2 C}{\partial x^2}+\frac{\partial^2 C}{\partial y^2}+\frac{\partial^2 C}{\partial z^2}\right) \tag{3-6}$$

或

$$\frac{\partial C}{\partial t}=D\,\nabla^2 C \tag{3-7}$$

式中：∇^2 为拉普拉斯算符(Laplace operator)。式(3-5)或式(3-6)是描述分子扩散浓度与时空关系的基本方程式，称为分子扩散方程。由于该方程是在费克第一定律的基础上推导而来，故又称为费克型扩散方程或费克第二定律。

式(3-5)和式(3-6)是三维扩散方程。若物质扩散发生在二维空间，扩散方程可以简化为

$$\frac{\partial C}{\partial t}=D_x\frac{\partial^2 C}{\partial x^2}+D_y\frac{\partial^2 C}{\partial y^2} \tag{3-8}$$

或

$$\frac{\partial C}{\partial t}=D\left(\frac{\partial^2 C}{\partial x^2}+\frac{\partial^2 C}{\partial y^2}\right) \tag{3-9}$$

对于一维扩散，扩散方程的形式为

$$\frac{\partial C}{\partial t}=D\,\frac{\partial^2 C}{\partial x^2} \tag{3-10}$$

如果将 C 看作温度，以热扩散系数 α 代替分子扩散系数 D，方程(3-6)就是热传导方程。这说明分子扩散方程与热传导方程具有相同的数学表达形式。

3.2　静水中的扩散方程求解

3.2.1　无边界情况下扩散模型的解

前面所建立的扩散方程式(3-7)属于二阶抛物型偏微分方程，通过对方程的分析求解，可以得到扩散质浓度随时空的变化情况。当把扩散系数视为常数时，可使该微分方程线性化，在简单的初、边值条件下求得精确的解析解。对于复杂条件下的求解，则只能借

助于数值方法。

扩散方程的求解和污染源的存在形式有密切关系。按照污染源在液体空间中的存在形式进行分类，可分为点源、线源、面源和体积源等。点源、线源和面源在实际生活中都不存在，采取的是一种近似的处理方法。按照污染投放与时间的关系进行分类，可分为瞬时源和时间连续源。瞬时源是指污染物质在瞬时内投放于水域，实际上这也是一种近似，如突发事故产生的核污染或者油轮事故突然泄漏的油污染可以近似看作瞬时污染源。时间连续源是指污染物质的投放不是一次瞬时完成，而是持续一定时间。它可以分为恒定的时间连续源和非恒定的时间连续源。按照污染物质的扩散空间进行分类，可能是一维空间，即只沿着一个方向扩散；也可能是二维空间，即沿着两个方向（一个平面）扩散；也可能是三维空间，即沿着三个方向（空间区域）扩散。

本节将首先讨论在静水中，只存在分子扩散时，一维瞬时点源从坐标原点开始扩散情况下的基本解及其特性。因为扩散方程是线性的，在线性的边界条件下，可用这个基本解叠加来构造其他更为复杂的定解条件下的解，如瞬时源投放不是集中在一点，而是分布在一定的空间范围之内；投放污染物质的时间不是瞬时，而是一个时段；污染源的扩展不是局限在一个方向，而是多维空间；污染源的扩散空间不是无限的，而是具有一定边界等。下面将分别介绍这些问题的研究方法。

1. 瞬时点源

（1）一维扩散问题。

由于一维点源无法构造，所以采用问题性质与之相同的平面源代替。设想有一根水平放置的无限长的直管，管中充满了静止水体，在管子中间断面瞬时集中投放比重与水一样的有色溶液，在投放平面上有色溶液的浓度均匀分布。令投放平面与坐标原点重合，横坐标轴 x 与管轴线平行，如图 3-2 所示。由于受到管壁的限制，有色溶液只能沿管轴方向做一维扩散，则此平面源相当于点源的一维扩散，瞬时点源的一维扩散方程为前节所述的式（3-10）。

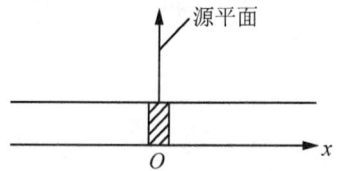

采用水力学中常用的量纲分析法来探讨浓度分布函数的组成。由于液体运动的复杂性，某些微分方程难以通过理论分析法直接求解。根据量纲和谐原理，能够正确反映客观运行机理和规律的物理方程，其各项量纲必须是一致的，由此可以找出方程式中物理量之间的函数关系，并构建合理的物理方程式。

任意时刻在 x 方向某一点的浓度 $C(x, t)$ 与投放质量 M、扩散系数 D 以及时空坐标 x、t 有关，在一维问题中 C 的量纲是 $\left[\dfrac{M}{L}\right]$，与由 M、D、t 组合而成的量纲 $\left[\dfrac{M}{\sqrt{Dt}}\right]$ 相同，于是可令其解为

$$C=\frac{M}{\sqrt{4\pi Dt}}f\left(\frac{x}{\sqrt{4Dt}}\right)=\frac{M}{\sqrt{4\pi Dt}}f(\eta) \tag{3-11}$$

式中：η 为无量纲变量，$\eta=\dfrac{x}{\sqrt{4Dt}}$；$f(\eta)$ 为待定函数。在表达式中加上 4π 和 4 是为了便

于以后表述公式意义。

运用数学物理方程中的知识求解式(3-11)中的 η 和 $f(\eta)$，可推导出瞬时点源一维扩散方程的解为(王烜等，2006)

$$C(x,t) = \frac{M}{\sqrt{4\pi Dt}} \exp\left(-\frac{x^2}{4Dt}\right) \qquad (3\text{-}12)$$

利用上式可求解任何时刻沿 x 轴方向的浓度分布。不难看出，一维瞬时点源扩散分布满足高斯分布。若以时间 t 为参数，画出浓度 C 沿 x 轴的分布，结果如图 3-3 所示。由图可见，随着时间的增长，扩散范围变宽而峰值浓度变低，浓度分布曲线越趋扁平。在 t 接近于零时，峰值浓度最大(槐文信等，2014；华祖林，2016)。

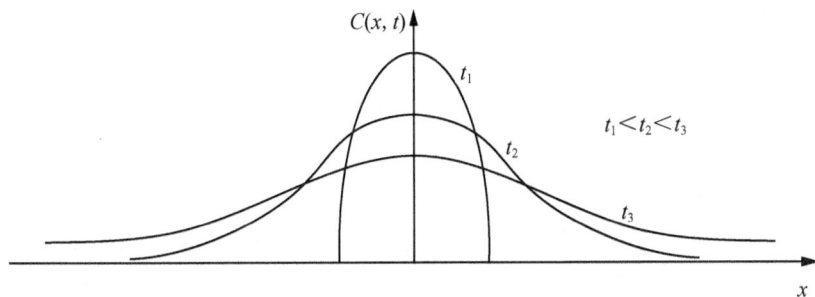

图 3-3　扩散质浓度的空间分布

(2)浓度分布的统计矩。

矩是力学中的常用概念，如力矩、面积矩、惯性矩和浓度矩等。其中，浓度矩是指浓度分布图形对浓度轴的各阶矩量。浓度分布曲线的许多特征值常常借助于各阶浓度矩来说明。

浓度分布函数的 p 阶浓度矩的定义为(赵文谦，1986)

$$\boldsymbol{M}_p = \int_{-\infty}^{\infty} x^p C(x,t)\mathrm{d}x \qquad (3\text{-}13)$$

按照上式的定义，零阶浓度矩为

$$\boldsymbol{M}_0 = \int_{-\infty}^{\infty} C(x,t)\mathrm{d}x \qquad (3\text{-}14)$$

一阶浓度矩为

$$\boldsymbol{M}_1 = \int_{-\infty}^{\infty} x C(x,t)\mathrm{d}x \qquad (3\text{-}15)$$

二阶浓度矩为

$$\boldsymbol{M}_2 = \int_{-\infty}^{\infty} x^2 C(x,t)\mathrm{d}x \qquad (3\text{-}16)$$

各阶统计矩都有其物理意义，用来表示随机变量的统计特征。零阶浓度矩代表了浓度分布曲线与 x 轴间所包围的面积，也就是全部扩散质的质量。因此，对任何时刻的零阶浓度矩 $\boldsymbol{M}_0$ 保持常数。

若浓度分布曲线的重心距 x 轴坐标原点的水平距离为 μ，则 μ 在统计数学上称为数学期望或均值。由浓度矩的定义可知

$$\mu = \frac{M_1}{M_0} \qquad (3\text{-}17)$$

当 x 轴坐标原点位于源平面处时，一阶浓度矩为零，则 $\mu = 0$，浓度分布曲线以通过 $x=0$ 的纵轴为对称轴。

令 σ^2 为浓度分布的方差，则

$$\sigma^2 = \frac{\int_{-\infty}^{\infty} (x-\mu)^2 C(x, t)\mathrm{d}t}{\int_{-\infty}^{\infty} C(x, t)\mathrm{d}x} = \left(\frac{M_2}{M_0}\right) - \mu^2 \qquad (3\text{-}18)$$

方差 σ^2 是衡量浓度分布曲线扩展宽度的一种尺度。σ^2 越小，表示曲线趋于集中在均值附近；σ^2 越大，曲线越趋扁平。

把浓度分布函数式(3-12)代入式(3-18)，并积分可以求出方差 σ^2 或标准差 σ 为

$$\sigma^2 = 2Dt \qquad (3\text{-}19)$$

或

$$\sigma = \sqrt{2Dt} \qquad (3\text{-}20)$$

上式说明：对于分子扩散，标准差 σ 与 $\sqrt{t}$ 成正比，即方差随时间 t 的增加而增大，时间越久，扩散宽度越大，如图 3-4 所示。

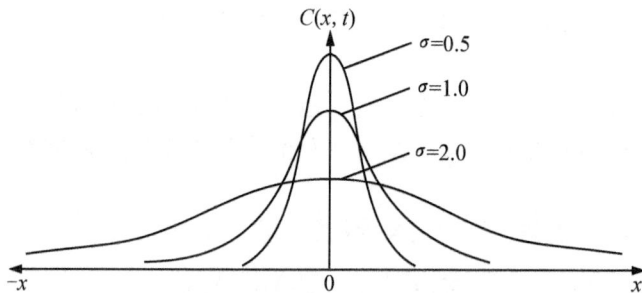

图 3-4　标准差与浓度分布的关系

因浓度分布曲线的标准差随时间的变化而改变，若将式(3-19)对时间取偏导数，可得

$$2D = \frac{\partial}{\partial t}(\sigma^2) \qquad (3\text{-}21)$$

若在一个不长的时间间隔内，以差分代替式中的偏微分，则可推出利用不同时刻的浓度分布来计算扩散系数的公式，即

$$D = \frac{1}{2}\left(\frac{\sigma_2^2 - \sigma_1^2}{t_2 - t_1}\right) \qquad (3\text{-}22)$$

从理论上说，浓度分布曲线沿 x 轴方向的两端将延伸至无穷远处，但可以证明，在以对称轴为中心的分布宽度 4σ 范围内，分布曲线与 x 轴之间所围成的面积可以达到总面积的 95%。因此，在实际工作中常用 4σ 来估算扩散云团的宽度。设坐标原点与源平面之间相距为 μ，则曲线的分布区间可认为是 $(\mu - 2\sigma, \mu + 2\sigma)$。当 $\mu = 0$，即坐标原点与源平面重合，则曲线的分布区间可认为是 $(-2\sigma, 2\sigma)$。

将式(3-20)代入式(3-12)，可得

$$C(x, t) = \frac{M}{\sigma\sqrt{2\pi}}\exp\left(-\frac{x^2}{2\sigma^2}\right) \tag{3-23}$$

上式为瞬时点源一维扩散方程解的另一种表达形式。

（3）二、三维扩散问题。

在实际问题中，污染源的扩展方向往往不会局限于一个方向，这就需要把一维问题的解推广到二、三维空间。

对于二维扩散方程的数学表达式

$$\frac{\partial C}{\partial t} = D_x\frac{\partial^2 C}{\partial x^2} + D_y\frac{\partial^2 C}{\partial y^2}$$

为了便于以后讨论紊动扩散时沿用本方程解，这里按 $D_x \neq D_y$ 来讨论。假设水体中不同方向的分子扩散之间没有相互影响，二维问题式（3-8）的解可由以下两个一维问题的解的乘积给出

$$C(x, y, t) = C_1(x, t)C_2(y, t) \tag{3-24}$$

把式（3-24）代入二维扩散方程，并利用一维情况的解，最终可推出

$$C = C_1 C_2 = \frac{M}{4\pi t\sqrt{D_x D_y}}\exp\left(-\frac{x^2}{4D_x t} - \frac{y^2}{4D_y t}\right) \tag{3-25}$$

对于三维扩散方程的数学表达式

$$\frac{\partial C}{\partial t} = D_x\frac{\partial^2 C}{\partial x^2} + D_y\frac{\partial^2 C}{\partial y^2} + D_z\frac{\partial^2 C}{\partial z^2}$$

同理，可有乘积解

$$C(x, y, z, t) = \frac{M}{(4\pi t)^{3/2}(D_x D_y D_z)^{1/2}}\exp\left(-\frac{x^2}{4D_x t} - \frac{y^2}{4D_y t} - \frac{z^2}{4D_z t}\right) \tag{3-26}$$

当 $D_x = D_y = D_z = D$ 时，上式变为

$$C = \frac{M}{(4\pi Dt)^{3/2}}\exp\left(-\frac{r^2}{4Dt}\right) \tag{3-27}$$

式中：$r^2 = x^2 + y^2 + z^2$，即 r 是距点源（也是坐标系原点）的距离。值得注意的是，对于一维扩散，浓度 C 的单位是单位长度上的质量；对于二维扩散，C 的单位是单位面积上的质量；对于三维扩散，C 的单位则是单位体积内的质量。

2. 瞬时分布源

（1）一维扩散问题。

如果扩散质投放量 M 不是集中在一处，而是分布在一定空间范围内同时瞬时投放，这就是瞬时分布源。这种情况可考虑为若干个瞬时集中源的叠加，按叠加原理求解。

设 $t=0$ 时在 $x=\xi$ 处投放扩散质，根据式（3-12），它在扩散域中形成的浓度为（徐孝平，1991）

$$C(x, t) = \frac{M}{\sqrt{4\pi Dt}}\exp\left[-\frac{(x-\xi)^2}{4Dt}\right] \tag{3-28}$$

对于浓度分布为 $C(x, 0) = f(\xi)$，$a \leqslant x \leqslant b$ 的瞬时分布源，污染液体段可看作无数个微小长度 $\mathrm{d}\xi$ 的集合。在 $x=\xi$ 处，$\mathrm{d}\xi$ 微小长度上投放扩散质的强度为 $M = f(\xi)\mathrm{d}\xi$，则 t 时刻由这一微小长度扩散质引起的在 x 点处的浓度值为

$$dC = \frac{f(\xi)d\xi}{\sqrt{4\pi Dt}} \exp\left[-\frac{(x-\xi)^2}{4Dt}\right] \tag{3-29}$$

将这些微小长度瞬时点源所形成的浓度场进行叠加,就可得到总浓度场。在指定时刻,x 处的浓度为

$$C(x,\ t) = \int_a^b \frac{f(\xi)d\xi}{\sqrt{4\pi Dt}} \exp\left[-\frac{(x-\xi)^2}{4Dt}\right] \tag{3-30}$$

根据浓度起始分布函数 $f(\xi)$ 存在的区间,可以把起始分布源分为起始无限分布源和起始有限分布源。下面针对 $f(\xi)$ 为常数这种简单的情况分别对二者进行讨论。

① 起始无限分布源。

当 $t=0$ 时,

$$f(\xi) = \begin{cases} 0, & x > 0, \\ C_0 = 常数, & x \leqslant 0 \end{cases} \tag{3-31}$$

该问题的物理模型是在很长的水平管渠中,左端($x \leqslant 0$)充满浓度为 C_0 的污染物质,右端($x > 0$)为清洁水。$t=0$ 时,突然打开闸门,左边的污染物向右扩散,则在 $x > 0$ 的右边,浓度分布为

$$C(x,\ t) = \int_{-\infty}^0 \frac{C_0}{\sqrt{4\pi Dt}} \exp\left[-\frac{(x-\xi)^2}{4Dt}\right] d\xi \tag{3-32}$$

取变换 $u = \dfrac{(x-\xi)}{\sqrt{4Dt}}$,$d\xi = -\sqrt{4Dt}\,du$,则有

$$C = \frac{C_0}{\sqrt{\pi}} \int_{x/\sqrt{4Dt}}^{\infty} \exp(-u^2)du = \frac{C_0}{2}\left[1 - \mathrm{erf}\left(\frac{x}{\sqrt{4Dt}}\right)\right] \tag{3-33}$$

式中:$\mathrm{erf}(z)$ 为 z 的误差函数,其数学表达式见式(3-34),它是奇函数,并有 $\mathrm{erf}(+\infty)=1$,$\mathrm{erf}(0)=0$,$\mathrm{erf}(-\infty)=-1$。

$$\mathrm{erf}(z) = \frac{2}{\sqrt{\pi}} \int_0^z e^{-u^2}du \tag{3-34}$$

误差函数值可以通过数值计算或查表得到。不难证明,当 $x/2\sqrt{Dt}=0$ 时,$C/C_0=0.5$;当 $x/2\sqrt{Dt}=-2.0$ 时,$C/C_0=1.0$。因此,虽然分布源在左半部为无限长,但是实际上起作用的只是其中一部分,因为 $x < -4\sqrt{Dt}$ 的那部分浓度并未降低。

② 起始有限分布源。

当 $t=0$ 时,有

$$f(\xi) = \begin{cases} 0, & |x| > x_1, \\ C_0 = 常数, & |x| \leqslant x_1 \end{cases} \tag{3-35}$$

在突发事故发生时,污染源常占有一定的空间范围,如图 3-5 所示。对起始有限分布源,仍可采用起始分布源的分析方法,只是积分区间要作相应改变。浓度场为

$$C(x,\ t) = \int_{-x_1}^{x_1} \frac{C_0}{\sqrt{4\pi Dt}} \exp\left[-\frac{(x-\xi)^2}{4Dt}\right] d\xi \tag{3-36}$$

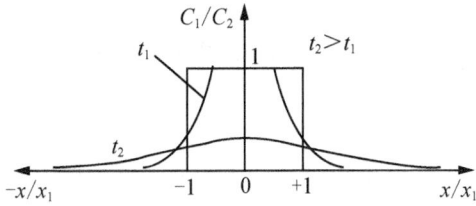

图 3-5 起始有限分布源浓度分布

取变换 $u = (x - \xi)/\sqrt{4Dt}$，并变更积分上下限，得

$$C(x, t) = \frac{C_0}{\sqrt{\pi}} \int_{(x-x_1)/\sqrt{4Dt}}^{(x+x_1)/\sqrt{4Dt}} e^{-u^2} du = \frac{C_0}{2} \left[\text{erf}\left(\frac{x + x_1}{\sqrt{4Dt}}\right) - \text{erf}\left(\frac{x - x_1}{\sqrt{4Dt}}\right) \right] \tag{3-37}$$

（2）二、三维扩散问题。

二维起始有限分布源可视为瞬时有限分布面源，其初始条件为：当 $t=0$ 时，$|x| \leqslant x_1$，$|y| \leqslant y_1$，$C = C_0$；$|x| > x_1$，$|y| > y_1$，$C = 0$。边界条件为：当 $t > 0$ 时，$|x| \to \infty$，$|y| \to \infty$，$C = 0$。

利用上述定解条件，可求得二维扩散方程的解为

$$C(x, y, z, t) = \frac{C_0}{4} \left[\text{erf}\left(\frac{x + x_1}{\sqrt{4D_x t}}\right) - \text{erf}\left(\frac{x - x_1}{\sqrt{4D_x t}}\right) \right] \times$$
$$\left[\text{erf}\left(\frac{y + y_1}{\sqrt{4D_y t}}\right) - \text{erf}\left(\frac{y - y_1}{\sqrt{4D_y t}}\right) \right] \tag{3-38}$$

三维起始有限分布源可视为瞬时有限体积源，起始条件为：当 $t=0$ 时，$|x| \leqslant x_1$，$|y| \leqslant y_1$，$|z| \leqslant z_1$，$C = C_0$；$|x| > x_1$，$|y| > y_1$，$|z| > z_1$，$C = 0$。边界条件为：当 $|x| \to \infty$，$|y| \to \infty$，$|z| \to \infty$ 时，$C = 0$。利用上述的定解条件，可求得三维扩散方程的解为

$$C(x, y, z, t) = \frac{C_0}{8} \left[\text{erf}\left(\frac{x + x_1}{\sqrt{4D_x t}}\right) - \text{erf}\left(\frac{x - x_1}{\sqrt{4D_x t}}\right) \right] \times$$
$$\left[\text{erf}\left(\frac{y + y_1}{\sqrt{4D_y t}}\right) - \text{erf}\left(\frac{y - y_1}{\sqrt{4D_y t}}\right) \right] \times$$
$$\left[\text{erf}\left(\frac{z + z_1}{\sqrt{4D_z t}}\right) - \text{erf}\left(\frac{z - z_1}{\sqrt{4D_z t}}\right) \right] \tag{3-39}$$

3. 时间连续源

（1）一维扩散问题。

一维时间连续源扩散问题的物理模型为：$t=0$ 时，沿 x 轴原来各处扩散质浓度均为 0，连续投放点源；$t > 0$ 时，$x = 0$ 处浓度瞬时升高为 C_0，之后一直保持不变。采用量纲分析法，可求得 t 时刻的浓度场为

$$C = C_0 \left[1 - \text{erf}\left(\frac{x}{\sqrt{4Dt}}\right) \right] = C_0 \text{erfc}\left(\frac{x}{\sqrt{4Dt}}\right), \quad x > 0 \tag{3-40}$$

式中：$\text{erfc}(z)$ 为余误差函数，和误差函数 $\text{erf}(z)$ 的关系是：$\text{erfc}(z) + \text{erf}(z) = 1$。

（2）二、三维扩散问题。

对于时间连续源的二、三维扩散问题，可按一维扩散问题的解决思路，看作无数个

瞬时源扩散的叠加，用相应瞬时源的浓度分布公式进行时间积分计算。

以三维扩散问题为例。考虑如下问题：从设在坐标原点的排污口向 $D_x = D_y = D_z = D$ 为常数的三维扩散空间连续排放污水，排放流量（mg/s）为常数，求所产生的浓度场。

设点源的投放时间坐标为 τ，所以在 $\mathrm{d}\tau$ 的微小时间内，投放质量为 $m\mathrm{d}\tau$。将每一个 $m\mathrm{d}\tau$ 看成一个瞬时点源，它会产生一个浓度场。根据瞬时点源的基本解式（3-27），此浓度场可以表示为

$$\mathrm{d}C = \frac{m\,\mathrm{d}\tau}{[4\pi D(t-\tau)]^{3/2}} \exp\left[-\frac{r^2}{4D(t-\tau)}\right] \tag{3-41}$$

则时间连续源浓度场可以看作由无限多个 $m\mathrm{d}\tau$ 组成的瞬时点源的浓度场叠加而成，得到

$$C(r,\ t) = \int_0^t \mathrm{d}C = \frac{m}{(4\pi D)^{3/2}} \int_0^t \frac{1}{(t-\tau)^{3/2}} \exp\left[-\frac{r^2}{4D(t-\tau)}\right] \mathrm{d}\tau = \frac{m}{4\pi Dr} \mathrm{erfc}\left(\frac{r}{\sqrt{4Dt}}\right) \tag{3-42}$$

3.2.2 有边界情况下扩散模型的解

以上讨论的是无限空间中的扩散，但是实际水域都有岸和底存在，因此污染物的扩散会受到边界的限制。当污染物质扩散至边界时，可能会被边界吸收或黏着，形成完全吸收；也可能遇到边界就反射回去，形成完全反射；更有可能发生介于二者之间的不完全吸收和不完全反射。前两种属于理想情况，后一种在实际中出现居多，主要取决于污染物的种类和边界的特性。其中，完全反射情况对水域的污染最为严重。这里只讨论完全反射。

1. 一侧有边界的扩散

一侧有完全反射的情况，如图 3-6 所示。由于完全反射，扩散质在 $x=0$ 处，$t=0$ 时瞬时投放，遇到 $x=-L$ 处的边界时发生完全反射，边界不吸收扩散质，则任何时刻通过边界的扩散质的净通量应为零，即

$$q = -D\frac{\partial C}{\partial x} = 0,\ x = -L \tag{3-43}$$

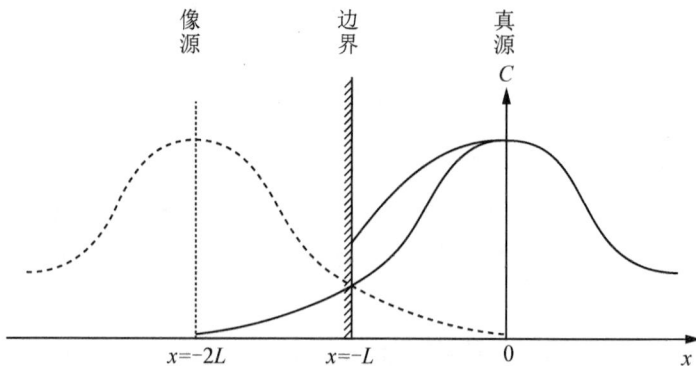

图 3-6　一侧有边界的扩散

引入平面镜成像原理（又称镜像法）。设想有一平面镜置于 $x=-L$ 的边界处，在平面镜的后面，$x=-2L$ 处有一个像源，像源的投放强度和真源相同，标准差 σ 也相同，这

相当于在像源处投放了质量相同的扩散质。取消边界后，像源和真源同时向边界处扩散，它们在边界处产生的扩散质通量大小相等，但方向相反，使边界处的净通量为零（即浓度梯度为零），仍能保持式(3-43)所述的边界条件。按叠加原理，可以认为实际上是有边界的瞬时点源解和虚拟没有边界时真源加像源的解是等价的。

在 x 轴上任意点的浓度应为这两个瞬时点源（即真源和像源）产生的浓度的叠加，即

$$C(x,t)=\frac{M}{\sqrt{4\pi Dt}}\left\{\exp\left[\frac{-x^2}{4Dt}\right]+\exp\left[\frac{-(x+2L)^2}{4Dt}\right]\right\} \tag{3-44}$$

当 $x=-L$ 时，即固体边界处，上式即为

$$C(-L,t)=\frac{2M}{\sqrt{4\pi Dt}}\exp\left(-\frac{L^2}{4Dt}\right) \tag{3-45}$$

可见发生完全反射时，在反射边界($x=-L$)处的浓度等于无边界时浓度的 2 倍(闻德苏，2010)。

2. 两侧有边界的扩散

设瞬时源的左右两侧($x=-L$ 和 $x=L$)均有完全反射边界，真源位于两侧的边界之间，如图 3-7 所示。采用与研究一侧有边界情况下扩散问题相同的方法，分别在 $x=-2L$ 和 $2L$ 处设虚拟像源，从而构造出在 $x=-L$ 和 L 处无扩散质净通量的边界条件。但是，在 $x=-2L$ 处的像源的扩散又会在 $x=L$ 处的边界处产生一个浓度梯度，这样就需要在 $x=4L$ 处放置一个新像源。同样，在 $x=2L$ 处的像源扩散到 $x=-L$ 处的边界也会发生反射，这就需要在 $x=-4L$ 处加置一个新像源。如此相互反射下去，还要相继在 $-6L$ 和 $6L$ 处、$-8L$ 和 $8L$ 处设置像源，逐次反射至无穷，在左右边界的两侧形成无数个像源点。把无穷次反射的结果进行叠加，得到问题的解为

$$C(x,t)=\sum_{n=-\infty}^{\infty}\frac{M}{\sqrt{4\pi Dt}}\exp\left[\frac{-(x+2nL)^2}{4Dt}\right] \tag{3-46}$$

式中：n 为反射次数，一般取 1～2 次反射即可满足精度要求。

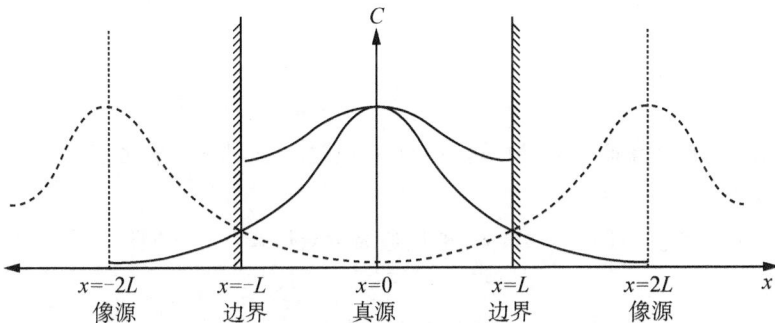

图 3-7　两侧有边界的扩散

例 3-1　有一底面较为规则的棱柱体湖泊，水面面积为 100×100 m²，水深为 30 m。经过初步处理的废水通过水泵送入水底，污染物总计为 1 000 kg，均匀分布于水底。污染物在水中的分子扩散系数为 1.0 cm²/s。设水底对该物质完全不吸收，不考虑湖泊岸壁和水面的反射，试估算一年之后水面和水底的污染物浓度。

解：按照瞬时点源一侧有边界的一维扩散计算。由于污染源在完全反射的边界处，

由式(3-45)可得污染物沿垂向的扩散浓度应为

$$C(z,\ t)=\frac{2M}{\sqrt{4\pi Dt}}\exp\left(-\frac{z^2}{4Dt}\right)$$

式中：z 为距池底的铅垂距离；$M=\dfrac{1\ 000}{A}=\dfrac{1\ 000}{100\times100}=0.1\ \text{kg/m}^2$；分子扩散系数 $D=1.0\ \text{cm}^2/\text{s}=8.64\ \text{m}^2/\text{d}$。

一年后水面处污染物浓度为

$$C_1=\frac{2\times0.1}{\sqrt{4\pi\times8.64\times365}}\exp\left(-\frac{30\times30}{4\times8.64\times365}\right)=0.93\times10^{-3}\ \text{kg/m}^3$$

当 $z=0$ 时，可得水池底部一年后的污染物浓度为

$$C_2=\frac{2\times0.1}{\sqrt{4\pi\times8.64\times365}}=0.001\ \text{kg/m}^3$$

若考虑水面的反射作用，可在距水面以上 30 m 处设一虚拟源，其浓度和池底浓度相同，此时水面浓度将增大。

3.3　层流移流扩散方程求解

在运动液体中，扩散质不仅有分子扩散，还要随着液体质点一起流动，产生迁移作用，这种迁移现象称为移流输送。对于层流运动而言，流速和浓度都没有脉动，因此一般假定扩散质在层流中的扩散可以按照分子扩散和移流输送分别计算，然后进行叠加。

3.3.1　移流扩散方程的基本形式

与对分子扩散方程的讨论相类似，在流场中取出一个微分六面体进行分析。由于层流流速和分子扩散的作用，单位时间内通过六面体 yz 平面上单位面积的总质量通量，等于由 x 方向的流速 u_x 引起的移流通量(u_xC)与同方向的分子扩散通量($D\partial C/\partial x$)之和。即

$$q_x=u_xC-D\ \frac{\partial C}{\partial x} \tag{3-47}$$

式中：u_x 为 x 方向的流速，q_x 为单位时间内通过六面体 yz 平面上单位面积的总质量通量。

同理，也可写出 y 方向和 z 方向上的质量通量表达式，把它们代入质量守恒式(3-3)有

$$\frac{\partial C}{\partial t}+u_x\ \frac{\partial C}{\partial x}+u_y\ \frac{\partial C}{\partial y}+u_z\ \frac{\partial C}{\partial z}=D\ \nabla^2 C \tag{3-48}$$

式中：u_y 和 u_z 分别为流速在 y 轴和 z 轴的分量；∇^2 为拉普拉斯算符。上式称为移流扩散方程，又称为对流扩散方程。当 $u_x=u_y=u_z=0$ 时，上式变为分子扩散方程。

对于大多数实际问题，水流具有明显的主流 u_x 方向，可以忽略 u_y 和 u_z 方向的移流作用，因此该方程式可以简化为

$$\frac{\partial C}{\partial t}+u_x\ \frac{\partial C}{\partial x}=D\left(\frac{\partial^2 C}{\partial x^2}+\frac{\partial^2 C}{\partial y^2}+\frac{\partial^2 C}{\partial z^2}\right) \tag{3-49}$$

3.3.2 移流扩散方程的解

下面讨论移流扩散方程式(3-49)在不同污染源下的解。

1. 瞬时点源

当水体处于流动状态时，水体中不仅有分子的扩散输送，还有对流输送。采用动坐标系，设想观察者随着流速 u_x 一起运动，并把坐标系固定到这个观察者身上，即坐标随着水流一起运动。对于这样的惯性运动坐标系，观察者看到的只是单纯的扩散。这样，移流扩散问题就可以转换成单纯的分子扩散问题。我们只要用新坐标 $x'=x-ut$ 代替分子扩散方程解析解中的 x 坐标，就能得到移流扩散方程的解。

一维移流扩散方程的解为

$$C(x, t) = \frac{M}{\sqrt{4\pi Dt}} \exp\left[-\frac{(x-u_x t)^2}{4Dt}\right] \tag{3-50}$$

式中：M 为瞬时投放的扩散质质量。

二维方程的解为

$$C(x, y, t) = \frac{M}{4\pi Dt} \exp\left[-\frac{(x-u_x t)^2 + y^2}{4Dt}\right] \tag{3-51}$$

三维方程的解为

$$C(x, y, z, t) = \frac{M}{(4\pi Dt)^{\frac{3}{2}}} \exp\left[-\frac{(x-u_x t)^2 + y^2 + z^2}{4Dt}\right] \tag{3-52}$$

2. 时间连续点源

移流扩散方程的物理模型与静水中时间连续源的扩散相似，只是增加了移流项。假设单位时间内投放扩散质的质量为 m（m 为常数），则时间连续点源可以看作无限多的瞬时点源沿时间的积分处理，其中每个瞬时点源在微小排放时段 $d\tau$ 内坐标原点处排放的质量为 $m\,d\tau$。我们来考察其中的一个瞬时点源，如图 3-8 所示。

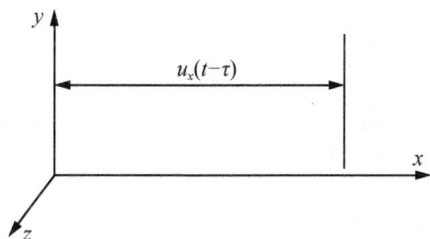

图 3-8 时间连续点源的移流扩散

当发生扩散时，质量也会随着水流向下游迁移。在 t 时刻，空间任一点 (x, y, z) 处由于这个瞬时点源所引起的浓度可按式(3-52)建立，得

$$dC = \frac{m\,d\tau}{8[\pi D(t-\tau)]^{\frac{3}{2}}} \exp\left\{-\frac{[x-u_x(t-\tau)]^2 + y^2 + z^2}{4D(t-\tau)}\right\} \tag{3-53}$$

式中：$(t-\tau)$ 是排出质量 $m\,d\tau$ 后所经历的时间。在时间 t，点 (x, y, z) 处总的浓度是从 $\tau=0$ 到 $\tau=t$ 时间内排出的所有瞬时点源所形成的。于是有

$$C=\int_0^t \frac{m\,d\tau}{8\left[\pi D(t-\tau)\right]^{\frac{3}{2}}}\exp\left\{-\frac{\left[x-u_x(t-\tau)\right]^2+y^2+z^2}{4D(t-\tau)}\right\} \tag{3-54}$$

化简上式，得

$$C(x,\,y,\,z)=\frac{m}{4rD\pi}\exp\left[-\frac{u_x(r-x)}{2D}\right] \tag{3-55}$$

式中：$r=\sqrt{x^2+y^2+z^2}$。由于随流输移作用，空间的等浓度线会在 x 方向上被拖得很长，有 $x^2\gg y^2+z^2$，则

$$r=\sqrt{x^2+y^2+z^2}\approx\left(1+\frac{y^2+z^2}{2x^2}\right)x \tag{3-56}$$

或

$$r-x\approx\frac{y^2+z^2}{2x} \tag{3-57}$$

于是，式（3-55）可以改写为

$$C(x,\,y,\,z)=\frac{m}{4\pi Dx}\exp\left[-\frac{u_x(y^2+z^2)}{4xD}\right] \tag{3-58}$$

对于平面二维时间连续点源，其移流扩散方程的解为（赵文谦，1986）

$$C(x,\,y)=\frac{m}{\sqrt{4\pi xu_xD}}\exp\left(-\frac{u_xy^2}{4xD}\right) \tag{3-59}$$

式中：m 是 z 轴上单位长度、单位时间连续稳定排放的扩散质质量，m 的量纲为 $\left[ML^{-1}T^{-1}\right]$。

3.4 紊动扩散方程求解

上节介绍了液体在静止状态下的分子扩散和在层流运动条件下的移流扩散。但是扩散质不仅有分子扩散和移流扩散，还有紊动扩散。水环境中的水体流动大多处于紊动状态，所以研究紊动扩散更具有普遍意义。

紊动扩散是指由紊流的脉动或者说由紊流中涡体的掺混作用引起的物质传递过程。在实际水流中，由紊动引起的物质扩散在数量上远远大于分子扩散，这是因为紊流漩涡的不规则运动，在尺度上和运载能力上都远比分子的无规则运动大得多。因此，一般在紊流情况下可以忽略分子扩散的作用。

3.4.1 紊动扩散的拉格朗日法

1921 年，泰勒（Taylor）首先采用拉格朗日法研究了单个质点的紊动扩散，奠定了紊动扩散的理论基础。为了和欧拉法中的流速相区别，以 V 表示拉格朗日法中的液体质点运动速度。此外，为简单起见，只讨论在对时间和空间都均匀的紊流场中，沿 x 方向的一维扩散（赵文谦，1986）。

设有一质点在 $t=0$ 时刻的位置为 $X(0)$，经过时间 t 之后移到新的位置 $X(t)$，则

$$X(t)=X(0)+\int_0^t V(t')\,dt' \tag{3-60}$$

若把坐标原点放在 $X(0)$ 的位置，即 $X(0)=0$，故上式可简化为

$$X(t) = \int_0^t V(t') \mathrm{d}t' \tag{3-61}$$

令开始扩散的时间为 t_0，经过时间 t，质点移动距离为 $X(t_0+t)$，有

$$X(t_0+t) = \int_0^t V(t_0+t') \mathrm{d}t' \tag{3-62}$$

根据上述紊动在时间、空间上均匀的假定，紊动的统计特性不随时间变化，可用时间平均代替统计平均。利用积分的相关知识，可以推出

$$\overline{X^2(t)} = \frac{1}{T}\int_0^T X^2(t_0+t)\mathrm{d}t_0 = 2\int_0^t \mathrm{d}t'\int_0^{t'} \overline{V(t_0+t')V(t_0+t'')}\mathrm{d}t'' \tag{3-63}$$

式中：$\overline{V(t_0+t')V(t_0+t'')}$ 的含义：同一个液体质点取时间差为 τ（$\tau = t''-t'$）的两个时刻脉动流速的乘积对许多质点的平均值。如果像分子运动那样，每步运动都是独立的随机运动，彼此毫无历史联系，则这个平均值应为零。但紊动情况不同，一个质点在两个瞬间的流速是相关的。只要相隔的时间 τ 不太大，这个平均值就不等于零。为此，引入时间相关系数

$$R_t(\tau) = \frac{\overline{V(t)V(t+\tau)}}{\overline{V^2}} \tag{3-64}$$

最终可推出

$$\overline{X^2(t)} = 2\overline{V^2}\int_0^t (t-\tau)R_t(\tau)\mathrm{d}\tau \tag{3-65}$$

现在讨论两种特殊情况下上式的积分求解。

1. 扩散时间 t 很短

在扩散初期，当 τ 很小时，$R_t(\tau) \approx 1$，式（3-65）变成

$$\overline{X^2(t)} \approx \overline{V^2}t^2 \tag{3-66}$$

或

$$\sqrt{\overline{X^2(t)}} \approx \sqrt{\overline{V^2}}\, t \tag{3-67}$$

由此看出在扩散初期，质点的扩散距离与时间 t 成正比。

2. 扩散时间 t 很长

令时间达到 $t=t^*$ 时，$R_t(\tau) \approx 0$。当 $t \gg t^*$ 时，式（3-65）中的积分

$$\int_0^t (t-\tau)R_t(\tau)\mathrm{d}\tau = t\int_0^{t^*} R_t(\tau)\mathrm{d}\tau - \int_0^{t^*} \tau R_t(\tau)\mathrm{d}\tau \tag{3-68}$$

因为在 t 很大时，上式右端第二项比第一项小得多，可以忽略。又有

$$\int_0^{t^*} R_t(\tau)\mathrm{d}\tau = T_L \tag{3-69}$$

式中：T_L 为拉格朗日时间尺度。将式（3-68）、式（3-69）代入式（3-65），得

$$\overline{X^2(t)} \approx 2\overline{V^2}T_L t \tag{3-70}$$

或

$$\sqrt{\overline{X^2(t)}} \approx \sqrt{\overline{V^2}}\sqrt{2T_L t} \tag{3-71}$$

上式表明，当扩散时间很长时，质点的扩散距离与 $\sqrt{t}$ 成正比。由上面的推证可以看出，

扩散时间长短的标准就是拉格朗日时间尺度。因为假定当时间 $t=t^*$ 时，$R_t(\tau)=0$，所以拉格朗日时间尺度是质点摆脱历史影响所需经历的时间的度量。

对比分子扩散和紊动扩散，可以发现：分子扩散是完全随机的、没有历史影响的传输方式，其扩散的距离与 $\sqrt{t}$ 成正比。而在紊流中，当 $t \gg T_L$ 之后，其扩散的距离也与 $\sqrt{t}$ 成比例。因此，可以定义一个与分子扩散系数 D 类似的紊动扩散系数或叫漩涡扩散系数 E。其数学表达式为

$$E = \frac{\overline{X^2(t)}}{2t} = \overline{V^2} T_L = \overline{V^2} \int_0^{t^*} R_t(\tau)\mathrm{d}\tau = \overline{V^2} \int_0^{+\infty} R_t(\tau)\mathrm{d}\tau \tag{3-72}$$

上式也可以写成

$$E = \sqrt{\overline{V^2}} \Lambda_L \tag{3-73}$$

式中：Λ_L 称为拉格朗日扩散长度，可表示为

$$\Lambda_L = \sqrt{\overline{V^2}} \int_0^{+\infty} R_t(\tau)\mathrm{d}\tau \tag{3-74}$$

式(3-73)说明，当扩散时间较长时，E 与 Λ_L 成正比，因此可以认为紊动扩散系数主要取决于大尺度的漩涡运动。

大量实验表明，恒定均匀紊流的流速场在 $t \gg T_L$ 之后接近于正态分布。紊流扩散和分子扩散遵循相同的规律，因此紊流扩散可以按照分子扩散的规律进行处理。对于一维紊动扩散，其扩散方程形式为

$$\frac{\partial C}{\partial t} = E \frac{\partial^2 C}{\partial x^2} \tag{3-75}$$

与分子扩散方程所不同的是，在扩散方程中须以紊动扩散系数 E 去代替分子扩散系数 D。紊动扩散系数 E 一般比分子扩散系数 D 大 $10^6 \sim 10^9$ 倍。从整个分析过程中不难看出，分子扩散系数 D 是由物质特性所决定的一个系数，而紊动扩散系数则是运动状态的反映，它和流场特性密切相关。

这里讨论的是单个质点的扩散。对于一个扩散质团来说，这种扩散位置实质上只表示扩散质团的重心点的位置。为了研究扩散质团轮廓外形的变化，需要分析原来和重心点有一定距离的其他质点与重心点之间彼此的相对扩散，也就是两质点的相对扩散问题。有兴趣的读者可以参阅相关专业书籍。

3.4.2 紊动扩散的欧拉法

在3.3.1节中，根据质量守恒原理，采用欧拉法推导得出了层流运动的移流扩散方程(3-48)。在紊流中，不但流速有脉动现象，扩散质浓度也有脉动现象。采用欧拉法研究紊动扩散不是跟踪液体质点的运动，而是为了研究流场空间点上扩散质的浓度分布，即确定浓度场。如果将式(3-48)中的流速和浓度作为瞬时值，用相应的时均值和脉动值来表示它，则可以得到欧拉型紊流运动的移流扩散方程。具体推导过程如下。

将浓度 C 和流速在各方向的分量 u_x、u_y、u_z 均表示成时均值和脉动值之和，即 $C = \overline{C} + C'$、$u_x = \overline{u_x} + u_x'$、$u_y = \overline{u_y} + u_y'$、$u_z = \overline{u_z} + u_z'$，并代入式(3-48)。其中各项取时间平均，并结合紊流的时均连续方程(2-16)，可得

$$\frac{\partial \overline{C}}{\partial t}+\overline{u_x}\,\frac{\partial \overline{C}}{\partial x}+\overline{u_y}\,\frac{\partial \overline{C}}{\partial y}+\overline{u_z}\,\frac{\partial \overline{C}}{\partial z}$$

$$=-\frac{\partial}{\partial x}(\overline{C'u'_x})-\frac{\partial}{\partial y}(\overline{C'u'_y})-\frac{\partial}{\partial z}(\overline{C'u'_z})+D\left(\frac{\partial^2 \overline{C}}{\partial x^2}+\frac{\partial^2 \overline{C}}{\partial y^2}+\frac{\partial^2 \overline{C}}{\partial z^2}\right) \tag{3-76}$$

上式即为紊流的移流扩散方程，它是用欧拉法分析紊动扩散的基础。

和上节的分子扩散方程相比，式(3-76)中的 $\overline{u_x}\,\dfrac{\partial \overline{C}}{\partial x}$、$\overline{u_y}\,\dfrac{\partial \overline{C}}{\partial y}$、$\overline{u_z}\,\dfrac{\partial \overline{C}}{\partial z}$ 为时均运动所产生的移流扩散项，而 $-\dfrac{\partial}{\partial x}(\overline{C'u'_x})$、$-\dfrac{\partial}{\partial y}(\overline{C'u'_y})$、$-\dfrac{\partial}{\partial z}(\overline{C'u'_z})$ 为脉动所引起的紊动扩散项。为了求解 $\overline{C}$、$\overline{C'u'_x}$、$\overline{C'u'_y}$ 和 $\overline{C'u'_z}$ 这三项需要加以模化，即建立起与时均流速之间的关系式。由于它们的物理意义是紊流中在单位时间内分别通过垂直于 x、y、z 轴的单位面积上的紊动扩散量，与分子扩散中的单位质量通量有相似的含义，因此最常用的方法是将紊动扩散与分子扩散相比拟，采用费克定律的形式来表示，即

$$\left.\begin{array}{l}\overline{C'u'_x}=-E_x\,\dfrac{\partial \overline{C}}{\partial x}\\[2mm]\overline{C'u'_y}=-E_y\,\dfrac{\partial \overline{C}}{\partial y}\\[2mm]\overline{C'u'_z}=-E_z\,\dfrac{\partial \overline{C}}{\partial z}\end{array}\right\} \tag{3-77}$$

式中：E_x、E_y、E_z 为三个直角坐标方向的紊动扩散系数。它们与流动状态和紊流结构有关，一般来说在各方向上的数值不相同，并且可能是空间坐标的函数。在恒定各向同性均匀紊流中，当扩散时间大于拉格朗日时间尺度 T_L 时，紊动扩散系数可视为一个常数。

将上式代入式(3-76)，可得三维紊流扩散方程为

$$\frac{\partial \overline{C}}{\partial t}+\overline{u_x}\,\frac{\partial \overline{C}}{\partial x}+\overline{u_y}\,\frac{\partial \overline{C}}{\partial y}+\overline{u_z}\,\frac{\partial \overline{C}}{\partial z}=$$

$$\frac{\partial}{\partial x}\left(E_x\,\frac{\partial \overline{C}}{\partial x}\right)+\frac{\partial}{\partial y}\left(E_y\,\frac{\partial \overline{C}}{\partial y}\right)+\frac{\partial}{\partial z}\left(E_z\,\frac{\partial \overline{C}}{\partial z}\right)+D\left(\frac{\partial^2 \overline{C}}{\partial x^2}+\frac{\partial^2 \overline{C}}{\partial y^2}+\frac{\partial^2 \overline{C}}{\partial z^2}\right) \tag{3-78}$$

二维紊流扩散方程为

$$\frac{\partial \overline{C}}{\partial t}+\overline{u_x}\,\frac{\partial \overline{C}}{\partial x}+\overline{u_y}\,\frac{\partial \overline{C}}{\partial y}=\frac{\partial}{\partial x}\left(E_x\,\frac{\partial \overline{C}}{\partial x}\right)+\frac{\partial}{\partial y}\left(E_y\,\frac{\partial \overline{C}}{\partial y}\right)+D\left(\frac{\partial^2 \overline{C}}{\partial x^2}+\frac{\partial^2 \overline{C}}{\partial y^2}\right) \tag{3-79}$$

一维紊流扩散方程为

$$\frac{\partial \overline{C}}{\partial t}+\overline{u_x}\,\frac{\partial \overline{C}}{\partial x}=\frac{\partial}{\partial x}\left(E_x\,\frac{\partial \overline{C}}{\partial x}\right)+D\,\frac{\partial^2 \overline{C}}{\partial x^2} \tag{3-80}$$

对比层流和紊流的移流扩散方程，可以发现：后者显然增加了由脉动而引起的扩散项，其扩散通量和紊动系数 E 密切相关。在紊流中，由于紊动的尺度远大于分子运动的尺度，所以 E_x、E_y、$E_z \gg D$，故除了壁面附近的黏性底层紊动受到限制的区域以外，分子扩散项一般可以忽略。若略去分子扩散项，并假定紊动扩散系数沿程不变，则可将

式(3-78)、式(3-79)和式(3-80)化简。三维方程变为

$$\frac{\partial \overline{C}}{\partial t} + \overline{u_x}\frac{\partial \overline{C}}{\partial x} + \overline{u_y}\frac{\partial \overline{C}}{\partial y} + \overline{u_z}\frac{\partial \overline{C}}{\partial z} = E_x\left(\frac{\partial^2 \overline{C}}{\partial x^2}\right) + E_y\left(\frac{\partial^2 \overline{C}}{\partial y^2}\right) + E_z\left(\frac{\partial^2 \overline{C}}{\partial z^2}\right) \tag{3-81}$$

二维方程变为

$$\frac{\partial \overline{C}}{\partial t} + \overline{u_x}\frac{\partial \overline{C}}{\partial x} + \overline{u_y}\frac{\partial \overline{C}}{\partial y} = E_x\left(\frac{\partial^2 \overline{C}}{\partial x^2}\right) + E_y\left(\frac{\partial^2 \overline{C}}{\partial y^2}\right) \tag{3-82}$$

一维方程变为

$$\frac{\partial \overline{C}}{\partial t} + \overline{u_x}\frac{\partial \overline{C}}{\partial x} = E_x\left(\frac{\partial^2 \overline{C}}{\partial x^2}\right) \tag{3-83}$$

上述三式亦称为紊流的移流扩散方程。可以发现，它们与相应的层流移流扩散方程形式相同，所以可以沿用层流移流扩散方程的解。值得注意的是，两种方程所代表的物理意义是有区别的，尤其是紊动扩散系数 E 与分子扩散系数 D 有本质的区别。

3.4.3　雷诺比拟

在扩散方程中紊动扩散系数是非常重要的。从理论上说，可以由 $\overline{C'u'}$ 直接计算紊动扩散系数，但由于紊流运动的复杂性，$\overline{C'u'}$ 通常不能直接获得。为了方便地得到紊动扩散系数，人们一直在寻找更加可行的途径。

1874 年，雷诺提出了热量传递与动量传递之间具有类比关系的假说，后来又推广到质量传递中。他认为，如果将动量、能量、含有物浓度等不同的扩散质作为标志物质来分析，即假定在紊动扩散中扩散质只有位置的改变，而没有任何移动与交换，质点本身是保持不变的。在这个前提下，不论是哪种扩散质，扩散系数都应该是相等的。这个假说就是著名的雷诺比拟，数学表达式为

$$E_r = -\frac{q}{\dfrac{\partial C}{\partial r}} = \varepsilon = -\frac{\tau}{\rho}\frac{\partial u}{\dfrac{\partial u}{\partial r}} \tag{3-84}$$

式中：E_r 是径向紊动扩散系数；τ 是距管轴为 r 处的紊动切应力；q 是浓度为 C 的扩散物质沿径向的扩散率。

实际上，液体质点所携带的扩散量(动量、热量和质量)在运动过程中保持不变的程度，对于不同的扩散量是不一样的。因此严格地说，对于不同的扩散量，其扩散系数有差异。但是已有的实验证明：在一定的紊流状态中，几种扩散质的扩散系数近似相等或保持着一定的比例关系。雷诺比拟是对复杂过程的一种很大的简化，可以通过它来寻求紊动扩散与紊动运动黏性系数的关系，这种方法比按照 $\overline{C'u'}$ 直接计算紊动扩散系数更具有实用价值。

3.4.4　若干定解条件下紊动扩散方程的解

欧拉型紊动扩散方程是一个二阶偏微分方程，加上紊动扩散系数的影响因素很复杂，只有在很简单的初边值情况下才有解析解，因此大多数情况下必须借助数值方法求解。这里只讨论流动是一维均匀流(u_x＝const，u_y＝u_z＝0)和紊动是三维的情况，并认为紊

动扩散系数是常数。此时，紊流扩散方程可以简化为

$$\frac{\partial \overline{C}}{\partial t} + \overline{u_x} \frac{\partial \overline{C}}{\partial x} = E_x \frac{\partial^2 \overline{C}}{\partial x^2} + E_y \frac{\partial^2 \overline{C}}{\partial y^2} + E_z \frac{\partial^2 \overline{C}}{\partial z^2} \tag{3-85}$$

假设观察者以平均流速 $\overline{u_x}$ 随水流一起运动，建立运动坐标系 $\xi = x - \overline{u_x}t$，上式可以改写为

$$\frac{\partial \overline{C}}{\partial t} = E_x \frac{\partial^2 \overline{C}}{\partial \xi^2} + E_y \frac{\partial^2 \overline{C}}{\partial y^2} + E_z \frac{\partial^2 \overline{C}}{\partial z^2} \tag{3-86}$$

可见，上式与分子扩散方程具有相同的形式。在 $\overline{u_x}$、E_x、E_y、E_z 分别为常数的情况下，只需要把前面各解式中的分子扩散系数换成相应的紊动扩散系数，就可以得到紊动扩散方程的解。下面列举的是一些典型情况的解答式。实际上，当大气垂向密度变化可以忽略不计时，环境水力学中导出的有关解式也可以应用于大气污染扩散的计算。

1. 无边界瞬时点源

$$\overline{C}(x, y, z, t) = \frac{M}{[(4\pi t)^3 (E_x E_y E_z)]^{1/2}} \exp\left[-\frac{(x - \overline{u_x}t)^2}{4E_x t} - \frac{y^2}{4E_y t} - \frac{z^2}{4E_z t}\right] \tag{3-87}$$

适用条件：难降解物质在大江大河江心事故性排放的浓度场计算。

2. 无边界无限长瞬时线源

$$\overline{C}(x, y, t) = \frac{m}{4\pi t (E_x E_y)^{1/2}} \exp\left[-\frac{(x - \overline{u_x}t)^2}{4E_x t} - \frac{y^2}{4E_y t}\right] \tag{3-88}$$

式中：m 是 z 轴单位长度上瞬时投放扩散质的质量（g/m）。

适用条件：难降解物质在大江大河江心事故性排放的浓度场计算。

3. 一侧有边界无限长瞬时线源

$$\overline{C}(x, y, t) = \frac{m}{4\pi t (E_x E_y)^{1/2}} \left\{ \exp\left[-\frac{(x - \overline{u_x}t)^2}{4E_x t} - \frac{y^2}{4E_y t}\right] + \exp\left[-\frac{(x - \overline{u_x}t)^2}{4E_x t} - \frac{(y - 2B)^2}{4E_y t}\right] \right\} \tag{3-89}$$

式中：m 是 z 轴单位长度上瞬时投放扩散质的质量（g/m）；B 为排放位置到边界的距离（m）。

适用条件：难降解物质在无对岸影响的大江大河岸边事故性排放的浓度场计算。

4. 无边界无限大瞬时平面源

$$\overline{C}(x, t) = \frac{m}{\sqrt{4\pi E_x t}} \exp\left[-\frac{(x - \overline{u_x}t)^2}{4E_x t}\right] \tag{3-90}$$

式中：m 是 yOz 平面上单位面积瞬时投放扩散质的质量（g/m²）。

适用条件：难降解物质在大江大河江心事故性排放的浓度场计算。

5. 无边界时间连续点源

在经历较长时间，即 $t \gg 2E_x/\overline{u}^2$ 以后，紊动扩散云团满足正态分布，扩散趋于稳态。其解为

$$\overline{C}(x, y, z) = \frac{m}{\sqrt{4\pi x E_x}} \exp\left[-\frac{(y^2 + z^2)\overline{u_x}}{4x E_x}\right] \tag{3-91}$$

式中：m 是单位时间在坐标原点投放扩散质的质量（g/s）。

适用条件：难降解物质在大江大河江心点源连续排放的浓度场计算。

3.5 剪切离散方程求解

上节对于紊动扩散方程的讨论是建立在水流时均流速均匀分布假设之上的。但是由于实际水流具有黏滞性，边界对水流形成阻滞作用，引起流速分布不均匀，由此水流具有流速梯度和剪切力。过水断面上具有流速梯度的流动，称为剪切流。从水流的流动边界来看，实际生活中的管流或明渠流都是剪切流。从水流的流动形态来看，层流属于剪切流；紊流除了各向同性均匀紊流外，也属于剪切流。因此，由于实际流速分布不均匀和平均流速分布均匀的差异，引起真实的扩散量与按平均流速计算的扩散量不相等。由于剪切流动中流速（对于紊流指时均流速）在空间上的分布不均匀，产生污染物扩散的作用称为离散或弥散。它与由于分子运动或液体质点紊动所引起的扩散，在概念上是有区别的。

从理论上说，流动中的离散可用欧拉法对层流和紊流的移流扩散方程进行求解，但只有一些较简单的情况有解析解。为了简化问题的分析，常将三维剪切流简化为一维流动或二维流动，用断面平均表达一维流动状况，或用垂线平均表达二维流动状况，此时需要考虑离散的影响（黄克中，1997）。下面以实际应用最广的一维纵向离散问题、二维明渠的紊动离散问题为例，介绍剪切流离散的分析方法，最后简要介绍非恒定剪切流的离散问题。

3.5.1 一维纵向离散方程

实际工程中，有些问题如管道、渠槽等流动中的扩散可以简化为一维问题处理。如图 3-9 所示，以明渠为例，建立剪切流的离散方程。在明渠流动中选取一微分段 dx，设上游断面面积为 A，断面平均流速为 V，通过上游断面的扩散物质流量为 $Q = \int_A uC dA$，u 和 C 为断面上任一点的流速与污染物浓度。通过下游断面的扩散物质流量为 $Q + dQ = \int_A uC dA + \dfrac{\partial}{\partial x}\int_A uC dA dx$。由

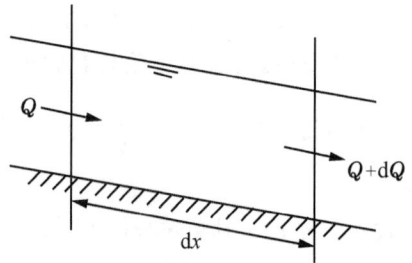

图 3-9　明渠中的剪切流

于是对断面积分，微元面积上的通量应当采用时间平均值 $\overline{uC}$，故在 dt 时段内流入与流出微元流段的污染物之差为 $-\dfrac{\partial}{\partial x}\int_A \overline{uC} dA dx dt$。

若污染物为持久性污染物质，根据质量守恒原理，在 dt 时段内流入与流出的污染物之差等于流段内污染物增量，即

$$\frac{\partial}{\partial t}\overline{C}A dx dt = -\frac{\partial}{\partial x}\int_A \overline{uC} dA dx dt \quad \text{或} \quad \frac{\partial(\overline{C}A)}{\partial t} = -\frac{\partial}{\partial x}\int_A \overline{uC} dA \quad (3\text{-}92)$$

在紊流一维流动的过水断面上，任意点的瞬时流速可分解为三部分，即

$$u = \overline{u} + u' = V + \hat{u} + u' \quad (3\text{-}93)$$

式中：u 为任意点的瞬时流速；$\overline{u}$ 为时均流速；u' 为脉动流速；V 为过水断面的平均流速，它是各点时均流速再取断面平均的结果；$\hat{u}$ 为断面平均流速与该点时均流速的差值。

同理可知

$$C = \bar{C} + \hat{C} + C' \tag{3-94}$$

式中：C 为任意点瞬时浓度；$\bar{C}$ 为断面平均浓度；$\hat{C}$ 为该点时均浓度与断面平均浓度的差值；C' 为任意点的脉动浓度。由式(3-93)可得

$$\overline{uC} = \overline{(V + \hat{u} + u')(\bar{C} + \hat{C} + C')} = \overline{(V + \hat{u})(\bar{C} + \hat{C} + C')} + \overline{u'(\bar{C} + \hat{C} + C')} \tag{3-95}$$

因为 $\overline{C'} = 0$，$\overline{u'\hat{C}} = 0$，$\overline{u'\bar{C}} = 0$，则

$$\overline{uC} = (V + \hat{u})(\bar{C} + \hat{C}) + \overline{u'C'} \tag{3-96}$$

将 $\overline{uC}$ 取断面平均，由于 $\hat{C}$、$\hat{u}$ 的平均值都为 0，得到

$$\frac{1}{A}\int_A \overline{uC}\,\mathrm{d}A = V\bar{C} + \frac{1}{A}\int_A (\hat{u}\hat{C} + \overline{u'C'})\,\mathrm{d}A \tag{3-97}$$

则有

$$\int_A \overline{uC}\,\mathrm{d}A = AV\bar{C} + \int_A (\hat{u}\hat{C} + \overline{u'C'})\,\mathrm{d}A \tag{3-98}$$

将上式代入式(3-92)，得到

$$\frac{\partial(\bar{C}A)}{\partial t} = -\frac{\partial}{\partial x}\left[AV\bar{C} + \int_A (\hat{u}\hat{C} + \overline{u'C'})\,\mathrm{d}A \right] \tag{3-99}$$

考虑到无侧向入流的明渠一维非恒定流连续方程为

$$\frac{\partial A}{\partial t} + \frac{\partial(AV)}{\partial x} = 0 \tag{3-100}$$

将式(3-100)代入式(3-99)，并化简得到

$$\frac{\partial \bar{C}}{\partial t} + V\frac{\partial \bar{C}}{\partial x} = -\frac{1}{A}\frac{\partial}{\partial x}\int_A \hat{u}\hat{C}\,\mathrm{d}A - \frac{1}{A}\frac{\partial}{\partial x}\int_A \overline{u'C'}\,\mathrm{d}A \tag{3-101}$$

上式为一维纵向离散作用下描述河流污染物浓度变化的基本方程。方程右边第一项是由于流速和浓度在断面上分布不均匀而引起的离散，右边第二项是由于脉动引起的扩散。

为了求解式(3-101)，需要建立离散量、紊动扩散量和断面平均值之间的关系。根据前面对紊动扩散量的分析，令

$$\frac{1}{A}\int_A \overline{u'C'}\,\mathrm{d}A = -E_x \frac{\partial \bar{C}}{\partial x} \tag{3-102}$$

与式(3-102)类似，移流离散量可以表示为

$$\frac{1}{A}\int_A \hat{u}\hat{C}\,\mathrm{d}A = -K_x \frac{\partial \bar{C}}{\partial x} \tag{3-103}$$

式中：E_x、K_x 分别为紊动扩散系数和移流离散系数。

将式(3-102)、式(3-103)代入式(3-101)，得

$$\frac{\partial \bar{C}}{\partial t} + V\frac{\partial \bar{C}}{\partial x} = \frac{1}{A}\frac{\partial}{\partial x}\left[A(E_x + K_x)\frac{\partial \bar{C}}{\partial x} \right] \tag{3-104}$$

这就是一维剪切流的纵向移流离散方程，简称离散方程。

对于直径不变的管流或明渠均匀流，过水断面面积 A 为常数，则移流离散方程变为

$$\frac{\partial \overline{C}}{\partial t} + V \frac{\partial \overline{C}}{\partial x} = \frac{\partial}{\partial x}\left(K \frac{\partial \overline{C}}{\partial x}\right) \tag{3-105}$$

式中：$K = E_x + K_x$，称为综合扩散系数或混合系数，与断面流速分布情况有关。

若 K 不沿程变化，则式(3-105)变为

$$\frac{\partial \overline{C}}{\partial t} + V \frac{\partial \overline{C}}{\partial x} = K \frac{\partial^2 \overline{C}}{\partial x^2} \tag{3-106}$$

对于明渠和管道，在实际工程中离散占有很大的作用，并且远远大于紊动扩散，即 $K_x \gg E_x$，故在很多情况下可以忽略 E_x，只考虑离散作用，即认为 $K = K_x$。可以看出，式(3-106)与前面提到的一维对流扩散方程具有相同的数学表达式，可以采用相同的求解方法。但是二者表达的物理意义不同，尤其是分子扩散系数 D 与综合扩散系数 K 表达的意义完全不同。因此，求解一维纵向离散问题的关键是根据断面流速分布的不同规律确定纵向离散系数 K。

3.5.2　二维规则明渠流动中的离散

研究者针对明渠、圆管开展了大量离散规律的研究，在此仅以明渠为例进行说明。艾尔德(Elder)分析了二维宽矩形明渠均匀流动的离散问题，下面简要介绍相关研究成果(王炬等，2006)。

二维紊动移流扩散方程为

$$\frac{\partial C}{\partial t} + u_x \frac{\partial C}{\partial x} + u_z \frac{\partial C}{\partial z} = \frac{\partial}{\partial x}\left(E_x \frac{\partial C}{\partial x}\right) + \frac{\partial}{\partial z}\left(E_z \frac{\partial C}{\partial z}\right) + D\left(\frac{\partial^2 C}{\partial x^2} + \frac{\partial^2 C}{\partial z^2}\right) \tag{3-107}$$

为了简便起见，上式中的浓度和流速的时均符号省略，下同。对于式(3-107)可作一些假定：①忽略分子扩散项；②忽略纵向紊动扩散项 $\frac{\partial}{\partial x}\left(E_x \frac{\partial C}{\partial x}\right)$；③$u_z = 0$。

由此，式(3-107)变为

$$\frac{\partial C}{\partial t} + u_x \frac{\partial C}{\partial x} = \frac{\partial}{\partial z}\left(E_z \frac{\partial C}{\partial z}\right) \tag{3-108}$$

因为 $C = C(x, z, t)$，故有

$$\frac{\mathrm{d}C}{\mathrm{d}t} = \frac{\partial C}{\partial t} + u_x \frac{\partial C}{\partial x} = \frac{\partial}{\partial z}\left(E_z \frac{\partial C}{\partial z}\right) \tag{3-109}$$

由式(3-93)可知，由于纵向时均流速可以用断面平均流速和时均流速与断面平均流速的差值来表示，即 $\overline{u} = V + \hat{u}$，用运动坐标 ξ 代替原坐标 x，令 $\xi = x - Vt$，可得

$$\frac{\mathrm{d}C}{\mathrm{d}t} = \frac{\partial C}{\partial t} + (V + \hat{u})\frac{\partial C}{\partial \xi} = \frac{\partial C}{\partial t} + V \frac{\partial C}{\partial \xi} + \hat{u} \frac{\partial C}{\partial \xi} \tag{3-110}$$

对于恒定均匀流可近似取

$$\frac{\partial C}{\partial t} + V \frac{\partial C}{\partial \xi} = 0 \tag{3-111}$$

则式(3-110)可以简化为

$$\frac{\mathrm{d}C}{\mathrm{d}t} = \hat{u} \frac{\partial C}{\partial \xi} \tag{3-112}$$

将上式代入式(3-109)，则

$$\frac{\partial}{\partial z}\left(E_z \frac{\partial C}{\partial z}\right) = \hat{u}\,\frac{\partial C}{\partial \xi} \tag{3-113}$$

这个方程表明，明渠流纵向离散和垂向紊动扩散保持平衡。

引入无量纲垂向坐标 $\eta = \dfrac{z}{h}$，h 为水深，则式(3-113)变成

$$\frac{\partial}{\partial \eta}\left(E_z \frac{\partial C}{\partial \eta}\right) = h^2 \hat{u}\,\frac{\partial C}{\partial \xi} \tag{3-114}$$

由于任意点的浓度 C 是断面平均浓度 $\overline{C}$ 和二者的差值 $\hat{C}$ 之和，即 $C = \overline{C} + \hat{C}$。又因为 $\dfrac{\partial \overline{C}}{\partial \eta} = 0$，并假定 $\dfrac{\partial \hat{C}}{\partial \xi} = 0$，$\dfrac{\partial \overline{C}}{\partial \xi} = $常数，上式变成

$$\frac{\partial}{\partial \eta}\left(E_z \frac{\partial \hat{C}}{\partial \eta}\right) = h^2 \hat{u}\,\frac{\partial \overline{C}}{\partial \xi} \tag{3-115}$$

对上式积分得

$$\hat{C} = h^2 \frac{\partial \overline{C}}{\partial \xi} \int_0^{\eta} \frac{1}{E_z}\left(\int_0^{\eta} \hat{u}\,\mathrm{d}\eta\right)\mathrm{d}\eta \tag{3-116}$$

由纵向离散引起的流量为

$$Q' = \int_A \hat{u}\hat{C}\,\mathrm{d}A = \int_A \hat{u}\left[h^2 \frac{\partial \overline{C}}{\partial \xi}\int_0^{\eta}\frac{1}{E_z}\left(\int_0^{\eta}\hat{u}\,\mathrm{d}\eta\right)\mathrm{d}\eta\right]\mathrm{d}A \tag{3-117}$$

由式(3-103)可知

$$Q' = -K_x \frac{\partial \overline{C}}{\partial \xi}A \tag{3-118}$$

则可以推出

$$K_x = -h^2 \int_0^1 \hat{u}\left[\int_0^1 \frac{1}{E_z}\left(\int_0^1 \hat{u}\,\mathrm{d}\eta\right)\mathrm{d}\eta\right]\mathrm{d}\eta \tag{3-119}$$

此式即为二维明渠纵向离散系数计算公式。

对于断面流速采用对数流速分布公式，即

$$u = u_m + u_* \frac{1}{\kappa}\ln(1-\eta) \tag{3-120}$$

式中：u_m 为垂向最大流速；κ 为卡门常数(Karman constant)；u_* 为摩阻流速。

应用雷诺比拟可以得到式(3-119)中的垂向紊动扩散系数 E_z

$$E_z = -\frac{\tau}{\rho\dfrac{\partial u}{\partial z}} = hu_*\kappa(1-\eta)\eta \tag{3-121}$$

将式(3-120)和式(3-121)代入式(3-119)中，可得

$$K_x = \frac{hu_*}{\kappa^3}\int_0^1 \frac{1-\eta}{\eta}[\ln(1-\eta)]^2\,\mathrm{d}\eta \tag{3-122}$$

无分层流动清水中，常取 $\kappa = 0.41$，则

$$K_x = 5.86hu_* \tag{3-123}$$

假设紊动是各向同性的，则有

$$E_x = E_z = \kappa h u_* (1-\eta)\eta \tag{3-124}$$

取垂向平均，即令

$$E_* = \int_0^1 E_z \,\mathrm{d}\eta = h u_* \int_0^1 \kappa (1-\eta)\eta \,\mathrm{d}\eta = \frac{\kappa}{6} h u_* = 0.067 h u_* \tag{3-125}$$

则综合扩散系数为

$$K = K_x + E_* = 5.93 h u_* \tag{3-126}$$

由上述分析可见，艾尔德方法选用了特定的流速分布公式，对于规则二元明渠，在 Re 数较小的情况下，此方法给出的扩散系数与实际较符合。但是如果改变流速分布公式和卡门常数，结果会发生变化。实践证明，艾尔德方法虽然不能直接用于不规则明渠或天然河道，但是它所得的纵向离散系数的数量级是正确的。他的研究结果提供了一个估算纵向离散系数的简捷途径。对圆管离散问题亦可采用类似的方法进行分析。当扩散时间足够长之后，纵向离散与紊动扩散保持平衡，可得到相应的纵向离散系数、紊动扩散系数和综合扩散系数。与二维明渠离散规律类似，圆管紊流纵向离散作用远大于紊动扩散作用。

拓展阅读

非恒定流离散方程求解

实际的流动大都是非恒定的，当流动变化较为缓慢时，可分时段按恒定流处理。但是在许多情况下存在周期不太长的往复流动，就必须进行非恒定流的离散分析，一般实际的非恒定剪切流的离散大多难以求得解析解，而是求得数值解。

一个非恒定流动可看作恒定流动加上一个周期性的波动得到。设二维宽矩形明渠流动的流速分布为

$$u(z, t) = u_0 \left(\frac{z}{h}\right) \left[1 + \sin\left(\frac{2\pi t}{T}\right)\right] \tag{3-127}$$

即在恒定流 $u_0 \dfrac{z}{h}$ 的基础上叠加一个正弦式的往复流动 $u_0 \dfrac{z}{h} \sin\left(\dfrac{2\pi t}{T}\right)$，通过求解这两种流动的移流扩散方程，获得相应的浓度分布，进而求得各自的离散通量和离散系数，把这两个离散系数叠加并对摆动周期取平均，得到合成流动离散的周期平均值，如下式所示

$$\overline{E}_L = \frac{u_0^2 h^2}{120 E_z} + \frac{u_0^2 h^2}{\pi^4 E_z} \left(\frac{T}{T_C}\right)^2 \sum_{n=0}^{\infty} \left\{\left[\frac{\pi}{2}(2n-1)^2 \left(\frac{T}{T_C}\right)^2\right]^2 + 1\right\}^{-1} (2n-1)^{-2} \tag{3-128}$$

式中：h 为水深；E_z 为垂向扩散系数；T 为周期；T_C 为完成垂向扩散所需要的时间（$T_C = h^2/E_z$）。

由结果可知：往复式流动纵向离散系数的大小和摆动周期与完成混合所需的时间之比 T/T_C 有密切的关系。当 $T \ll T_C$ 时，式（3-128）右端的第二项可以忽略不计。$\overline{E}_L$ 等于恒定流动部分的离散系数值 $\dfrac{u_0^2 h^2}{120 E_z}$，说明流速变化太快，浓度分布来不及适应新的速度分布，断面上的浓度差近似为零，流动可以作为恒定流考虑。当 $T \gg T_C$ 时，式（3-128）右端第二部分可以简化为 $\dfrac{u_0^2 h^2}{240 E_z}$，说明流速变化缓慢，流动可看作一系列正、反两方向的恒定

流动的叠加，移流离散系数 K_x 为平均流速下恒定流动离散系数的一半。对于复杂的实际流动，一般都采用数值计算。

复习思考题

1. 层流、紊流移流扩散方程的区别是什么？

2. 雷诺比拟的含义是什么？

3. 怎么处理有边界存在情况下的瞬时点源扩散问题？

4. 在一水深较浅的水域中，从长度等于水深的一根铅垂线上，瞬时投放 200 kg 的示踪剂，水深为 5 m。在水深方向上（z 方向上）可认为示踪剂均匀分布投放，紊动扩散系数 $E_x = 2.5$ m^2/s，$E_y = 2.0$ m^2/s，x 方向上的平均流速 $\overline{u_x} = 0.5$ m/s。试分别计算 $x = 50$ m，$y = 10$ m 处，在经历时间 200 s 和 400 s 后的浓度值。同时计算该点在何时浓度达到最大值，其最大值是多少？

5. 三维水域中某一点上每秒涌出 4 kg 的示踪剂，平均流速 $\overline{u} = 0.25$ m/s，经历很长一段时间后可认为整个浓度场处于稳定状态。如果三个方向的紊动扩散系数都相等，并为 1.0 m^2/s。求 $x = 1\,000$ m，$y = z = 200$ m 处的浓度值。

第4章 天然水体中的输移扩散

水体的水质直接影响着生态环境质量和人类的生存，而水质变化主要由污染物的输移扩散作用引起。输移扩散是指污染物进入水体后，与水体掺混、扩散和随水流迁移的过程及其理化-生物联合效应，其传输过程既与污染物本身的特性有关，也与周围外界多种影响因素密切相关。其中，物理输移过程包括污染物的随流迁移、混合、沉降、悬浮、吸附和解吸等，一般在流速明显的水体中（如河流、近海等），物理过程是输移扩散的主导因素。污染物在输移扩散过程中，经过不断混合稀释，浓度降低，水质趋于变好。因此，输移扩散的效率也是水体自净能力的一种体现。

4.1 河流中的输移扩散

4.1.1 扩散质与河流水体的混合过程

污水从排污口以射流方式进入河流，由于受到河水流动的作用逐渐扩散，与河水的混合过程一般为三个阶段。

第一阶段为垂向混合阶段，污水主要在水深方向混合，污水在离开排污口后以射流或浮力射流的方式和环境水体掺混及扩散。第一阶段多为三维扩散，一般通过数值解来解决，且过程比较复杂，其水流方向的混合距离相对较小，主要取决于排污口位置、排放形式、河道水力学特性以及污水与水体的物质和能量交换过程。

第二阶段为横向混合阶段，污水主要在河宽方向混合，污水从排污口附近的初始稀释到在横向上开始充分混合，在河道中将形成污染带。污染带多为三维扩散，但对于大多数河流来说，河流水深远小于河宽，污水在垂直方向上的扩散在短时间内完成，然后进行横向扩散，此阶段可视为二维扩散问题。水流方向混合距离及浓度分布主要取决于源强、河流宽深比及流态、流场因素。

第三阶段为纵向扩散阶段，污水在横向上完成了充分混合后向下游的扩散阶段。主要是沿纵向的扩散，且以离散为主。属于一维纵向离散问题。在这个阶段中污染物纵向浓度的变化主要受污染物性质、河流流速等因素的影响。

以上三个阶段中，第一阶段发生在排污口附近水域，常称为近区，即从污水进入河道后到垂向上浓度均匀混合的这一区间。第二阶段和第三阶段距离排污口较远，常称为远区。污水在横向上充分混合时断面与排污口的距离，一般采用费希尔（Fischer）按有限边界均匀流中污染源扩散的方法，达到充分混合的标准是岸边最小浓度与断面最大浓度之差在5%以内，以此估算排污水断面至横向充分混合的纵向距离（赵文谦，1986）。本节重点讨论远区第二阶段的二维扩散的若干关键问题。

4.1.2 紊动扩散系数与离散系数的计算

1. 紊动扩散系数

(1)垂向紊动扩散系数。

采用对数流速分布和雷诺相似律，可得出二维明渠中垂向紊动扩散系数

$$E_z = \kappa H u_* \cdot \frac{z}{H}\left(1 - \frac{z}{H}\right) \tag{4-1}$$

式中：κ 为卡门常数，一般取 0.4；u_* 是摩阻流速；H 为水深。此理论关系已被实验所证实。当 $\kappa = 0.4$ 时，得到垂向平均值是

$$E_z = 0.067 H u_* \tag{4-2}$$

对于内陆河川，由于宽深比一般都较大，对于纵向流速的垂向分布形式(注意不是指数值大小)，两岸的影响远小于河底的影响，纵向流速的垂向分布形式与二维明渠中的形式相似，因此可以认为式(4-2)对天然河流仍适用，只是需要将 H 改为局部水深 h。

(2)横向紊动扩散系数。

天然河道的纵向剖面变化面积大且岸线不规则，使流动在横向上分布不均匀，容易引起横向的扩散。河流中的流动不是各项同性的紊流，横向扩散不像垂向扩散那样很快完成，又由于二次流的影响，总有离散系数存在，无法和垂向扩散一样通过流速分布来建立横向扩散系数的关系式。只能通过实验来确定横向紊动扩散系数的范围。

横向紊动扩散系数一般和垂向紊动扩散系数属于同一数量级，所以仍用相同形式的表达式表示横向紊动扩散系数，即

$$E_y = \alpha_y u_* h \tag{4-3}$$

式中：α_y 为无量纲系数，不同类型的河道具有不同的取值范围。

对于顺直明渠的横向紊动扩散系数，Fischer(1978)收集了大量实验资料，结果显示，除灌溉渠道 α_y 取 0.24～0.25 外，其余 α_y 在 0.1～0.2 的范围，因此提出取用其平均值的估算式为

$$E_y \approx 0.15 u_* h \tag{4-4}$$

Elder(1959)在实验室对矩形断面明渠进行了示踪试验，结果是

$$E_y = 0.23 H u_* \tag{4-5}$$

对于天然河道，由于水深的不规则变化，以及弯曲和各种边壁的不规则性，对横向紊动扩散将产生剧烈的影响(张书农，1988)。已有研究资料表明，河流的弯道和不规则性使横向扩散系数增大，α_y 的值多大于 0.4。如果不规则程度属于中等，河流弯曲较缓，α_y 的值为 0.4～0.8。对于实际应用，Fischer 建议采用

$$\alpha_y = E_y / h u_* = 0.6 \pm 50\% \tag{4-6}$$

对于弯道弯曲程度较大的河流，取

$$E_y = 0.6(1 + 0.5) u_* h \tag{4-7}$$

对于弯道弯曲程度较一般的河流，取

$$E_y = 0.6(1 - 0.5) u_* h \tag{4-8}$$

(3)纵向紊动扩散系数。

由紊动引起的纵向扩散与横向扩散大约具有相同的数量级，但由流速梯度引起的纵

向离散系数比紊动扩散系数大得多，如 Taylor(1954)对圆管中的紊流流动，解得纵向离散系数约为纵向紊流扩散系数的 200 倍，其中纵向紊流扩散系数是按照各向同性紊流假设得出的平均纵向紊流扩散系数。Elder(1959)使用 Taylor 的方法，解得二维明渠中的纵向紊动扩散系数为 $E_x = 0.068u_*h$，约为纵向离散速度的 1/86。由于离散和紊动两种作用同时出现，且难以分开，所以一般纵向紊动扩散忽略不计。

2. 离散系数

由于天然河道的断面形态、平面形态、纵向坡度和粗糙状况等都是变化的，流速分布在各方面都不均匀，离散作用较大，离散系数的变化范围也很大。目前常用实测资料、示踪实验或经验公式来估算。

(1)资料推算。

对于天然顺直河道，Fischer(1967)指出其离散系数主要是由于纵向流速在横向不均匀分布导致的，按照 Elder(1959)推导的二维规则明渠纵向离散的方法来处理天然河流的纵向离散系数，主要区别是垂向上速度差的离散作用忽略不计，主要考虑了横向上的速度差，导出了计算河流纵向离散系数 K_x 的表达式

$$K_x = -\frac{1}{A}\int_0^W u'h(y)\int_0^y \frac{1}{E_y h(y)}\int_0^y u'h(y)\,\mathrm{d}y\,\mathrm{d}y\,\mathrm{d}y \tag{4-9}$$

式中：A 为河流断面面积；W 为河流宽度；y 为横向坐标；u' 为断面平均流速的偏离值；$h(y)$ 为水深；E_y 大小随水深而变。其中 $u' = u - V$，u 为纵向流速，V 为断面平均流速。因此有了断面纵向流速的横向分布资料，便可计算 K_x 的值。但严格来说，上式只适用于断面沿程不变的流动，对于顺直的河道来说只是近似的，对于沿程断面变化很大以及非顺直河流则需要修正。

对于三角形断面纵向流速的横向分布，Sooky(1969)给出了如下计算公式

$$u' = u + \frac{u_*\left[0.5 - \ln\dfrac{h_{\max}}{h}\right]}{\kappa}$$

其中

$$h = \begin{cases} h_{\max}y/w_1, & 0 \leqslant y \leqslant w_1 \\ h_{\max}(W-y)/w_2, & w_1 \leqslant y \leqslant W \end{cases} \tag{4-10}$$

式中：u 为深度平均的纵向流速；u_* 为摩阻流速；κ 为卡门常数；$h_{\max}$ 为断面上最大水深；w_1 和 w_2 分别为左岸和右岸到峰值流速处的距离；W 为河宽。

对于矩形断面或棱柱形断面纵向流速的横向分布，Bogle(1997)利用美国萨克拉门托河(Sacramento River)和欧德河(Old River)实测数据，给出了用四次多项式函数表达的横向流速的经验公式

$$u' = u(A_q + B_q\bar{y}^2 + C_q\bar{y}^4) \tag{4-11}$$

式中：$\bar{y} = 2y/W + 1$；$B_q = 5A_q - 7.5$；$C_q = -7A_q + 7.5$；A_q、B_q、C_q 为系数，随着 A_q 取值的不同可以拟合出矩形断面或棱柱形断面的不同流速。欲确定一条天然河流的纵向离散系数，需要根据河道断面形状相近的原则对天然河流进行分段计算。

(2)示踪试验。

对天然河流进行示踪试验，根据实测数据计算离散系数的方法，主要有矩量法，公

式为

$$K_x = \frac{1}{2} \frac{\Delta \sigma_\xi^2}{\Delta t} \tag{4-12}$$

式中：空间二次矩 σ_ξ^2 是断面平均浓度 $\overline{C}$ 对坐标 ξ 的方差。

$$\sigma_\xi^2 = \frac{\int_{-\infty}^{\infty} \overline{C} \xi^2 \mathrm{d}\xi}{\int_{-\infty}^{\infty} \overline{C} \mathrm{d}\xi} \tag{4-13}$$

为了求 $\Delta \sigma_\xi^2$ 值，需要沿河布设许多断面监测 $\overline{C}$ 的值，才能得到某一时间内 $\overline{C}$ 与 x 的相关信息。但由于这种操作花费较多，采用时间二次矩 σ_t^2 来代替空间二次矩，为此 Fischer(1966)证明了如下关系

$$\Delta \sigma_\xi^2 = v^2 \Delta \sigma_t^2 \tag{4-14}$$

将式(4-14)代入式(4-12)，得

$$K_x = \frac{v^2 (\sigma_{t2}^2 - \sigma_{t1}^2)}{2(\overline{t_2} - \overline{t_1})} \tag{4-15}$$

式中：$\overline{t_1}$ 和 $\overline{t_2}$ 分别为示踪物质质点通过断面 x_1 和 x_2 的时间均值。

（3）经验公式。

虽然经验公式并不适用于每一条河流，但是在缺乏断面资料及没有现场示踪试验数据时，经验公式作为粗略估算发挥着一定的作用。根据泰勒理论，纵向离散系数的一般表达式为 $K_x = \alpha u_* h$，其中 α 为系数。确定河流纵向离散系数的经验公式众多，举例如下。

基于剪切流的离散理论，纵向离散系数可表示为(Elder，1959)

$$K_x = 5.93 u_* h \tag{4-16}$$

McQuivey 和 Keefer(1974)提出

$$K_x = 0.058 \frac{Q}{JW} \tag{4-17}$$

式中：Q 为流量，J 为水力坡度（又称能坡）。

Fischer(1975)提出

$$K_x = 0.011 \frac{u^2 W^2}{h u_*} \tag{4-18}$$

其后 Liu(1977)对系数 α 提出

$$\alpha = 0.18 \left(\frac{W}{n}\right)^2 \left(\frac{u}{u_*}\right)^{0.5} \tag{4-19}$$

Seo 和 Cheong(1998)提出

$$K_a = 5.915 \left(\frac{W}{h}\right)^{0.620} \left(\frac{u}{u_*}\right)^{1.428} \tag{4-20}$$

并且利用前人的公式，基于实测的资料进行计算后对比，精确度达到 79.2%，证明了公式的合理性。

河流水力条件变化很大，对于不同条件的河流，建议选择与所需计算河流特征比较相近的其他河流推导出的经验公式作为参考。

特别需要注意的是，实际模拟计算中经常遇到弯道水流，弯道水流的断面离散系数和顺直段不同，由于产生横向环流，增加横向混合的速率，降低了浓度分布的不均匀性，使离散系数值有所减小。但由于弯道断面流速分布的不均匀性大于顺直河段，偏差流速增大，因此离散系数值也增大。一般而言，流速的不均匀分布影响大于横向环流产生的影响，因此弯道的纵向离散系数增大。

弯道方向大多是交替变化的，相邻两个弯道之间的距离对于浓度分布有影响。流速的最大值从河流的一侧转到另一侧，定常状态的浓度分布也相应发生交替变化，如果两个弯道之间的距离很近，则没有足够的时间调整浓度来适应流速的分布定常状态。Fischer(1975)认为弯道是否足够长，取决于横断面上扩散时间与水流流过弯道所需时间之比，提出一个判别数 γ，可表示为

$$\gamma = \left(\frac{W_D^2}{E_y}\right) \Big/ \left(\frac{L}{u}\right) \tag{4-21}$$

式中：W_D 为断面最大流速线到最远边岸的距离；E_y 为横向混合系数；u 为断面平均流速；L 为弯道的平均长度。当 $\gamma < 25$ 时，L 较长，转弯影响不大，认为浓度分布可以建立定常状态，用式(4-9)求纵向离散系数；反之，当 $\gamma > 25$ 时，L 较短，须考虑弯道的影响，一般需要实地测定。

Fukuoka 和 Sayre(1973)基于试验和实际河流资料的分析，给出了计算矩形规则蜿蜒河段纵向离散系数的经验公式

$$\begin{cases} \dfrac{K_x}{hu_*} = 1.0\left(\dfrac{WR_c^3}{L^2 h^2}\right)^{0.86} \\[3mm] \dfrac{K_x}{Ru_*} = 0.80\left(\dfrac{R_c^2}{Lh}\right)^{1.4} \end{cases} \tag{4-22}$$

或
$$\frac{K_x}{hu} = \alpha_1\left(\frac{W}{h}\right)^2 \tag{4-23}$$

或
$$\frac{K_x}{hu} = \alpha_2\left(\frac{L}{h}\right) \tag{4-24}$$

或
$$\frac{K_x}{hu} = \alpha_3\left(\frac{WR_c}{h^2}\right)^2 \tag{4-25}$$

式中：K_x 为纵向离散系数；R_c 为弯道半径；u_* 为主流方向摩阻流速；α_1、α_2 和 α_3 是与断面流速分布及弯曲形状有关的比例系数；W 为河宽；L 为弯道长度；u 为断面平均流速；R 为水力半径；h 为水深。

基于前人实验数据，从纵向分散与拉格朗日型的紊流扩散相比拟的角度出发，槐文信和徐孝平(2002)得到了蜿蜒型河道纵向分散系数的公式，利用天然河道、室内人工规则及不规则断面形式的蜿蜒型河道资料来确定公式中的参数，得到当 $L/h \leq 10$，$\alpha_2 = 0.03$；当 $L/h > 10$，$\alpha_2 = 0.05$。

4.1.3 污染带的计算

1. 概念

污水排入河流以后，在水体紊动扩散及输移作用下，将在排污口邻近水域形成高浓

度区，又称排污混合区，即污染带。它可以定义为排污口附近环境水域的某污染物浓度超过该水体水质标准的区域。这一定义将污染带范围与环境水质标准紧密联系起来，有利于进行环境水质控制，也能够反映污水排放对环境水体的影响范围。污染带计算的主要目的是：确定污染带内的浓度分布；确定污染带的宽度；确定扩展至全河宽和达到全断面均匀混合所需经历的距离。

就稳态情况下污染带的计算方法而言，有确定性方法和随机性方法两类。前者为基于紊动扩散的控制方程，对浓度进行求解；后者为从随机过程的观点出发，采用概率论的数学方法来处理。本节主要探讨确定性方法，并以污染物质在开始时沿垂线均匀混合为前提假定，把每一条垂线视为浓度均匀分布的线源。论证如下：

设完成垂向扩散的时间尺度为 T_z，完成横向扩散的时间尺度为 T_y，因为 T_z 正比于 $h^2/4E_z$，T_y 正比于 $W^2/4E_y$，若取 $E_y = 0.6u_*h$，$E_z = 0.067u_*h$，则 $T_z/T_y \approx 10(h/W)^2$。如果取一般河流的参数，$W = 30h$，则 $T_z/T_y = 1/90$。可见垂向扩散所需的时间相比于横向扩散要短得多，可假定污染物质在开始时就是沿垂线均匀混合的。

2. 计算方法

(1)移流扩散模型法。

① 污染带扩展规律。

以二维移流扩散模型为例。设单位时间内进入线源的扩散质量为 $\dot{M}$，质量为 $\dot{M}$ 的均匀分布线源进入水深为 h 的水流的扩散，和强度为 $\dot{M}/h$ 的点源在 xOy 平面上的二维扩散相同，采用如图 4-1 所示的坐标系。在多数情况下，污水

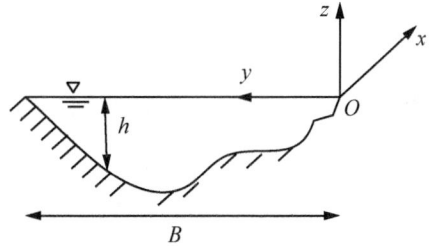

图 4-1 纳污河流的横断面

排放为时间连续源，恒定时间连续源在二维平面上移流扩散的浓度分布函数为

$$C(x, y) = \frac{\dot{M}}{\bar{u}h\sqrt{4\pi E_y x/\bar{u}}}\exp\left(-\frac{\bar{u}y^2}{4E_y x}\right) \tag{4-26}$$

式中：$\dot{M}$ 为单位时间内进入线源的物质质量；y 是从源点起算的横向距离，即坐标原点设在点源中心。

式(4-26)是对扩展区为无限宽的平面而言的，没有考虑河岸边界反射的影响，适用于点源位置在河流中心排放。事实上，河流的宽度 B 是有限的，且两侧均有河岸边界的反射，所以当污水扩展到河岸后需要考虑边界反射。若点源位置在岸边排放，且只考虑同岸边界反射，不考虑对岸边界反射，则可用镜像法求得近似解。真源和像源产生的浓度场为

$$C(x, y, t) = \frac{\dot{M}}{\bar{u}h\sqrt{4\pi E_y x/\bar{u}}}\left\{\exp\left(-\frac{\bar{u}y^2}{4E_y x}\right) + \exp\left[-\frac{\bar{u}(y+2b)^2}{4E_y x}\right]\right\} \tag{4-27}$$

式中：b 为真源到河岸的距离。对于岸边排放，$b = 0$，则上式为

$$C(x, y) = \frac{2\dot{M}}{\bar{u}h\sqrt{4\pi E_y x/\bar{u}}}\exp\left(-\frac{\bar{u}y^2}{4E_y x}\right) \tag{4-28}$$

比较式(4-26)和式(4-28)可知，当排污质量相等时，对于同一横向坐标的点，由岸边排放产生的浓度恰为中心排放的 2 倍。这一结论已为大量的实验所证实。

为了便于分析，可采用无量纲纵横坐标和无量纲相对浓度来表达浓度分布函数。假定点源位于横坐标 $y = y_0$。

令无量纲横坐标

$$y' = \frac{y}{B} \tag{4-29}$$

无量纲纵坐标

$$x' = \frac{E_y}{uB^2}x \tag{4-30}$$

无量纲点源坐标

$$y_0' = \frac{y_0}{B} \tag{4-31}$$

起始全断面平均浓度

$$C_0 = \frac{\dot{M}}{uhB} \tag{4-32}$$

根据式(4-26)，考虑两岸边界的反射，则相对浓度分布为

$$\frac{C}{C_0} = \frac{1}{\sqrt{4\pi x'}} \sum_{n=-\infty}^{\infty} \{\exp[-(y'-2n-y_0')^2/4x'] + \exp[-(y'-2n+y_0')^2/4x']\}$$

$$\tag{4-33}$$

若令式(4-33)中 $y_0' = \frac{1}{2}$ 及 $y' = \frac{1}{2}$，可绘出污染源中心排放时沿河道中心线上的纵向浓度分布曲线；若令式(4-33)中 $y_0' = \frac{1}{2}$ 及 $y' = 0$ 和 $y' = 1$，可绘出污染源中心排放时沿岸边的纵向浓度分布曲线。结果如图 4-2 所示。

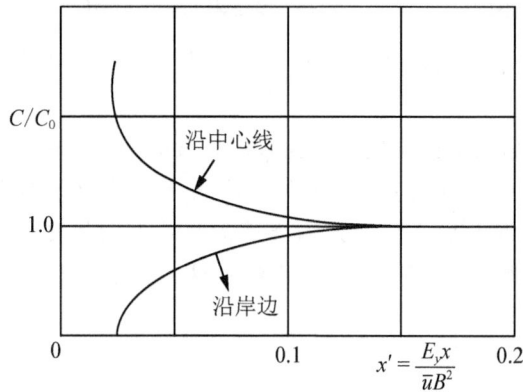

图 4-2　中心排放时沿中心线及岸边纵向浓度分布

岸边排放的扩散区分布形状与中心排放的一侧相似，因此岸边排放的横向扩展宽度相当于中心排放时的 2 倍。

由此可知，对岸边排放计算所得到的纵向浓度分布曲线与图 4-2 中所示的曲线形状相

同，只是图中"沿中心线"和"沿岸边"的两根曲线分别对应着"沿排放岸"和"沿另一岸"所得的纵向浓度分布，且两条曲线相互逼近、达到浓度平衡的纵向距离与中心排放情形不同。

② 污染带宽度的确定。

从理论上说，在不受边界约束的情况下，横向扩散的范围可以延伸至无穷远，不存在宽度范围。但从实用的角度而言，当横向扩散距离相当远之后，其浓度和同一断面上最大浓度相比，小到可以忽略而对所研究的实际问题不发生大的偏差，也就可以近似认为扩散的范围（污染带宽度）到此为止。

一般认为，当边远点的浓度为同一断面上最大浓度的 5% 时，即认为该点是污染带的边界。对中心排放，任何断面上最大浓度点在中心线上；对岸边排放，断面上最大浓度点在排放岸。

不难看出，污染带宽度的计算，实质上是确定横向浓度分布的问题。对于二维问题，根据污染物的浓度分布计算公式(4-26)，可以得到相应的污染带宽度。

③ 达到全断面均匀混合的距离。

因为点源二维扩散的横向浓度为正态分布，随着纵向距离的增加，横向浓度分布曲线会变得越加平坦并趋于均匀化。当河水与污水混合到一定程度，使得断面上最大浓度和最小浓度之差不超过 5% 时，一般可以认为达到了完全均匀混合。理论分析和实测资料表明，污水在河流中心排放和岸边排放达到全断面完全混合的距离不同。

对于中心排放

$$L_m = 0.1 \frac{\overline{u} B^2}{E_y} \tag{4-34}$$

对于岸边排放

$$L_m = 0.4 \frac{\overline{u} B^2}{E_y} \tag{4-35}$$

式中：L_m 为达到完全混合的起始断面至排污源的距离；$\overline{u}$ 为河流的断面平均流速；B 为河宽；E_y 为横向紊动扩散系数。

由此可见，岸边排放需要 4 倍于中心排放的距离才能达到断面上的均匀混合。

例 4-1　在一顺直矩形断面的河段，有岸边排污口恒定连续排放污水。已知河宽为 50 m，水面比降为 0.000 2，河流水深为 2 m，平均流速为 0.8 m/s，水流近于均匀流。若取横向扩散系数 $E_y = 0.4 h u_*$，试估算污染物扩散至对岸以及达到断面均匀混合所需要的距离分别是多少？

解： 当尚未到达对岸之前，岸边排放所产生的浓度，由式(4-28)可得

$$C(x, y) = \frac{2 \dot{M}}{\overline{u} h \sqrt{4 \pi E_y x / \overline{u}}} \exp\left(-\frac{\overline{u} y^2}{4 E_y x}\right)$$

令上式中 $y = 0$ 为最大浓度，$y = B$ 为到达对岸时的浓度，则当 $C(x, B) = 0.05 C(x, 0)$ 时的距离 x 即为污染物到达对岸所需的距离。根据上述浓度计算公式，有

$$\frac{C(x, B)}{C(x, 0)} = \exp\left(\frac{\overline{u} B^2}{4 E_y L_B}\right) = 0.05$$

由上式解出污染物到达对岸时所需的纵向距离为

$$L_B = \frac{B^2 \overline{u}}{11.97 E_y}$$

又因为

$$u_* = \sqrt{ghi} = \sqrt{9.81 \times 2 \times 0.000\ 2} = 0.062\ 6 \text{ m/s}$$

$$E_y = 0.4 h u_* = 0.4 \times 2 \times 0.062\ 6 = 0.05 \text{ m}^2/\text{s}$$

$$L_B = \frac{50^2 \times 0.8}{11.97 \times 0.05} = 3\ 341.7 \text{ m}$$

对于岸边排放，达到断面均匀混合所需的距离为

$$L_m = 0.4 \frac{\overline{u} B^2}{E_z} = 16\ 000 \text{ m} > L_B = 3\ 341.7 \text{ m}$$

当排污口下游距离大于 3 341.7 m 时，排放要受对岸边界反射的影响，故上述结果只是估算。

（2）累积流量法。

由于天然河道断面沿程变化，且具有较大的弯曲性，解析解的运用受到限制，常采用数值解。这里主要介绍累积流量法。

建立一个正交曲线坐标，如图 4-3 所示。x 坐标与流线重合，y 坐标与 x 坐标垂直，纵向坐标线都是流线，横向坐标线都是过水断面线，它们处处相互垂直。

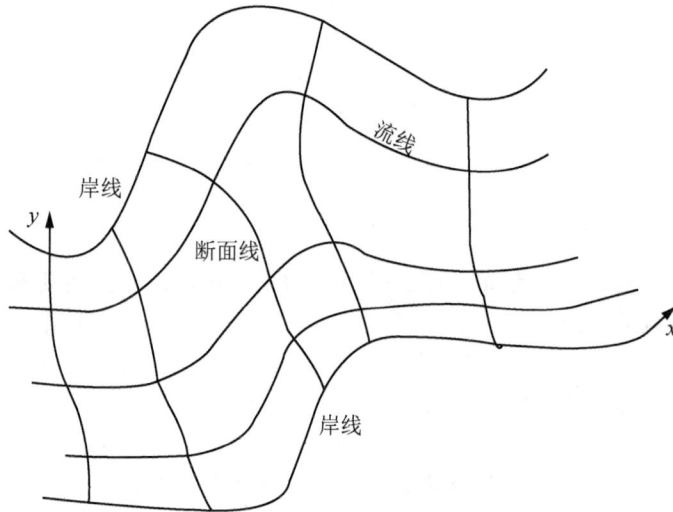

图 4-3 河道正交曲线坐标

在上述坐标下，二维移流扩散方程

$$m_x m_y \frac{\partial}{\partial t}(hC) + \frac{\partial}{\partial x}(m_y huC) + \frac{\partial}{\partial y}(m_x h\upsilon C) =$$

$$\frac{\partial}{\partial x}\left(\frac{m_y}{m_x} hM_x \frac{\partial C}{\partial x}\right) + \frac{\partial}{\partial y}\left(\frac{m_x}{m_y} hM_y \frac{\partial C}{\partial y}\right) \quad (4\text{-}36)$$

式中：m_x 和 m_y 为坐标度量系数，m_x 为沿纵向坐标线度量的距离与在 x 轴上度量的距离之比，m_y 为沿横向坐标线度量的距离与在 y 轴上度量的距离之比；u 为 x 方向的速度分量 u_x 沿水深方向的积分；υ 为 y 方向的速度分量 u_y 沿水深方向的积分；C 为局部浓度 S

沿水深方向的积分；M_x 为纵向混合系数，等于纵向紊动系数和离散系数之和；M_y 为横向混合系数，等于横向紊动系数和离散系数之和。

令截断面上单宽流量为 q，且 $q=h\overline{u}$，h 是横断面上的水深，$\overline{u}$ 为垂线平均纵向流速。以河岸为 y 坐标原点，从河岸处排出的累积单宽流量为

$$q_c=\int_0^y q\,\mathrm{d}y=\int_0^y h\overline{u}\,\mathrm{d}y \tag{4-37}$$

将累积流量坐标 q_c 做无量纲化处理，令

$$\eta(y)=q_c(y)/Q \tag{4-38}$$

式中：$\eta(y)$ 为无量纲累积流量坐标；Q 为河流流量。

将式(4-38)代入式(4-36)，得到以无量纲累积流量坐标表示的移流扩散方程式，方程的形式与分子扩散方程(3-10)类似，只是坐标和扩散系数不同，浓度 C 沿无量纲累积流量坐标亦呈正态分布。由于累积流量的坐标线与流线重合，使得 $hv=0$，在计算中避开了出现横向流速 v 的麻烦，从而将河槽矩形化，使计算大为简化。利用无量纲累积流量坐标来计算河流的二维扩散，可以较好地反映天然河道横断面水深和流速的不规则变化对横向扩散的影响(赵文谦，1986)。

4.1.4 河流水环境模拟实例——南水北调中线工程输水构筑物中的输移扩散

南水北调中线工程是我国南水北调工程总体布局的重要组成部分，是缓解华北地区用水紧缺、地面沉降等问题的重要工程措施。中线工程从丹江口水库引水，输水总干渠全长 1 432 km(含天津段 155 km)，以明渠为主，并建有隧洞、涵洞、倒虹吸、暗涵、渡槽、分水口、公路桥等水工建筑物。保障输水工程在长距离输水过程中的水质安全是中线工程安全运行的关键。然而，中线工程沿线建有跨渠公路桥 571 座，跨渠公路桥是外界与输水水体距离最近的地方，桥上车辆往来频繁，交通流量大，一旦发生交通事故，所运载的各类污染物泄漏至渠道，将对输水水质产生巨大影响，严重威胁水质安全。

本小节以中线工程店北公路桥突发污染事故为例，针对跨渠桥梁上危险货物运输泄漏事故，建立了南水北调中线突发性污染事故的污染物输移扩散模型，选取总磷(total phosphorus，TP)为水质指标，模拟磷肥在干渠内的污染扩散规律。研究渠段全长 42 km，除明渠外，包含中线工程的渡槽、隧洞、倒虹吸、涵洞、节制闸和公路桥六类水工建筑物。

1. 模型构建

(1)水动力模型。

南水北调中线工程以明渠输水为主，以一维非恒定流运动的圣维南方程组(Saint-Venant equations)描述长距离输水明渠的水流形态，其基本控制方程为

$$\frac{\partial A}{\partial t}+\frac{\partial Q}{\partial x}=q \tag{4-39}$$

$$\frac{\partial Q}{\partial t}+\frac{\partial}{\partial x}\left(\frac{aQ^2}{A}\right)g+gA\,\frac{\partial h}{\partial x}+\frac{gQ\,|\,Q\,|}{c^2AR}=0 \tag{4-40}$$

式中：t、x 分别为计算点时间和空间的坐标；A 为过水断面面积；Q 为过流流量；q 为旁侧入流流量；a 为动量校正系数；g 为重力加速度；c 为谢才系数，与渠道糙率 n 和水力半径相关；h 为水位；R 为水力半径。

渡槽和隧洞为无压自由明渠出流，通常为多孔并联设计，存在进口水流分叉和出口水流汇合的现象。模型中采用明渠分叉河段的方法，将渡槽、隧洞与总干渠明渠相结合的地方看作分叉点，如图 4-4 所示。

根据质量守恒，得到分叉点处的水流连续条件为

$$Q_i^{j+1} = \sum_{k=1}^{N} Q_{i,k}^{j+1} \qquad (4-41)$$

图 4-4 渠道分叉点示意图

式中：Q_i^{j+1} 为计算时刻 $j+1$ 与分叉点 i 相接的河段干渠的总流量；$Q_{i,k}^{j+1}$ 为计算时刻 $j+1$ 分叉点 i 处第 k 个分支渠段的流量；N 为分支渠段总数。

根据动量守恒，并忽略流速水头、阻力损失，可以近似认为分叉点处端点水位相等。倒虹吸和涵洞为有压流，不考虑水流在倒虹吸和涵洞的内部运动，其过水能力按有压管道公式进行计算，并认为进出口流量相等，即

$$Q = Q_\text{入} = Q_\text{出} = \mu A \sqrt{2gZ_0} \qquad (4-42)$$

$$\mu = \frac{1}{\sqrt{1 + \sum \zeta_\text{f} + \sum \zeta_\text{j}}} = \frac{1}{\sqrt{1 + \sum \lambda \dfrac{L}{d} + \sum \zeta_\text{j}}} \qquad (4-43)$$

式中：Q 为过水流量；A 为过水断面面积；Z_0 为包含流速水头的上下游水位差，即总水头损失；μ 为管道流量系数；$\sum \zeta_\text{f}$ 为沿程阻力系数之和；$\sum \zeta_\text{j}$ 为局部阻力系数之和，由闸墩、门槽、管道进口、管道弯曲段和管道出口等局部阻力系数组成；L 为管道全长；d 为圆管内直径。

中线工程节制闸为弧形闸门，当 $e/H \leqslant 0.65$ 时为闸孔出流，其计算公式为

$$Q = \mu b e \sqrt{2g(H_{0i}^{j+1} - h_c^{j+1})} \quad \text{（闸孔自由出流）} \qquad (4-44)$$

$$Q = \sigma_s \mu b e \sqrt{2g(H_{0i}^{j+1} - h_c^{j+1})} \quad \text{（闸孔淹没出流）} \qquad (4-45)$$

当 $e/H > 0.65$ 时为堰流，可采用杨国录（1993）的溢流公式计算其水流特性

$$Q = \varphi b h \sqrt{2g(H_{0i}^{j+1} - H_{i+1}^{j+1})} \quad \text{（堰流淹没出流）} \qquad (4-46)$$

$$Q = \varphi b \sqrt{2g} \frac{2}{3} \sqrt{\frac{1}{3}(H_{0i}^{j+1})^{3/2}} \quad \text{（堰流自由出流）} \qquad (4-47)$$

式中：b 为闸孔宽度；e 为闸孔开度；h 为堰孔水头；μ 为宽顶堰型闸孔自由出流流量系数；H_{0i}^{j+1} 为该计算时刻包括流速水头在内的断面总水头；h_c^{j+1} 为计算时刻收缩断面水深；σ_s 为闸孔淹没出流系数；φ 为流速系数；H_{i+1}^{j+1} 为计算时刻下游断面水深。

公路桥为跨渠建筑物，视桥梁长度在渠道中设定不同的桥墩，且桥墩对水流的影响在局部范围内，因此本模型中未考虑公路桥对渠道水流的影响。

（2）水质模型。

在水动力模型的基础上，以一维河流水质模型模拟可溶性物质在水体中的对流扩散过程，水质参数总磷的一级衰减系数为 0.24/天。一维河流水质模拟基本方程为

$$\frac{\partial C}{\partial t} + u \frac{\partial C}{\partial x} = \frac{\partial}{\partial x}\left(E_x \frac{\partial C}{\partial x}\right) - KC \qquad (4-48)$$

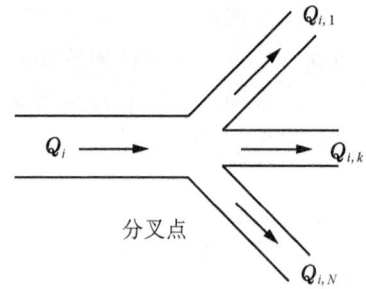

式中：C 为模拟物质浓度；u 为平均流速；E_x 为对流扩散系数；K 为一级衰减系数；x 为空间坐标；t 为时间坐标。

2. 水质模拟与预测

南水北调中线工程主要是向北京、天津等华北地区的大型城市输送生活用水，兼顾部分工业和灌溉用水，一旦水体受到污染，影响极其严重。为保障南水北调中线工程输水水质安全，同时为突发污染事故做好充分的事故准备和预警方案，本研究假设装载 5 t、10 t、20 t 磷肥的货车在驶过店北公路桥时，车辆翻车致使污染物泄漏至渠道，运用建立的一维水动力水质模型，模拟店北公路桥突发事故下，不同上游渠道来流影响下污染物在渠道内的输移过程，以及是否满足地表水Ⅱ类水标准的输水水质要求。分别模拟了三种上游来流（Q_1 为 12～17 m³/s 的实测来流，Q_2、Q_3 分别为 40 m³/s、60 m³/s 的恒定来流）共 9 种突发污染事故情景，其中磷肥中总磷所占比例为 20%，结果如图 4-5 所示。

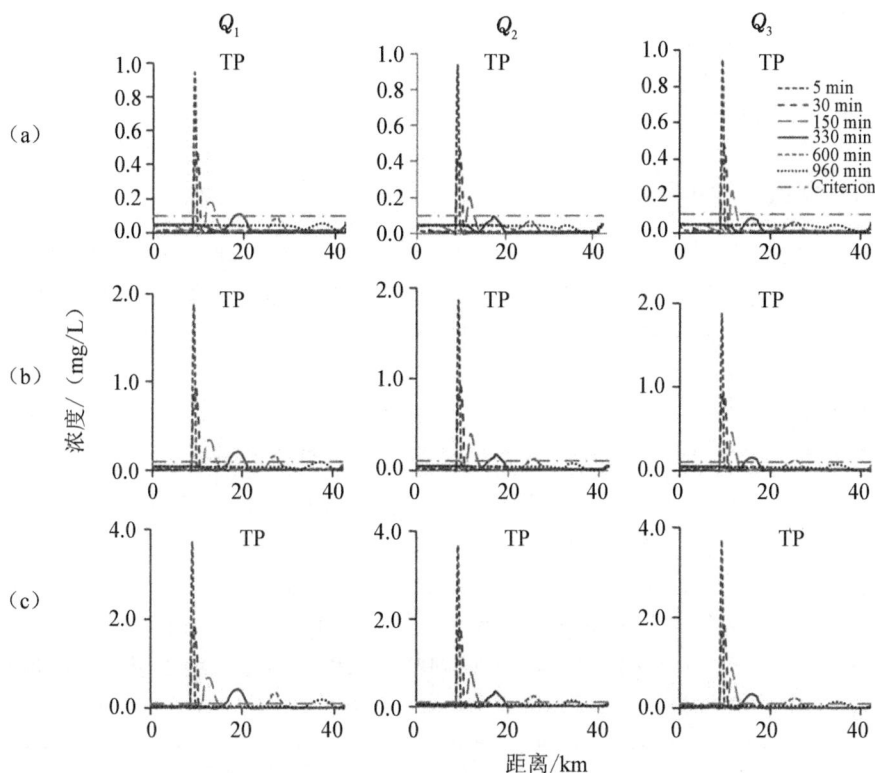

注：（a）（b）（c）分别表示泄漏的污染负荷为 5 t、10 t 和 20 t

图 4-5 店北公路桥突发磷肥泄漏至渠道后的输移扩散规律

从图 4-5 中可知，总磷浓度变化趋势总体一致，3 种流量下波峰浓度到达下游断面的时间各不相同，Q_1 需 960 min，Q_2 需 600 min，Q_3 需 480 min。不同输水流量影响污染物在渠道中的传播速度，流量越大，断面流速越大，污染物传播到同一断面的时间越短，到达该断面时的浓度越低，反之传播时间越长，污染物浓度越大。水流除了对污染物有向下游方向的离散作用，导致浓度波形的逐渐坦化以外，还存在对污染物质的衰减作用，大流量会加剧水体扰动，加快物质离散和衰减，使污染物在向下游传播过程中浓度峰值逐渐降低。

对总磷而言，当污染物总量一定时，其浓度峰值一样，3 种不同流量下 5 t 磷肥进入水中后 TP 的浓度峰值均为 0.94 mg/L。尽管 3 种情景的上游来流量有所不同，TP 到达下游出口断面的时间也不同，但污染物在水流的离散和衰减作用下，下游出口断面的浓度值均减小到地表水 II 类标准以下。10 t 磷肥进入水中 TP 的最大浓度为 1.88 mg/L，20 t 磷肥进入水中 TP 的最大浓度为 3.74 mg/L，由于受污染较严重，水流的自身作用已不能将污染物浓度降低至水质标准以下。

中线工程沿线均设有分水口、退水闸等工程措施，可根据污染水体实际情况，进一步开启退水措施，最大程度减轻突发污染事故的影响。华北平原是我国主要的粮棉油生产基地，其中粮食作物以冬小麦和夏玉米轮作为主，种植范围广，但华北平原土地贫瘠，缺乏农作物生长的必要元素，而磷肥则向农作物提供了大量磷。渠道中 TP 的含量虽不满足地表水饮用水标准，却有利于农作物的生长。此外，中线工程供水规划中包含部分农业灌溉用水。因此，对于渠道中 TP 超标的水体，可利用水泵将污染水体抽提至渠道两侧的农田中用于灌溉，减少经济损失。

4.2 湖泊水库中的输移扩散

4.2.1 扩散质与湖泊水库水体的混合过程

湖泊水库对当地的生态环境具有调节改善的功能，如果遭遇污染，不但会造成生态环境恶化，还会危及人类健康和社会经济发展，因此湖泊污染越来越受到人们的重视。水库是人造的湖泊，大多数天然湖泊和水库在污染物混合和水质变化规律上有相似的特性，因此本节多以水库展开讨论，但结论一般也适用于湖泊。

1. 湖泊水库的分层

对于较深的湖泊和水库，由于气温的季节变化，水体温度沿垂向变化，常会出现明显的分层现象。如在温度升高的春末至秋初时，由于表层变暖，且受风力等外力影响，产生紊动和涡旋，促进临近表面的水层进行垂向混合，形成温度较均匀的温水层。底部水体仍处于低温，密度大，形成深水层。二者之间会形成一个过渡层，由于它在水库不同部位所处的高程不同，一般呈斜面分布，常称为斜温层。由于水温分布不均引起的湖泊、水库分层如图 4-6 所示。处于同一气候区域的湖泊、水库，由于表层水温、透明度和水深不同，斜温层的范围有所差异。

由于水体密度随水温的变化而改变，美国水资源工程公司（Water Resources Engineering，Inc.）建议采用密度佛汝德数（Froude number，Fr）作为湖泊水库分层的判别标准，可表示为

$$Fr = \frac{u}{\left(\frac{\Delta\rho}{\rho_0}gD\right)^{1/2}} \tag{4-49}$$

式中：$u = Q/WH$，其中 W 为水库的平均宽度，H 为水库的平均深度，Q 为通过水库的流量；$\Delta\rho$ 为深度 H 范围的密度差；ρ_0 为参考密度；g 为重力加速度。当 Fr 远小于 $1/\pi$ 时，水库有强分层性；当 $0.1 < Fr < 1.0$ 时，水库有弱分层性；当 $Fr > 1.0$ 时，水库趋于

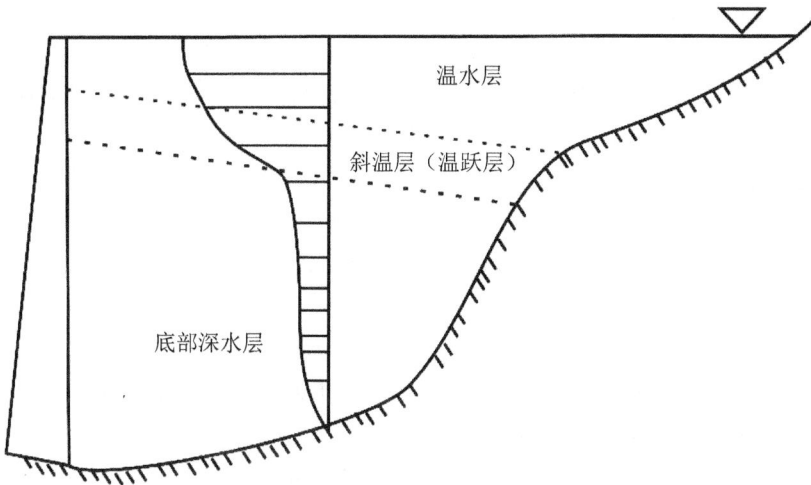

图 4-6　湖泊和水库的温度分层

均匀混合。

另外，我国目前主要采用"替换次数指标"α（多年平均降雨量 P_M 与总库容 V_S 的比值）和 β（一次洪水量 Q_f 与总库容 V_S 的比值）来判别

$$\alpha = P_M/V_S；\quad \beta = Q_f/V_S \tag{4-50}$$

若 $\alpha < 10$，为稳定分层型水库；若 $\alpha > 20$，为混合型水库；若 $10 < \alpha < 20$，为不稳定分层型水库。对于分层水库，当 $\beta > 1$ 时，水库会因洪水在短时期内呈混合型状态；当 $\beta < 0.5$ 时，水库不会因为洪水改变分层特性。

科巴斯（Kobas，1988）认为对于分层型水库可以划分为：入流区、射流近区、热交换的远区和出流区；对于不分层水库可以划分为：域入流区、流动发展区、充分发展的流动区和出流区。

2. 影响湖泊水库混合的主要因素

由于受气候、湖泊水库几何形状等的影响，湖泊水库中水流运动很复杂。湖泊水库垂向上受温度的变化引起热交换产生垂向上的混合。由于风力作用以及河流流入/流出作用，湖泊水库不仅沿深度方向，也沿水平方向发生混合作用。对于面积较大的湖泊、水库，地球自转产生的柯氏力也会对水体运动产生影响。

（1）风力影响。

风对水面施予拖曳力，使静止的水面产生运动，加速表层热交换和混合，使表层温度分布较均匀，强风还可诱发水体内部的紊动（Findikakis 和 Law，1999）。拖曳力的大小主要取决于风速，也受风的吹程、波产生和消散情况等影响。假设风应力直接传递到水的上层，而且表面波的辐射和湖泊水库边界上耗散对应力都不产生影响，风作用于单位面积水面的拖曳力 σ 表达式为

$$\sigma = C_k \rho_a u^2 \tag{4-51}$$

式中：u 为水面 10 m 以上风速；ρ_a 为空气密度；C_k 为综合影响阻力系数。许多研究表明，水库尺寸对 C_k 的影响很小，实际运用中，C_k 的平均值可为 1.3×10^{-3}。

风作用在单位面积水面上的功率 W_p 表达式为

$$W_p = \sigma \cdot u_W \tag{4-52}$$

式中：u_W 为近表水体漂移速度，由于直接测漂移速度很困难，可以用摩阻流速 $u_* = (\sigma/\rho_a)^{1/2}$ 来衡量。

（2）表面热交换。

水面的蒸发、对流、辐射都能引起表面热传递，美国田纳西流域管理局（Tennessee Valley Authority）的报告给出了相关热传导的计算公式（Wunderlich，1972）。传导引起的热通量 H_s 为

$$H_s = C_s \rho_a C_p u (T_0 - T) \tag{4-53}$$

式中：C_s 为综合影响系数；C_p 为空气比热；T_0 为水面温度；T 为水面以上 10 m 处的温度。传导和蒸发引起的热损失 H_L 为

$$H_L = C_L \rho_a L_w u (Q_0 - Q) \tag{4-54}$$

式中：C_L 为综合影响系数；L_w 为蒸发的潜热；Q_0 为水面温度为 T_0 时的饱和比湿度（含水量/气-水含量）；Q 为水面以上 10 m 处的比湿度。报告中推荐使用 $C_s \approx C_L = 1.5 \times 10^{-3}$。

根据反射平均值得出来自空气中水蒸气的长波辐射值 H_d 为

$$H_d = -5.18 \times 10^{-13} (1 + 0.17 C_R^2)(273 + T)^6 \tag{4-55}$$

式中：C_R 为空中云层覆盖比例。

有水面反射的辐射 H_r 为

$$H_r = 5.50 \times 10^{-8} (273 + T_0)^4 \tag{4-56}$$

直接入射到水面的短波辐射通量可用辐射量测计测量。

（3）入流影响。

由于水体进入湖泊水库的水温不同，呈现不同的入流方式。当入流水温比表面水温高时，沿表层流动。若入流的水温比底层水温低，则进入后沿底层流动。若入流水温介于二者之间，则先沿底部流动，当湖泊、水库水温与入流温度相同时，转向水平方向流动。

入流水体带来的动量通量 F_I 为

$$F_I = \int_A \frac{1}{2} \rho_1 u^3 \, dA \tag{4-57}$$

式中：ρ_1 为入流密度；A 为入库前河流过水断面面积；u 为入流流速。入流还会增加势能，其大小为所增加的水体重量与该部分体积形心距某一参考平面高度的乘积。

入流水体释放的能量为

$$P_i - P_f = \Delta\rho V_1 g (\overline{z} - \overline{\zeta}_1) \tag{4-58}$$

式中：P_i 为水流进入水库以前系统具有的势能；P_f 为水流进入水库以后系统具有的势能；$\Delta\rho$ 为入流水体密度与水库密度之差；V_1 为入流水体的体积；$\overline{z}$ 为水库中心处高度；$\overline{\zeta}_1$ 为进入水库底部的入流水体的质量中心高度。

（4）出流影响。

水库的泄水孔高度不同会对库内水体的流速和流向产生不同的影响。在湖库分层情况下，若出流流量较小，浮力作用将抑制水体垂直方向流动，出流仅来自与出流口高程相同的水平薄层；若出流流量较大，出水层可能扩大而穿过斜温层。当流量足够大时，

浮力影响将被冲破，流动形态和不分层水体情形类似。

伯努利定律假定：由于水面降落，液体的势能损失全部转换为出口液体动能，将其推广到稳定分层的水库中。假设分层状态足够强，以致在一个水面上垂向流速为常数，像水从出口处流出一样。在这种条件下水体以速度$-w(z)$垂直跌落，水库中的势能P由下式给出

$$P = \int_0^H gzA(z)\rho(z, t)\mathrm{d}z \tag{4-59}$$

式中：$A(z)$为高程z处水库的水平面积；$\rho(z, t)$为环境密度，变化率为$\partial\rho/\partial t = -w(z)(\partial\rho/\partial t)$。势能变化率为

$$\frac{\mathrm{d}P}{\mathrm{d}t} = gHA_s\rho_s\frac{\mathrm{d}H}{\mathrm{d}t} + \int_0^h gzA(z) - \frac{\partial\rho}{\partial t}\mathrm{d}z \tag{4-60}$$

式中：A_s为水库的表面积；ρ_s为表面密度。由体积守恒得出流量Q为

$$Q = A_s(\mathrm{d}H/\mathrm{d}t) = -A(z)w(z) \tag{4-61}$$

将密度变化率代入式(4-60)得

$$\frac{\mathrm{d}P}{\mathrm{d}t} = -gHQ[\rho_s - \rho(H)] - gQ\int_0^H \rho(z)\mathrm{d}z \tag{4-62}$$

由于出口损失，动量I的变化率

$$\frac{\mathrm{d}I}{\mathrm{d}t} = -\frac{1}{2}\rho Q\overline{u}^2 \tag{4-63}$$

式中：$\overline{u}$为出口处的平均流速。令式(4-62)等于式(4-63)，得到流速u为

$$u = [2g(H + H_0)]^{1/2} \tag{4-64}$$

式中：$H_0 = \dfrac{1}{\rho}\displaystyle\int_0^H \rho(z)\mathrm{d}z$。

4.2.2 扩散系数的计算

1. 垂向扩散系数

(1)温水层垂向混合系数。

多数湖泊水库都要经历分层期，此时平均等温线为水平面，其位置只受水面起风及河道进流的扰动。对于很小的进流和弱风来说，引起的扰动不产生混合，而且可以通过调整平均温度来获得与扰动无关的、稳定的垂向温度结构，只在表面的温水层进行穿透对流。

Fischer等(1979)提出的垂向扩散系数E_z估算公式为

$$E_z = ku_zH \tag{4-65}$$

式中：u_z为垂向扩散速度的尺度，是$\dfrac{\Delta\rho}{\rho_0}gh$的量级，其中$\rho_0$为表层水密度，$\Delta\rho$为入侵水体与表层水水体的密度差；$H$为水库中质点之间最大的垂直距离，即水库深度；$k$为估算系数。

(2)深水层垂向混合系数。

稳定的斜温层使深水层水体免受表面风所引起的干扰，通常深水层较稳定，垂向混

合程度小，甚至只相当于分子扩散的程度。在具有垂向热结构的湖泊水库中，E_z 和 N 之间的关系式为

$$E_z = \alpha (N^{-2})^n \tag{4-66}$$

式中：N 为浮力频率；n 的范围为 $0.2 \sim 2.0$，取决于湖泊水库的情况。可见垂向扩散系数 E_z 一般随 N 值的增加而减小。Fischer 等(1979)将 N 表征为密度梯度，并以下式作为水库中混合过程的无量纲尺度

$$\frac{l}{H} = \frac{\varepsilon_L^{1/2}}{HN^{2/3}} \tag{4-67}$$

式中：ε_L 为单位质量耗损；l 为运动浮力的垂向尺度。也有研究认为整个水库与外部输入的能量相平衡，ε_L 可利用下式得出

$$\varepsilon_L = (W_p A_s + \mathrm{d}P/\mathrm{d}t)/V_s \tag{4-68}$$

式中：$\mathrm{d}P/\mathrm{d}t$ 可由式(4-60)和式(4-62)计算，进而推出垂向扩散系数 E_z 的近似计算式

$$E_z \approx \left(\frac{W_p A_s + \mathrm{d}P/\mathrm{d}t}{V_s} \right) \frac{1}{N^2} \tag{4-69}$$

式中：W_p 为风作用在单位面积水面上的功率；A_s 为水库表面积。

2. 水平扩散系数

水库常被斜温层分开。该层上方水体通常沿垂向混合较好，它由风应力和自然对流的激发而移动，带有从小涡旋到大旋流的水平运动。下面分层通常起控制作用，而时均运动由一组水平尺度大而垂直尺度小的分层密度流组成。

(1)温水层中的水平扩散系数。

由于地转偏向力和海面风应力的作用，水面形成埃克曼漂流，其范围从几米到全湖库，可促进水平迁移。Murthy(1976)提出沿平均运动方向 x 的扩散系数 E_x 为

$$E_x = 1.2 \times 10^{-2} \sigma_x^{1.07} \tag{4-70}$$

式中：σ_x 为沿 x 方向的标准差。

(2)深水层中的水平扩散系数。

在深水层，水平扩散主要受与分层密度结构有关的剪切作用。由于进流入侵现象，引入速度梯度 $\alpha = \Delta u/\delta$，其中 Δu 为突入体入侵速度，δ 为突入体厚度，水平扩散系数 E_x 由下式估算

$$E_x = 0.34 \left(\frac{\Delta u}{\delta} \right)^{2/3} \left(\frac{C_E H^2}{T_m S} \right)^{1/3} \sigma^{4/3} \tag{4-71}$$

式中：C_E 为综合影响系数。

由上述方程可以看出，混合强度为湖泊搅动程度的函数，对纵向有流动的窄长形湖泊，可以认为 Δu 沿纵轴较大，因而可认为纵向扩散大于横向扩散。

假设较大的入侵是惯性-浮力控制的，一般入侵厚度为 $\delta = \Delta u/N$，采用 $C_E = 0.048$，则式(4-71)变为

$$E_x = 0.075 \frac{N^{2/3} H^{2/3}}{T_m^{1/3} S^{1/3}} \sigma_x^{4/3} \tag{4-72}$$

4.2.3　水温和扩散的计算

1. 垂向水温的计算

水温的变化会影响污染物扩散，因此预测水库中水温的变化规律很重要，预测的方法包括经验公式法和数值计算法。

（1）经验公式法。

① 朱伯芳公式。

朱伯芳（1985）根据国内外库水温度的实测资料，提出不同深度的库水温度变化可近似地用余弦函数表示

$$T(h,t)=T_m(h)+A(h)\cos\omega(t-t_0-\varepsilon) \tag{4-73}$$

$$T_m(h)=c+(T_s-c)g \tag{4-74}$$

$$c=(T_b-T_sg)/(1-g) \tag{4-75}$$

$$A(h)=A_0e^{-0.018h} \tag{4-76}$$

$$\varepsilon=2.15-1.30e^{-0.085h} \tag{4-77}$$

式中：$T(h,t)$ 为水深 h 处在时间为 t 时的温度（℃），其中 h 为水深（m），t 为时间（月）；t_0 为温度变化周期内的气温最高值；$T_m(h)$ 为水深 h 处的年平均温度（℃）；T_b 为库底年平均水温；T_s 为库表年平均水温；$A(h)$ 为水深 h 处的温度年变幅（℃）；A_0 为水库表面温度年变幅；ε 为水温的相位差；$\omega=2\pi/P_C$ 为温度变化的圆周率；P_C 为温度变化的周期（12 个月）。

对于一般地区库底年平均水温 $T_b\approx(T_{12}+T_1+T_2)/3$，其中 T_{12}、T_1、T_2 分别为 12 月、1 月、2 月的平均气温；表面年平均水温为 $T_s=T_a+\Delta b$，其中 T_a 为修正年平均气温，Δb 为温度增量，主要受日照影响，一般取 1℃。

② 统计分析公式。

按最小二乘法原理等数理统计分析方法，在各项参数中考虑了水库规模、水库运行方式等因素的情况下，拟合可得出统计分析公式（朱伯芳，1985）

$$T_m(h)=ce^{-\alpha y} \tag{4-78}$$

$$A(h)=A_0e^{-\beta h},\ \varepsilon=d-fy,\ c=7.77+0.75T \tag{4-79}$$

式中：T 为气温；α、β、d、f 为反映水库自然特征和运行特征的参数，根据水库的调节性和水库形态而改变。

③ 李怀恩公式。

根据分层型水库的水温分布特点，可用幂函数型经验公式计算垂向水温分布（李怀恩，1993）

$$T(z)=T_c+A\left|h_c-z\right|^{\frac{1}{B}}\mathrm{sign}(h-z) \tag{4-80}$$

其中 $\mathrm{sign}(h-z)=\begin{cases}1 & h>z,\\ 0 & h=z，为符号函数。\\ -1 & h<z\end{cases}$

式中：T_z 为水深 z 处的水温；T_c 为温跃层中心点的温度；h_c 为温跃层中心点的水深。A 和 B 为经验参数，反映水库分层的强弱，分层越强 A 值越大。对于某一水库，当参数 A、

B、T_c、h_c 确定后，即可预测某一时期的垂向水温分布。可根据实测资料情况采用不同的方法确定参数。

(2)数值计算法。

① 能量积分模型。

Ford 和 Stefan(1980)提出了表层水温模型，依据风力情况和水体的初始温度分布，以紊动动能和势能的转化来计算水库水温的变化。

由风力产生的紊动动能 E_k 为

$$E_k = \tau_0 u_s A_s \mathrm{d}t \tag{4-81}$$

式中：τ_0 为水面上的风剪应力；u_s 为风产生的水面漂移流速；A_s 为水面面积；$\mathrm{d}t$ 为风的运动时间。紊动动能转化为混合层势能增量 E_p，计算式为

$$E_p = 0.0057R \times \frac{29.46 - R^{0.35}}{14.20 + R} \tag{4-82}$$

式中：$R = \Delta\rho g h_m / \rho_0 u_*^2$，其中 u_* 为摩阻流速；g 为重力加速度；ρ_0 为混合前水库表层的水体密度；h_m 为混合层厚度；$\Delta\rho$ 为混合层下界面处的密度差。混合层势能增量和密度变化的关系为

$$E_p = g \Delta z \sum_{i=1}^{m} A(i) [h_m - (i - 0.5) \Delta z] [\rho_m - \rho(i)] \tag{4-83}$$

式中：Δz 为混合层水深的增量。

根据上式可求出 ρ_m，然后根据水温和密度关系式，即可得到不同深度的温度。

② 一维对流扩散模型。

Harleman(1982)以热量交换和热量平衡原理为基础，提出一维对流扩散模型。以向上为正方向，取一垂向厚度无限小的水平单元，并假设单元内温度均匀分布，进行热量平衡分析。考虑入流出流、垂向移流、扩散等引起的热输移，以及太阳辐射，由热量平衡原理得

$$\frac{\partial T}{\partial t} + \frac{\partial}{\partial z}\left(\frac{TQ_z}{A}\right) = \frac{1}{A}\frac{\partial}{\partial z}\left(AD_z \frac{\partial T}{\partial z}\right) + \frac{B}{A}(u_i T_i - u_o T) - \frac{1}{\rho A C_p}\frac{\partial(A\phi_z)}{\partial z} \tag{4-84}$$

式中：T 为单元层温度；T_i 为入流温度；A 为单元层水平面面积；B 为单元层平均宽度；D_z 为垂向扩散系数；ρ 为水体密度；C_p 为水体定压比热；ϕ_z 为太阳辐射通量；u_i 为入流速度；u_o 为出流速度；Q_z 为通过单元上边界的垂向流量。

2. 扩散的计算

在水动力模型的基础上，水质变量的质量平衡控制方程表达如下

$$\partial_t C + \partial_x(u_x C) + \partial_y(u_y C) + \partial_z(u_z C) = \partial_x(K_x \partial_x C) + \partial_y(K_y \partial_y C) + \partial_z(K_z \partial_z C) + S_C \tag{4-85}$$

式中：C 为水质变量的浓度；u_x、u_y 和 u_z 分别为 x、y 和 z 方向上的流速；E_x、E_y 和 E_z 分别为 x、y 和 z 方向上的紊流扩散系数；S_C 为单位体积内部和外部的源和汇。

水质变量的质量平衡控制方程式(4-85)包括物理传输部分(平流输送与扩散)和反应过程部分。当求解方程时，反应过程项与物理传输过程脱耦。物理传输过程的质量平衡方

程如下

$$\partial_t C + \partial_x(u_x C) + \partial_y(u_y C) + \partial_z(u_z C) = \partial_x(K_x \partial_x C) + \partial_y(K_y \partial_y C) + \partial_z(K_z \partial_z C)$$

$$(4\text{-}86)$$

反应过程方程为

$$\partial_t C = S_C \tag{4-87}$$

通过线性化(单调表达)一些项得到

$$\partial_t C = K_r \cdot C + R \tag{4-88}$$

式中:K_r 为反应速率;R 为源汇项。求解时,K_r 和 R 是已知值。

4.2.4 水库水环境模拟实例——丹江口水库汉江、丹江支流氰化物泄漏事故模拟

丹江口水库是我国南水北调中线工程的源头水库,水质的好坏决定了水库生态系统、受水区(如北京和天津)以及丹江口水库大坝下游(如襄樊和武汉)人民的健康。然而库区人类活动较活跃,有毒污染物突发泄漏事故在上游入库支流曾有发生。例如,2000 年 9 月 29 日,5.2 t 有毒氰化物突然泄漏流入汉江的一个小支流,引起了人们的恐慌。尽管这一事件最终没有对丹江口水库水质造成严重的污染,但提高了公众对环境安全的意识。本节以有毒污染物——氰化物为例,模拟丹江口水库的汉江和丹江支流突发氰化物泄漏,研究污染物在水库中的运动特征。

1. 模型构建

在丹江口水库水环境模拟研究中,水动力模型可依据式(2-5)和式(2-7)进行构建,水质模型可依据式(4-86)、式(4-87)和式(4-88)进行构建。考虑氰化物的一阶降解速率,降解速率通过在静止水体中的实验测试得到,本研究中降解速率设为 0.028/天。

2. 情境设置

假设分别在两个事故地点突发氰化物泄漏,第一个事故点位于汉江上的郧县大桥,另一个事故点位于丹江。在每个事故点,2 t 氰化钠在 5 月 5 日突然泄漏到水库中。水库的初始水位为 155 m,入流边界条件和气象条件跟 2009 年水文年一致,陶岔取水口的出库流量为 350 m³/s,丹江口水库大坝出库流量设为 2009 年水文年的流量减去陶岔出库流量。

3. 模拟结果

(1)汉江氰化物突发泄漏,污染物的扩散特征。

汉江郧县大桥突发污染物泄漏,污染物的扩散特征如图 4-7 和图 4-8 所示。从水平方向上看,在突发氰化物泄漏 7 天后,氰化物在汉江汇入水库的河口形成一个高浓度区域,之后氰化物以较低的浓度沿着狭窄的河道朝丹江口水库大坝区域扩散。10 天后,氰化物到达丹江口水库大坝坝前区域;然后部分氰化物从丹江口水库大坝流出水库,其余氰化物朝丹江库区及南水北调取水口的陶岔取水口区域运动。20 天以后,氰化物的高浓度区域到达丹江口水库大坝坝前区域,90 天后氰化物的高浓度区域到达丹江库区。根据南水北调工程"先治污后通水"的调水原则,建议当氰化物到达丹江口水库大坝坝前区域时,加大丹江口水库大坝的下泄流量,从而减少或避免氰化物朝丹江库区运动以及威胁南水

北调中线工程的水质安全。

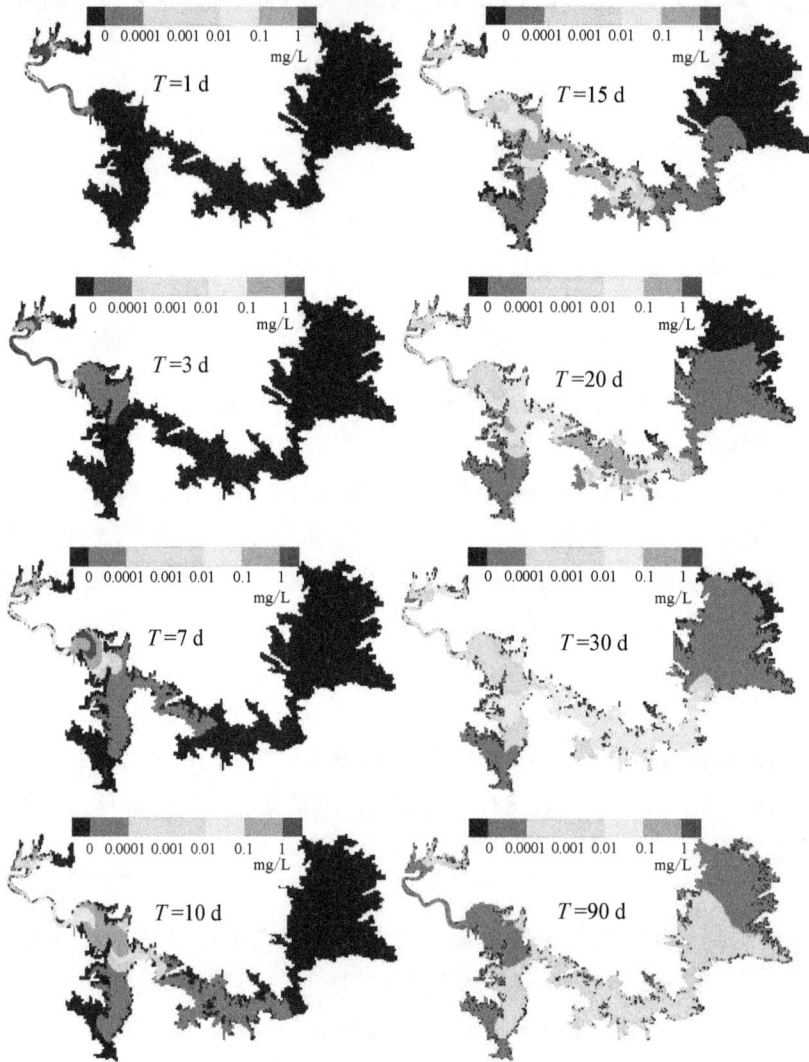

图 4-7 郧县大桥突发氰化物泄漏，氰化物在丹江口水库中的运动规律(水平视角)

从垂直方向上看，当郧县大桥突发氰化物泄漏后，氰化物在水库中垂直方向上的浓度差别不是很明显。这可能是由于汉江作为丹江口水库的主要入库支流，其流量占丹江口水库总入库流量的 90%，其高流量导致的复杂混合过程使得氰化物在垂直方向上的浓度差异较小。由图 4-9 可见，陶岔取水口区域的氰化物浓度时间序列图在汉江发生氰化物泄漏后的 118 天有一个峰值。在本研究中，氰化物的峰值浓度区域远远低于饮用水国家标准(GB 5749—2022)中规定的氰化物的浓度值(<0.05 mg/L)，因此汉江突发 2 t 的氰化物泄漏对南水北调的水质安全不构成威胁。然而，在现实条件下由于氰化物泄漏量的不确定性，水库中的氰化物浓度不一定总是安全值。水库中氰化物的浓度依赖于氰化物的泄漏量、水库的初始水位以及水库的出入库流量。

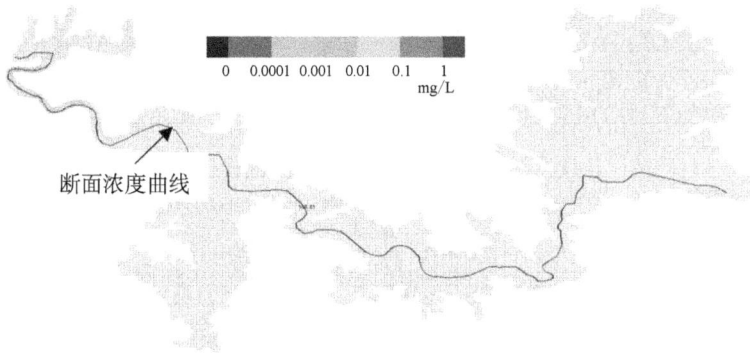

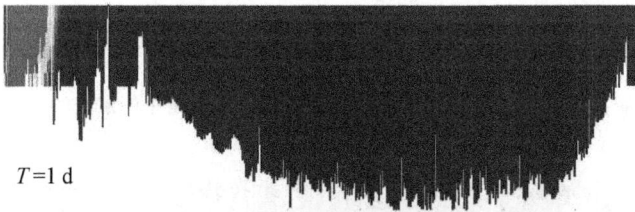

扫码看彩图

图 4-8　郧县大桥突发氰化物泄漏，氰化物在丹江口水库中的运动规律（垂直剖面视角）

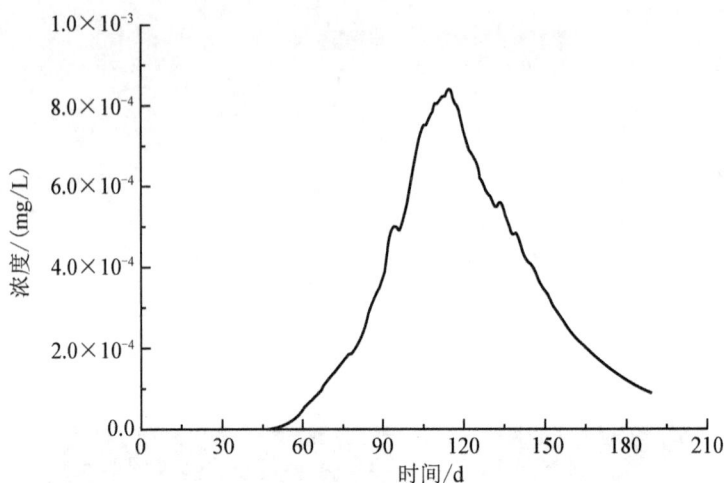

图 4-9 郧县大桥突发氰化物泄漏，陶岔取水口区域氰化物浓度的时间序列

(2)丹江突发氰化物泄漏，污染物在水库中的扩散特征。

丹江突发氰化物泄漏，污染物在水库中的扩散特征如图 4-10 与图 4-11 所示。从水平方向上看，在丹江发生氰化物泄漏事故后 3 天，氰化物能够到达陶岔取水口区域。氰化物沿着水库的东北部朝陶岔取水口区域运动。90 天后，氰化物的高浓度区域到达陶岔取水口区域。由于来自丹江的氰化物最终会扩散至陶岔取水口区域，威胁南水北调的水质，所以建议重点保护丹江，以避免发生有毒污染物泄漏事故。

当丹江发生氰化物泄漏后，从垂直方向上看，氰化物浓度分异特征不明显，这可能是由于风驱动和大坝调度引起水体混合所致。由图 4-12 可见，在丹江发生氰化物泄漏后，陶岔取水口区域氰化物浓度的时间序列图在 90 d 有一个峰值。这个峰值浓度远远低于饮用水国家安全标准(GB 5749—2022)。这一结果表明，在 2009 年水文年条件下，丹江发生 2 t 氰化物泄漏对南水北调水质安全不构成威胁。

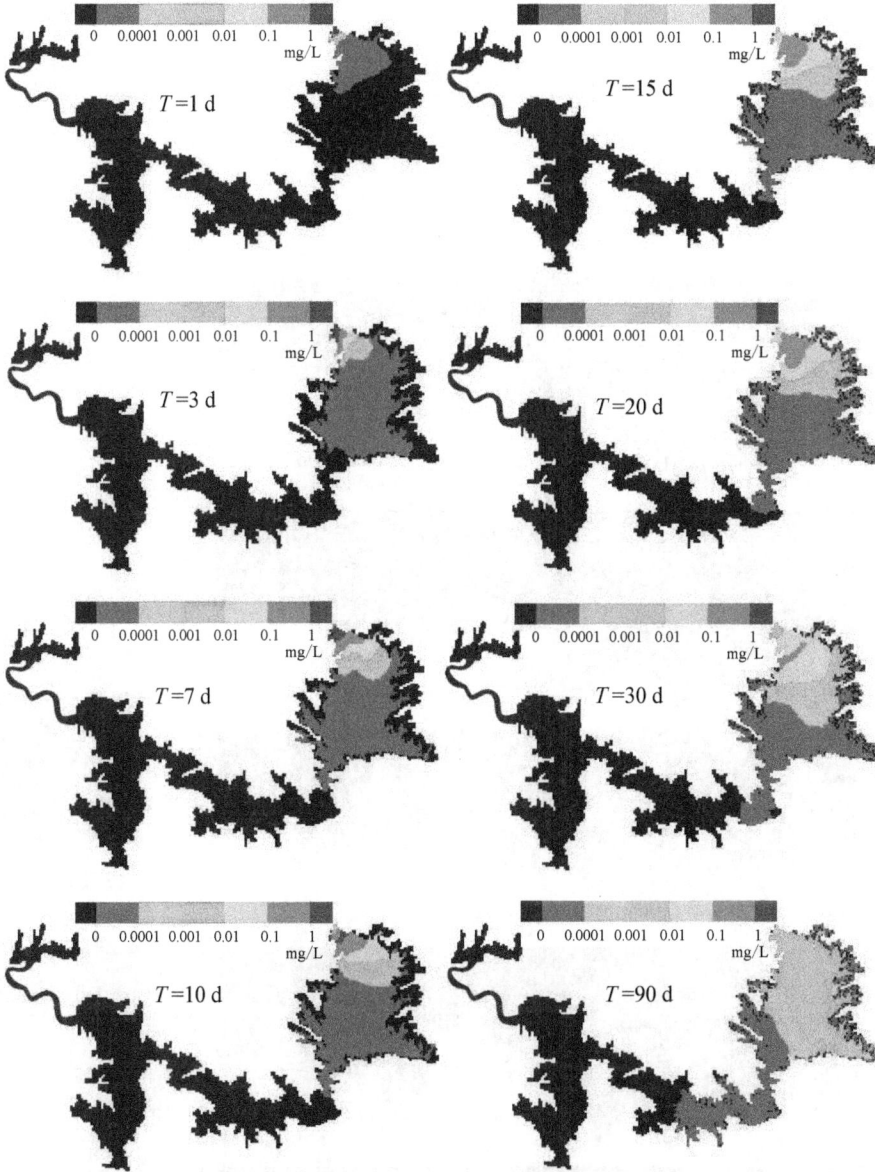

图4-10 丹江突发氰化物泄漏，污染物在水库中的运动规律（水平视角）

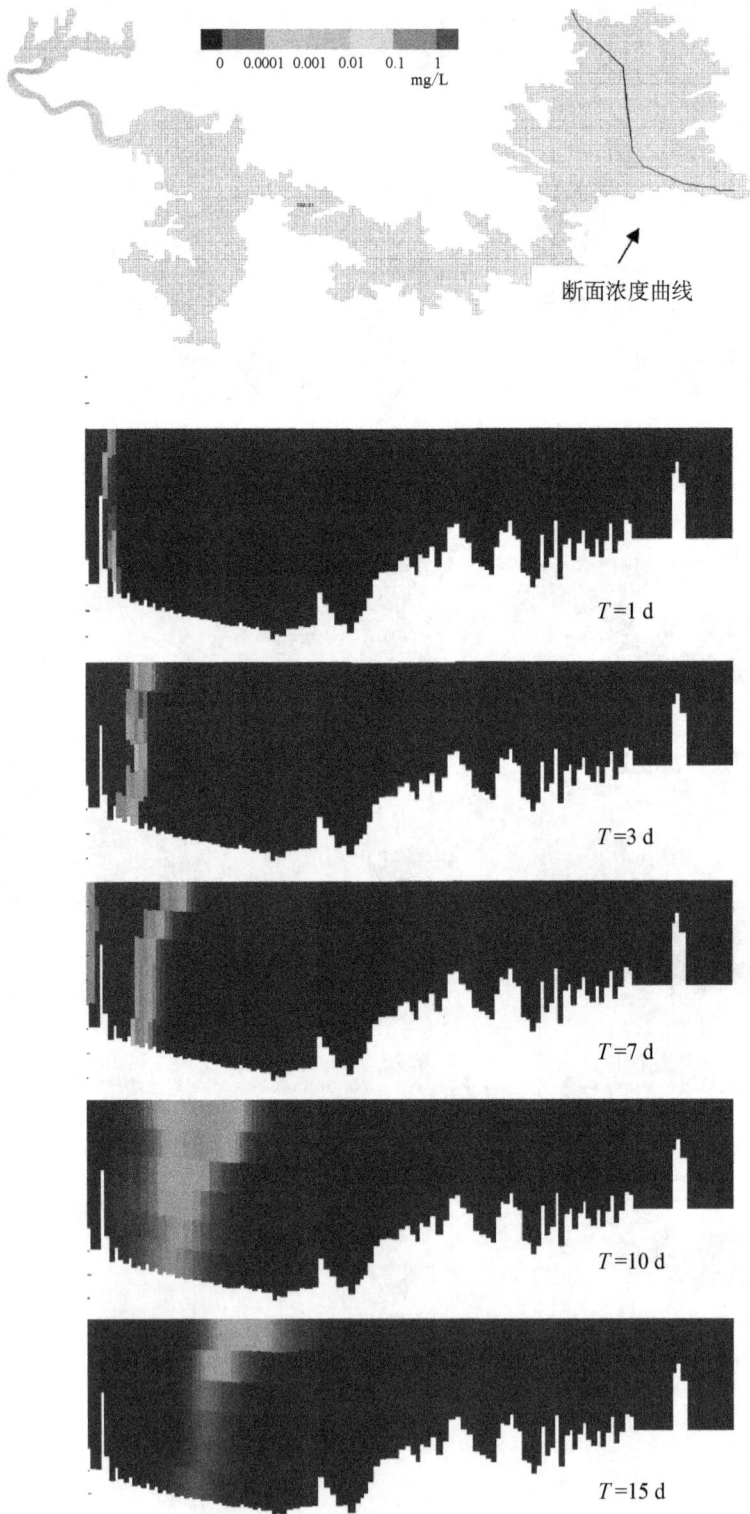

断面浓度曲线

扫码看彩图

$T=1\,\mathrm{d}$

$T=3\,\mathrm{d}$

$T=7\,\mathrm{d}$

$T=10\,\mathrm{d}$

$T=15\,\mathrm{d}$

图 4-11　丹江突发氰化物泄漏，污染物在水库中的运动规律（垂直剖面视角）

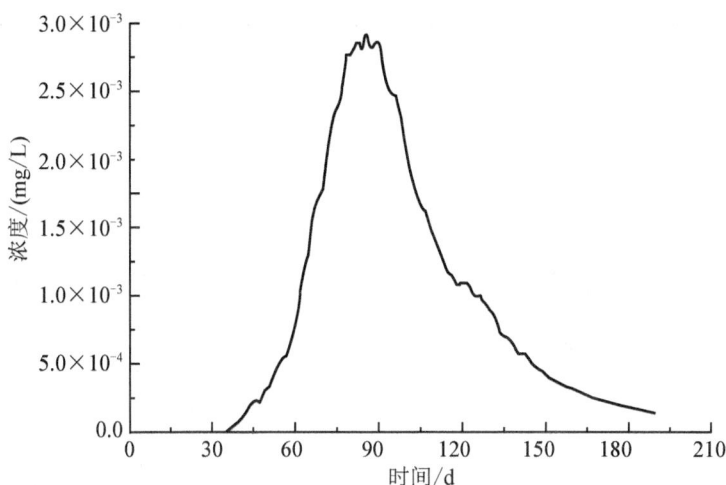

图4-12 丹江突发氰化物泄漏,陶岔取水口区域氰化物浓度的时间序列

4.3 近海区域中的输移扩散

4.3.1 扩散质与近海区域水体的混合过程

近海区域主要指河流的入海处,即河口,是一个将淡水与外海自由相连的半封闭水体。我国沿海城市的发展,同时也带来了严重的水环境污染。由于影响因素多,污染物质在河口的扩散和输移规律比内陆河流复杂。

近海区域水体混合过程因径流和潮流的相对强弱而异,大体上可分为3种类型,即弱混合型、缓混合型和强混合型。在弱混合型近海区域,潮差较小,径流作用强,表底层盐度差别很大,往往出现盐水楔而形成分层流动,现有的研究主要是建立盐水楔的几何尺寸和位置与径流、潮流强度之间的关系,以及探讨盐淡水交界面掺混过程的机理(Kurup等,1998;Geng等,2020);而在强混合型近海区域,潮差较大,潮流作用强,盐度沿垂线几乎均匀分布,可用较简单的数值模式或一维数学模型进行求解(Lazure,2009);缓混合型近海区域,盐度的分布特征则介于两者之间,三维特性较明显,流动的垂向结构和盐度的垂向分布重要性增加,应通过动力学方法求解。

近海区域水体既受上游内陆河段来水的影响,又受河口潮汐周期性变化的作用,时空变化复杂,具有与河流、海洋均不相同的许多特性,由此也带来了该区域水体独特的水质问题(徐明德,2006)。

1. 河口的分类

河口由于地质、地貌、水流、泥沙条件的不同,污染物的演变规律也不同(Kleinhans等,2012),将各种性质的河口进行分类,有利于系统地概括河口污染物的迁移规律。目前主要有两类关于河口的分类方法。

第一类按水力学类型分为:显著分层河口[图4-13(a)],如峡湾型河口和具有盐水楔形体的河口;部分分层河口[图4-13(b)],具有明显的垂直密度梯度;充分混合河口[图4-13(c)]。

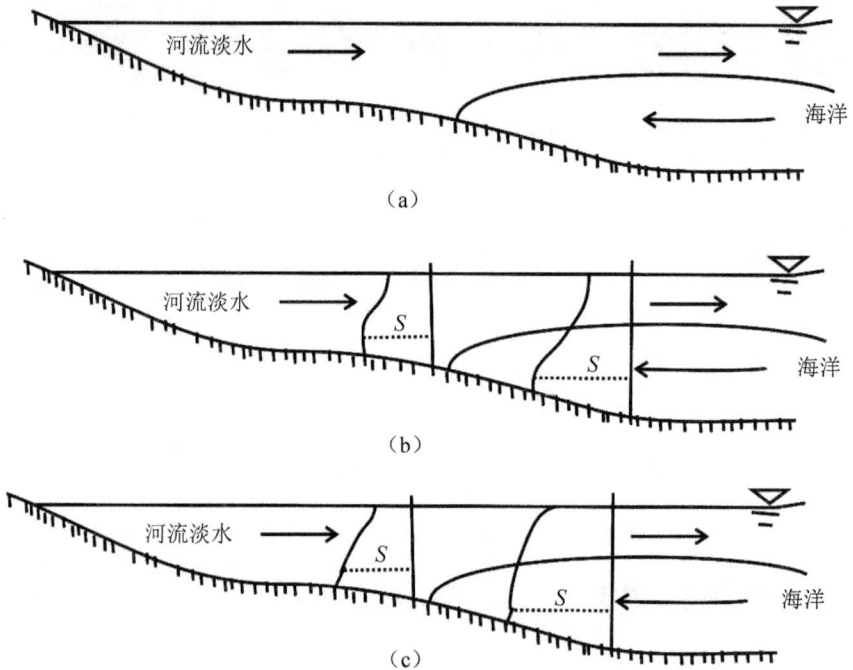

（a）

（b）

（c）

图 4-13　河口沿轴线的盐浓度分布

第二类按地貌类型分为：海岸型河口、峡湾型河口、沙洲型河口以及其他形式的河口。

（1）海岸型河口：通常是由河流长期侵蚀而形成的，它们一般狭而长，而且具有许多分汊。

（2）峡湾型河口：通常是由冰川作用而形成的，它们一般狭而深，分层明显。

（3）沙洲型河口：通常是在海湾内由沙坎阻塞而形成的，且沿着海岸一般具有大规模的海滩漂移。

现代河口的分类主要以河床的冲淤演变为依据，Simmons 和 Brown(1969)基于河床演变分类指数 α，将河口分为 4 类。当 $\alpha < 0.01$ 时，称为强混合海相河口；当 $0.01 < \alpha < 0.05$ 时，为缓混合海相河口；当 $0.05 < \alpha < 0.5$ 时，为缓混合陆海双相河口；当 $\alpha > 0.5$ 时，为弱混合陆相河口。其中，α 值包含了径流与潮流以及流域来沙与海域来沙信息。

水流因素和泥沙因素较好地反映了河口河床演变的特征，表达式为

$$\alpha = \frac{Q_m T S_m}{Q_m' T' S_m'} \tag{4-89}$$

式中：Q_m 为多年平均径流量(m^3/s)；Q_m' 为多年平均涨潮流量(m^3/s)；T 为全潮周期(s)；T' 为涨潮流历时(s)；S_m 为多年平均含沙量(kg/m^3)；S_m' 为涨潮平均含沙量(kg/m^3)。

2. 河口中混合的成因

和河道中的混合类似，河口混合是小尺度的紊动扩散和大尺度平均流速场共同作用的结果。但由于河口地区引起水流情况变化的因素比河道多，除一般的重力作用外，主要受潮汐波坡度的影响，此外风和内部密度变化也是重要影响因素。因此，相比于河流，

河口混合受潮汐的抽吸和阻滞作用、密度分层与斜压环流等作用，具有非恒定性特点（周济福等，1999）。

（1）风引起的混合。

风是湖泊、海洋以及某些海岸地区的主要能量来源之一。对于狭长的河口，风力不易引起较大的流动，但对于宽阔的和由一系列的海湾所组成的河口，风力是引起流动的主要因素。风力最显著的作用是产生破碎波，并且风力在水面上可产生拖引作用，推动污染物质沿着风的方向前进。

实践证明，水域中浅水一侧流动与风向一致，深水一侧流动与潮水流向一致。如果在一个河口的浅港湾一侧有一个深河槽，如图 4-14 所示，在浅湾上由于风力引起的恒定环流，必将和主河槽里的潮汐流动起相互制约作用，影响混合过程。

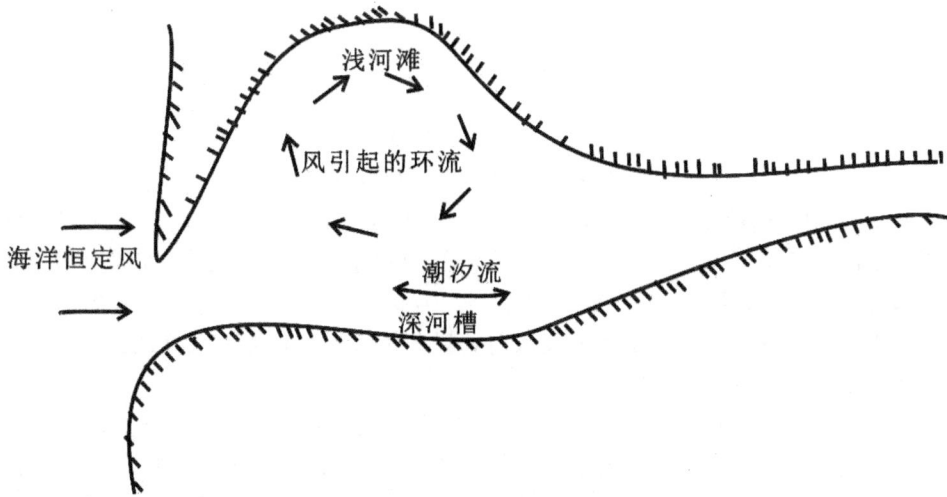

图 4-14　风引起的环流和潮汐流相互作用

（2）潮汐引起的混合。

潮汐的影响主要体现在两个方面，一是潮汐流在沿着河床底部流动时，摩擦力产生了紊动，引起紊动混合；二是潮汐波和深海的相互作用产生较大尺度的流动引起的混合。

① 河口和潮汐河流的剪切作用。

考虑剪切流动的离散理论和摆动对纵向离散系数的影响，得到潮汐剪切流的离散系数 K_T 为

$$K_T = K_0 f(T') \tag{4-90}$$

式中：$T' = T/T_c$ 为污染物在横断面混合的无量纲时间尺度，其中 T 为潮汐周期，T_c 为横断面混合时间；K_0 为 T 远大于 T_c 时的离散系数，即

$$K_0 = \frac{1}{240} \frac{\overline{u}^2 h_c^2}{D} \tag{4-91}$$

式中：h_c 为剪切流的特征横向尺度；D 为分子扩散系数；$\overline{u}$ 为平均流速。

当河槽相对均匀，河道的长宽比很大，宽深比也很大，且水的密度不发生改变时，河口区域由于剪切流动所引起的纵向离散系数 K_T 为

$$K_T = 0.1 \overline{u'^2} T \left[(1/T') f(T') \right] \tag{4-92}$$

式中：$T'=T/T_c$，$T_c=W^2/M_y$，W 为河宽；$\overline{u'}$ 为点垂线平均流速对断面平均流速的偏差在断面上的平均值；函数 $[(1/T')f(T')]$ 的关系如图 4-15 所示。

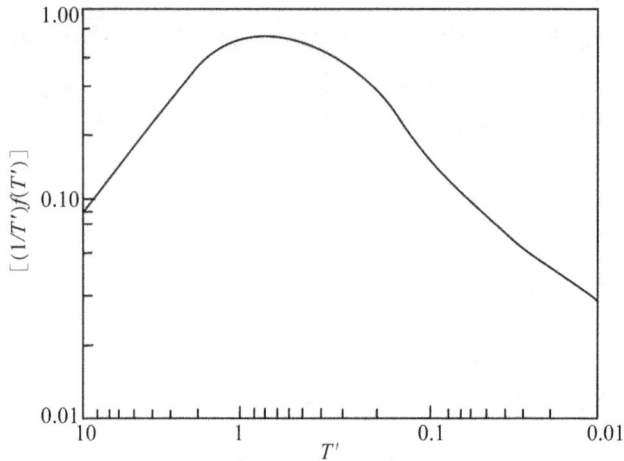

图 4-15　函数 $[(1/T')f(T')]$

从图 4-15 中可以看出，当 T' 在 0.6 附近时，函数 $[(1/T')f(T')]$ 的最大值约为 0.8，说明潮汐横向流速梯度引起的离散系数最大。当河口很宽（即 T' 很小）或河口很窄（即 T' 很大）时，由于剪切流动引起的离散系数很小。需指出的是，式（4-92）只考虑了剪切流动的影响，当还要考虑其他因素引起的离散时，纵向离散系数将会大大增加。

②　潮汐的抽吸和阻滞作用。

潮汐流除引起紊动混合外，还会引起一些环流，这些环流对混合产生抽吸和阻滞作用。大多数潮汐流可分解为往复流叠加一个净的恒定环流，常称为"剩余环流"。潮汐在产生"剩余环流"的过程中好像起往复泵的抽吸作用，产生的主要原因包括两个方面：一是地球的旋转，使北半球涨潮流偏向左岸，退潮流偏向右岸，引起逆时针环流；二是由潮汐流和不规则的海深相互作用以及弯道处分流的不同组合引起的。

在潮汐作用下因岸边低速水流引起的物质分散为潮汐的阻滞作用。如图 4-16 所示为典型的海岸型河口图，具有一个主河槽和许多岸边分支。由于主河槽水流具有动量，使主河槽潮汐水位和速度分布通常不在同一相位，而边槽里的水流动量较少，当水位开始下降时，水流的方向随之发生变化。图 4-16（a）表示一些示踪云团由于涨潮被带往上游。一些质点进入边槽，而另一些质点沿主槽继续向上[图 4-16（b）]。当水面开始下降时，在边槽里的质点重新进入主河槽，但是这时它们已从主槽示踪云团里分离出来，而同原先示踪云团下游那些未作标记的水体混在一起[图 4-16（c）]。

Okubo（1973）提出用如下公式计算有效纵向扩散系数

$$K=\frac{K'}{1+r}+\frac{ru_0^2}{2k(1+r^2)+(1+r+\sigma/k)} \tag{4-93}$$

式中：K' 是主河槽本身的纵向扩散系数，且主河槽是均匀流，流速 $u=u_0\cos(\sigma t)$；r 为阻滞水体体积与主槽体积之比；k^{-1} 为阻滞和主流间特征交换时间；σ 为圆频率。

③　密度分层作用。

河口中有来自河流的淡水和来自海洋的咸水，在浮力作用下密度小的淡水和密度大

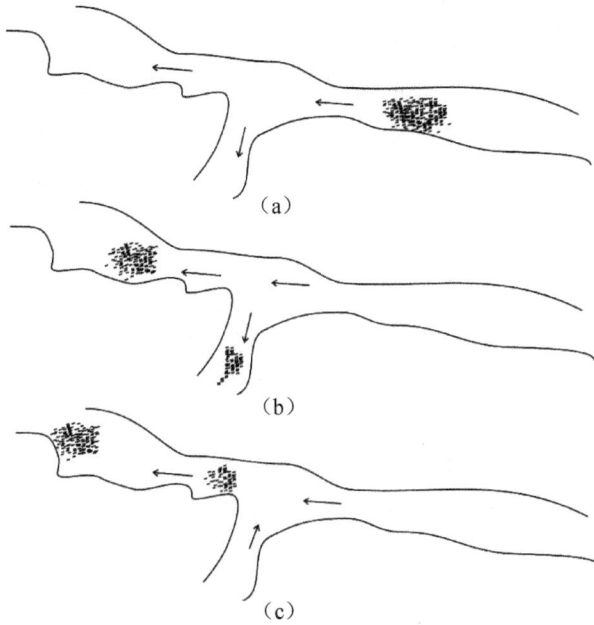

图 4-16　潮汐和支流对离散的影响

的海水将分别趋向水面和河底，促使发生分层流动。而潮汐的作用则促使水体混合，对分层起破坏作用。河口中密度的变化情况用理查德森数（Richardson number）R 来表示，R 取决于由浮力所提供的分层功率和潮汐所提供的混合功率的比值，可用下式表示

$$R = \frac{(\Delta\rho/\rho)gQ_f}{WU_t^3} \tag{4-94}$$

式中：ρ 为水体密度；$\Delta\rho$ 为海水与淡水的密度差；g 为重力加速度；Q_f 为淡水流量；W 为河宽；U_t 为潮汐速度的均方根。当 R 很大时，说明浮力作用强，密度差引起的流动占支配地位，河流将强烈分层；当 R 很小时，说明潮汐作用强，河口混合得好，密度差的影响可以忽略。实际河口观测表明，只有当 R 值小于 0.08 时，才可忽略密度差的作用。

图 4-17 给出了典型局部分层河口的垂直剖面图，含盐度以 S（‰）表示。对一个局部分层的河口来说，等值线（等值盐浓度线）从上游方向倾向海洋，并逐渐趋于水平，体现了分层水体的稳定状态。水体流动方向为沿底部向陆地，沿水面向海洋，这样的流动一般称为斜压环流或重力环流。斜压环流是河口混合的重要影响因素之一。

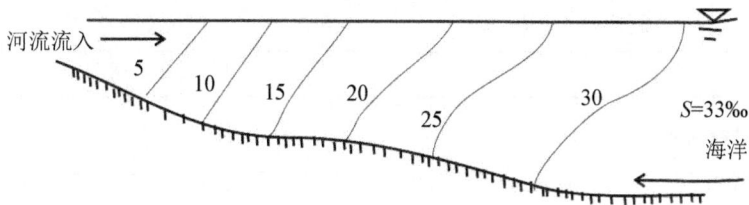

图 4-17　典型局部分层河口的垂直剖面图

4.3.2 紊动扩散系数与离散系数的计算

对于较窄长和均匀的河口，可以利用河流的公式来计算垂向扩散系数、横向混合系数和纵向离散系数来近似地处理这类河口问题。但是一般河口都较为宽阔且不规则，很难辨识横断面，不能使用河流的计算方法来计算，导致河口的这些系数很难确定。下面介绍河口紊动扩散和离散问题相关的研究成果。

1. 垂向扩散系数

对于密度不变的潮汐流，如潮汐河流中盐分入侵极限上游段的流动，或船舶港湾中的流动，垂向混合主要由剪切应力引起的紊动导致。采用下式计算垂向扩散系数 E_z

$$E_z = 0.067u_*h \qquad (4\text{-}95)$$

式中：u_* 为摩阻流速；h 为水深。u_* 的计算最为重要，平潮时 u_* 几乎为零，潮流速度最大时 u_* 达到最大值，在实际计算中，取平均值进行计算。

对于非恒定流，u_* 的剪切力很难测量，通常用潮水的垂线平均纵向流速 u_a 来代替 u_*，如 Bowden(1967)提出

$$E_z = 0.0025u_ah \qquad (4\text{-}96)$$

对于分层河口的垂向混合，常用 Munk 和 Anderson(1948)提出的公式

$$E_z = E_{z0}(1 + 3.33R_{ig})^{-1.5} \qquad (4\text{-}97)$$

$$R_{ig} = g\,\frac{\partial\rho}{\partial z}\bigg/\left[\rho\left(\frac{\partial u_t}{\partial z}\right)^2\right] \qquad (4\text{-}98)$$

式中：E_{z0} 为中性稳定时的 E_z 值；R_{ig} 为梯度理查森数。

在没有表面波的情况下，Pritchard(1967)提出

$$E_z = \frac{8.59\times10^{-3}u_t}{(1+0.276R_{ig})^2}\left[\frac{z^2(h-z)}{h^3}\right] \qquad (4\text{-}99)$$

2. 横向混合系数

渠道边壁的不规则性和渠道的弯曲会大大增加底部紊动所引起的横向混合系数，对于河口来说情况会更复杂：流进及流出"阻滞区"是一种横向流动；海湾里的"抽吸"环流有横向分量；斜压环流也有横向分量等。由于河口的横向混合系数 M_y 很难计算，研究者在一些混合很好的河口中进行了横向混合系数测量，M_y/hu_* 的值如表 4-1 所示。

表 4-1　河口横向混合系数

河口	Cordova（英国）	Gironde（法国）	Delaware（美国）	Fraser（英国）	Fraser（英国）
M_y/hu_*	1.00	1.03	1.2	0.44(平潮期)	1.61(退潮期)

3. 纵向离散系数

将污染物沿河槽轴线的纵向离散问题和由于各种离散机理引起的海洋咸水沿河槽轴线的入侵问题综合考虑，合并为一个综合的离散系数 K。在恒定情况下，由平均流动引起盐分向下移流，与向上游传送的盐分相平衡，可用下式表示

$$u_fS = -K\,\frac{\mathrm{d}S}{\mathrm{d}x} \qquad (4\text{-}100)$$

式中：u_f 为一个潮汐周期内平均的河水断面平均流速；S 为含盐度。将上式积分，可得

$$K = u_f x \left[\ln\left(\frac{S}{S_0}\right) \right] \tag{4-101}$$

式中：S_0 为出海口处的含盐度。上式可作为测量河口纵向离散系数的计算公式。当缺乏含盐度的实测数据时，可利用 Hetling 和 O'Connell(1966)的如下公式给出 K 值

$$K = 156 u_{t\max}^{4/3} \tag{4-102}$$

式中：$u_{t\max}$ 为河口入海处的最大潮汐速度（mi/h）。在此经验公式中，K 对应的单位为 $\mathrm{m^2/s}$。

4.3.3　河口离散分析

1. 河口中的停滞时间

污染物在 $x=L$ 的横断面和入海口之间的平均停滞时间由下式计算

$$T_f = V_S / Q_f \tag{4-103}$$

式中：V_S 为纯淡水的总体积，$V_S = \int_0^L \int_A f \, \mathrm{d}A \, \mathrm{d}x$；$f$ 为淡化度，$f = (S_0 - S)/S_0$，其中 S_0 为海水盐度，S 为河口中平均盐度。纯淡水的淡化度为 1，纯海水的淡化度为 0。

2. 河口中的潮汐交换

感潮河段和河口中物质的输移受河流径流和感潮相互作用的影响，常用感潮交换比 R 表示

$$R = \frac{V_0}{V_f} \tag{4-104}$$

式中：V_0 为涨潮时海水进入河口的体积；V_f 为涨潮时进入河口的总水体积。对于 V_f，可将其表示为落潮时排出河口水的体积 V_e 与潮循环进入河口淡水总量 V_Q 的差值，即 $V_f = V_e - V_Q$。也可表示为涨潮时进入河口的海水体积 V_0 与前次落潮时排出河口的部分水体积 V_{fe} 的和，即 $V_f = V_0 - V_{fe}$。

3. 河口中的稀释流量

在入海口河槽处排污，假设来自海洋的纯海水流到污水排放点，与污水及支流的来水相混合后，再流回海洋。则河口的盐量平衡须满足

$$Q_0 S_0 = (Q_0 + Q_e + Q_f) S \tag{4-105}$$

式中：S_0 为海水盐度；S 为河口的平均盐度；Q_0 为海水的循环流量；Q_e 为排污流量；Q_f 为排污口上游支流汇入量。稀释污水的总流量 Q_d 为

$$Q_d = Q_0 + Q_e + Q_f = \frac{(Q_e + Q_f) S_0}{S_0 - S} \tag{4-106}$$

排污口附近的平均浓度 C_d 为

$$C_d = \frac{M}{Q_d} \tag{4-107}$$

式中：M 为排污口单位时间内单位质量的物质排放率。给出的浓度是平均浓度，在排污口的浓度峰值会大大超出平均值。

4.3.4 近海区域水环境模拟实例——莱州湾海域抗生素的输移扩散模拟

莱州湾位于中国山东省渤海南部,是渤海的三大海湾之一,由于泥沙淤积的影响,大部分海域的水深为10 m。除黄河外,还有潍河、白浪河、胶莱河、小清河、支脉河等河流入莱州湾。因此入海河流附近的污水处理厂排放的抗生素会随着入海河流流入湾内,水中的抗生素不仅可以直接影响水环境,还可以被水生生物摄取,进而产生更复杂的生态影响。我们首先对莱州湾水域进行水动力模拟,然后通过水质模型对抗生素在莱州湾的输移扩散进行模拟。

1. 水动力模型及验证

近海区域的水域广阔,水平尺度远大于垂直尺度,因而可以采用平面二维水动力数值模拟技术。二维浅水方程为

$$
\begin{cases}
\dfrac{\partial h}{\partial t} + \dfrac{\partial (hu_i)}{\partial x_j} = 0 \\
\dfrac{\partial (hu_i)}{\partial t} + \dfrac{\partial (hu_i u_j)}{\partial x_j} = -g\,\dfrac{\partial}{\partial x_i}\left(\dfrac{h^2}{2}\right) + \nu\,\dfrac{\partial^2 (hu_i)}{\partial x_i \partial x_j} + F_i
\end{cases}
\tag{4-108}
$$

式中:i、j 代表空间的方向;u_i、u_j 分别为 i、j 方向的流速;h 为水深;F_i 代表在 i 方向的单位质量的外力;t 为时间;ν 为运动黏滞系数。

图 4-18 为莱州湾落潮和涨潮时的流速分布图,莱州湾落潮时[图 4-18(a)]海水流向开放海域,流动方向为由东至北,海水在东北部流速最大约为 1 m/s,而最小流速处在海岸线附近约为 0.1 m/s;在涨潮时[图 4-18(b)],海水流入湾内,流动方向为由南至西南,流速的最大、最小值位置和落潮时类似。此水动力模拟结果与 Lv 等(2017)中结果基本一致(图 4-19)。

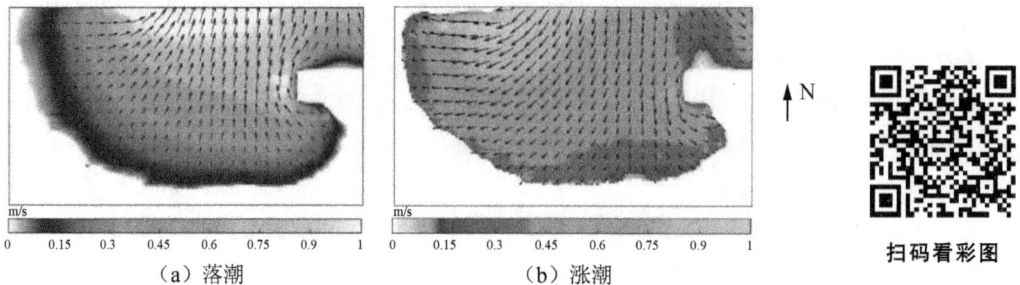

(a)落潮　　　　　　　　　　(b)涨潮

扫码看彩图

图 4-18　莱州湾落潮和涨潮流速示意图

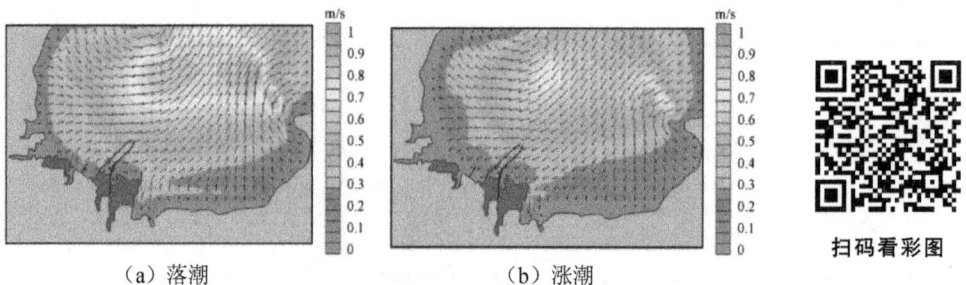

(a)落潮　　　　　　　　　　(b)涨潮

扫码看彩图

图 4-19　莱州湾落潮和涨潮流速对比图(Lv 等,2017)

2. 水质模型及验证

溶质在二维液体中的对流离散过程非常复杂，一般情况下，其离散、输移及降解过程可以用二维对流离散方程描述。

为了验证水质模型，我们将莱州湾三个采样点 P1、P2、P3 的模拟值和 Zhang 等(2012)的实测结果进行比较。根据实验数据，选用红霉素(erythromycin，ETM)、依诺沙星(enoxacin，ENO)、甲氧苄啶(trimethoprim，TMP)和磺胺甲噁唑(sulfamethoxazole，SMI) 4 种抗生素为代表性指标，图 4-20 为模拟值和实测值的比较结果。相对百分误差小于 15%，说明所建水动力-水质模型能准确地模拟莱州湾抗生素的输移扩散过程。

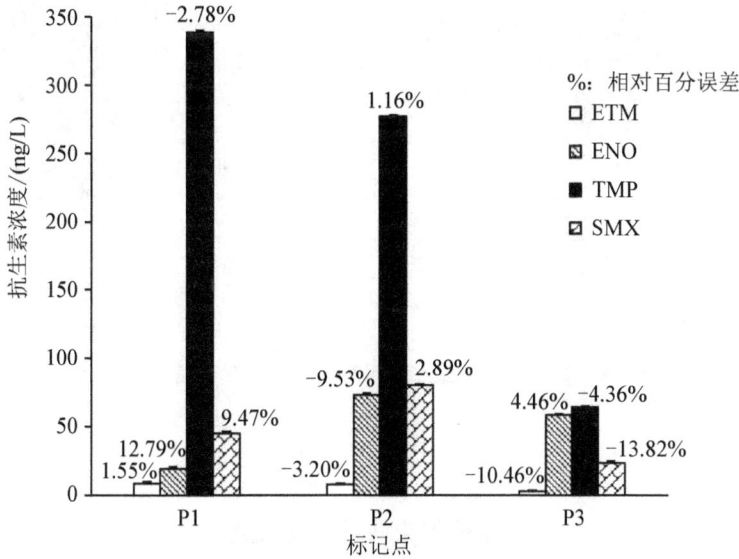

图 4-20　不同采样点四种抗生素的模拟值与实测值的相对百分误差

3. 污水厂排放的 ENO 在莱州湾输移扩散的情境模拟

基于上述构建的水动力-水质模型，我们对莱州湾内 ENO 的输移扩散过程进行情境模拟。假定入海河流广利河和小清河附近有两个污水处理厂 E1、E2，同时持续地向海水中排放过量的 ENO，浓度均为 100 mg/L，图 4-21 表示 ENO 在莱州湾内 44 天的输移扩散过程。

从图 4-21(a)可以看出，在污染物扩散第 4 天海域内就出现了较高程度的污染，在河口附近的浓度甚至超过 1 000 ng/L；随后，污染范围不断扩大[图 4-21(b)(c)]；到第 44 天时[图 4-21(d)]，污染范围几乎覆盖了整个湾内海域，大部分海域的污染物浓度大于 750 ng/L，抗生素的扩散延伸至西北海岸线。

（a）第4天

（b）第14天

（c）第24天

（d）第44天

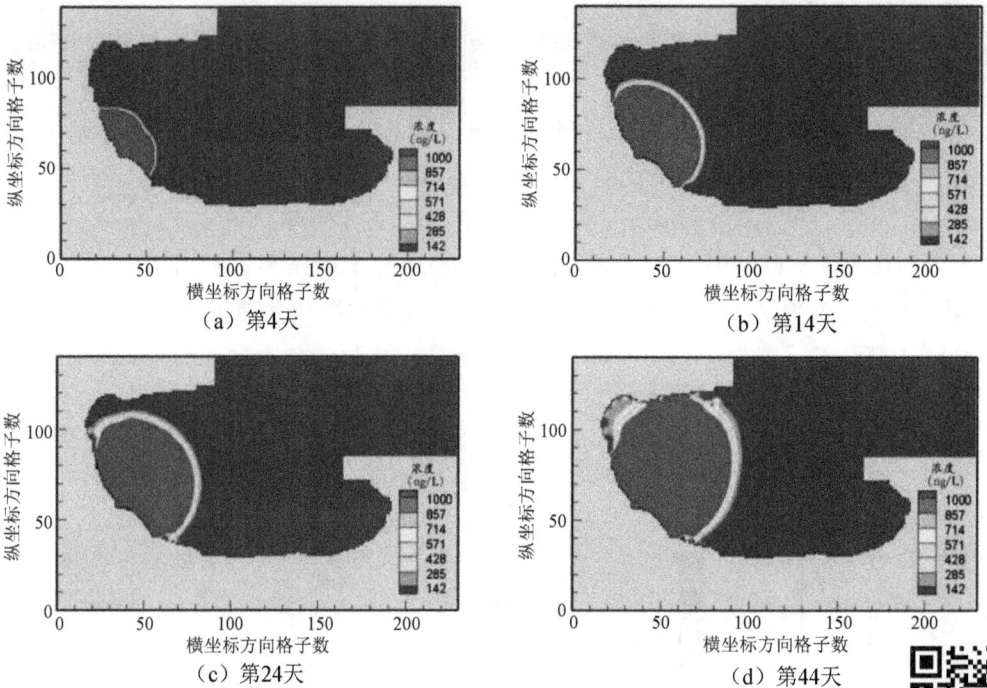

图 4-21　依诺沙星在莱州湾的输移扩散过程

拓展阅读

扫码看彩图

水体的空间维度及特点

自然界中的水体是错综复杂且相互关联的，如河流、湖泊、海洋纵横交织，互相影响，水环境自身也有多种过程共存的特点，如地表径流、降雨、物质传输、化学和生物质量量、水生态环境过程等。因此水环境的改变是在时间尺度和空间尺度上的复杂变化过程。

从空间维数的角度，可以用三种维度的数值模型表示自然界中的水体，分别为一维、二维或三维模型。如果水力要素在某一个、两个或三个方向上梯度分布，则不均匀分布的方向个数即是模型的维度，不同维度的模型可以用来分析不同特点的液体运动。例如，结合了断面信息的一维模型一般用于模拟河流的水位流量等特征在与流线方向平行方向的分布和变化情况，如果结合一些水工建筑物的参数和公式，还可以研究更为复杂的河道河网系统的拓扑结构和水流特征。当与流线平行方向的分布尺度远远大于垂直于流线方向的尺度时，一般忽略横向的水流特征，只考虑流线方向的水流参数变化情况和河网之间的连接属性，因而采用一维模型。与二维和三维模型相比，一维模型因为参与计算的变量维度更低，因此具有运算速度快，效率高的特点。但是由于水体的某些参数缺失，特别是在河流弯道处的水头损失，以及河流漫堤时方向改变对于河流运动规律的描述不准确，因此一维模型只适用于近似顺直河道的模拟研究。二维水体模型在一维水体模型的基础上，需要引入水体水平空间底面高程的数据，增加了侧向垂直于流线方向的水体参数，在水平空间内描述水体的物理变化，包括水深、水流运动参数等。如果在垂直水面方向上的水流加速度可以忽略不计，液体的水压可以用静水压力代替，其他参数一般采用沿水深方向平均的方法处理，不考虑垂直水面方向上水体的变化情况。与一维模型相比，二维模型更复杂，计算相对烦琐，但保留了更多水体平面的细节变化，但与三维模型相比，在垂直方向上的动量参数也有所缺失。三维水体模型即在整个三维空间水平和垂直方向上描述和表示水体的流动和运动变化情况，最大限度地保留了水体的运动本质和物理量，但与前两种模型相比，模型建立困难，联立公式复杂，计算量大，不适用于实时计算和大范围应用。

综上可见，三种模型各有优缺点。采用哪种维度的模型来描述和表示水体，需要根据被描述水体的特征来确定。如在河流河网区域，沿断面积分的纵向一维模型描述比较合理；在湖泊、水库、河流入海口和近海等浅水区域，沿水深积分的平面二维模型更精确；而大型水库，大洋深海则需要在三维空间描述液体运动的模型。由于自然界中水体复杂交汇，且在不同时间和地理环境下不断变化，降雨、径流均对水体流动特征产生影响。因此，如何针对不同水体区域的物理特性和流动特点，采用不同维度的模型，有效地描述水体的运动变化特征，同时尽可能提高计算效率已成为科研人员亟须解决的问题。

复习思考题

1. 近海区域水体混合过程有哪几类？简要概述其特点。
2. 简述污染带计算的目的。
3. 试论述近海区域污染物的输移扩散规律。
4. 简述湖泊或水库的主要水动力驱动因素。
5. 湖库水体中溶质的分子扩散、紊流扩散和离散作用是否可以忽略？
6. 如何基于河流水环境模型设置排污口和取水口？

第 5 章　射流理论及其在废水排放工程中的应用

随着人口的迅猛增长和现代化工农业的快速发展，大量的工农业废水和生活污水被排入江河和近海水域，造成水体的严重污染。这些废弃污水在受纳水域中的扩散和稀释，均由排放口近区的排放水体以及远区的周围水体特性所控制。为了增强污染物在排放近区的稀释能力，控制环境污染，环境工程中对排污、排热、排气的近区污染浓度以及污染羽扩展计算和模拟，均需要应用射流理论。尤其是近几十年来，射流理论已经成为现代流体力学及环境科学的一个重要研究课题，开展其在水环境保护和环境工程设计等方面的应用研究具有重要的现实意义。

5.1　射流的概念及分类

射流是指从各种排泄口（如孔口、管嘴或缝隙）中喷出并流入另一流体域内的一股运动液体。按照不同的划分标准，可以将射流分为不同的类型。

按照流动形态，射流可分为层流射流和紊动射流。当雷诺数足够大、流动呈紊流状态时，称为紊动射流。实际工程问题中遇到的多为紊动射流，如排水工程中含有污染物质的废水经排污口流入江河、湖泊、水库中，这种射流为液体紊动射流。在模型研究中人们较关心射流的雷诺数是否足够大，从而引起紊动射流。尽管研究者已经进行了一些理论和实验研究，但雷诺数达到何值时层流射流变为紊动射流仍然存在一些不确定性。Grant(1974)认为射流的初始速度分布是决定不稳定性的关键因素，因此不存在产生不稳定性的唯一雷诺数。尽管 Labus 和 Symons(1972)提出当雷诺数达到 4 000 左右时，紊流才会发展到完全状态，但是在大多数情况下，当雷诺数超过 2 000 时，层流射流就会变为紊动射流。

按照物理性质，射流可分为不可压缩射流和可压缩射流、等密度射流和变密度射流。可压缩射流是指液体密度变化不能忽略的流动。实际上液体都具有不同程度的可压缩性，但为了简化问题的分析，常常假定密度变化可以忽略，按不可压缩射流来考虑。等密度射流是指在射流扩散和运动中，密度不发生变化的流动，而变密度射流是指密度发生变化的流动。

按照与周围液体的关系，射流可分为淹没射流和非淹没射流。若射流与周围介质的物理性质相同，为淹没射流；若不相同则为非淹没射流。

按照射入环境的固体边界约束情况，射流可分为自由射流和非自由射流。若射流进入一个很大的空间，出流后边界对它没有影响，称为自由射流；若射流进入一个有限空间，射流受到固体或者液体边界的限制，称为非自由射流。在非自由射流中，射流的部分边界贴附在固体边界上为贴壁射流，射流沿着水体表面（如河面或湖面）射出为表面射流。

按照原动力，射流可分为动量射流（简称射流）、浮力羽流（简称羽流）和浮力射流（简称浮射流）。若射流的出流速度较高，依靠出射的初始动量来维持自身的继续运动，动量对流动起支配作用，称为动量射流。例如消防用水枪、农业喷灌中的喷流等属动量射流。

若射流的初始出射动量很小，流动的发生和扩展主要依靠浮力的作用，称为浮力羽流。例如密度小的废水泄入含盐度大的海水、热源上的烟气等属于浮力羽流。若兼受动量和浮力两种作用而运动的射流，则称为浮力射流。例如火电站和核电站的冷却水、排入河流或湖泊中的热水射流、污水排入密度大的河口或港湾的污水射流等属于浮力射流。

按照出口断面的形状，射流分为圆形（轴对称）射流、平面（二维）射流、矩形（三维）射流等。

影响射流运动特征的因素很多，除了射入环境的物理性质和固体边界以外，周围液体的状态也会对其产生影响，即周围液体是静止还是流动、其流动方向与射流平行还是与其有一定夹角的横流、周围液体是否有密度分层等（李大美和黄克中，2007）。

在源区附近，射流运动通常由初始条件控制，包括射流的几何形状、射流出口平均速度、射流液体与周围液体之间的初始密度差，以及排水管道中的紊流强度和速度分布。对射流动力学最重要的因素可定义如下。

(1)射流的质量通量 $\rho\mu$，指单位时间内通过射流横截面的液体质量，具体如下

$$\rho\mu = \int_A \rho w \, \mathrm{d}A \tag{5-1}$$

式中：A 为射流的横截面面积；w 为轴向上的射流时均速度；μ 为射流的比质量通量或体积通量。

(2)射流的动量通量 ρm，指单位时间内通过射流横截面所传输的动量，具体如下

$$\rho m = \int_A \rho w^2 \, \mathrm{d}A \tag{5-2}$$

式中：m 为比动量通量，仅比动量通量少 1 个密度因子。

(3)射流的浮力通量 $\rho\beta$，指单位时间内通过横截面的液体浸没重量的浮力，具体如下

$$\rho\beta = \int_A g \, \Delta\rho w \, \mathrm{d}A \tag{5-3}$$

式中：$\Delta\rho$ 为周围液体与射流液体之间的密度差；β 为比浮力通量，类似于比动量通量。浮力通量与导致密度变化的物质通量有关。定义有效的重力加速度 $\dfrac{g\,\Delta\rho}{\rho} = g'$ 可使计算更方便。

本章中，我们将使用符号 μ_0、m_0 和 β_0 分别表示体积通量、比动量通量和比浮力通量的初始值。圆形射流的 μ_0 和 m_0 如下

$$\mu_0 = \frac{1}{4}\pi D^2 u_{\mathrm{w}} \tag{5-4}$$

$$m_0 = \frac{1}{4}\pi D^2 u_{\mathrm{w}}^2 \tag{5-5}$$

式中：D 为射流直径；u_{w} 为射流中均匀分布的时均出流速度。对于初始比浮力通量 β_0，浮力源可以形成羽流，如热源。此时，液体中加入的热量可决定其浮力，如下式

$$\rho\beta_0 = \frac{\alpha g P_{\mathrm{h}}}{C_{\mathrm{p}}} \tag{5-6}$$

式中：α 为体积热膨胀系数；P_{h} 为热源添加的热通量；C_{p} 为恒定压力下的比热。由于密度和温度通过状态方程相关联，故上式表示热能通量与有效密度通量之间具有对应关系。

然而，对于大多数废水排放应用来说，初始浮力通常包含在排放物质中。例如，对于圆形浮力射流，初始比浮力通量 β_0 为

$$\beta_0 = g\left(\frac{\Delta\rho_0}{\rho}\right)\mu_0 = g'_0\mu_0 \tag{5-7}$$

式中：$\Delta\rho_0$ 为受纳液体与排出液体之间的初始密度差；g'_0 为初始的表观重力加速度。

研究发现，当雷诺数超过 4 000 时，μ_0、m_0 和 β_0 为控制圆形紊动浮力射流稀释的主要变量。这些变量的量纲分别为 $[\mu_0] = \dfrac{L^3}{T}$、$[m_0] = \dfrac{L^4}{T^2}$、$[\beta_0] = \dfrac{L^4}{T^3}$，其中方括号代表对应变量的量纲，$L$ 代表长度，T 代表时间。上文提到的其他因素(例如排放水体中射流横截面几何形状和紊流强度)是次要的，通常可以忽略。

对于从狭槽而不是孔口流出形成的平面射流，μ、m 和 β 为单位时间、单位槽长度内通过的比通量，它们的初始值也写成 μ_0、m_0 和 β_0。这些变量的量纲明显低了一个量级，但只要明确表明为平面射流或羽流，则不会出现混淆。

本章的后续部分将讨论恒定流下不可压缩射流、羽流和浮射流在静止均质的受纳水体中运动的基本特征及规律。所有流动条件均由初始条件和距源的距离决定。这是最简单的情况，也是研究复杂射流的基础。

5.2 紊动射流

5.2.1 紊动射流的形成和结构

以自由淹没平面二维射流为例，其扩展过程可以描述如下：射流从孔口射入无限空间的静止液体之后，与周围静止液体之间产生速度不连续的间断面，间断面容易产生波动，失去稳定而形成旋涡，从而引起紊动。这样就会把原来周围处于静止状态的液体卷吸到射流里去，这就是"卷吸"现象。卷吸与掺混作用的结果，使得射流断面不断扩大，流速不断降低，流量沿程增加。

在射流中，无论是沿射流方向的纵向流速还是垂直于射流方向的横向流速都是高度脉动的，但从统计平均的角度来看，每个断面都有其相应恒定的流速分布。各断面射流中心最大纵向流速 u_m 与射流边界处指向射流中心的横向速度 u_e 有如下的固定比例关系

$$u_e = \alpha u_m \tag{5-8}$$

式中：比例系数 α 称为卷吸系数。上式表明，周围液体被卷入射流的强度与射流自身的强度成正比。

射流在形成稳定的流动形态之后，整个射流分成两部分，由喷口开始向外扩展的区域称为射流边界层区；射流未受掺混、保持原出口流速的中心部分称为射流核心区。由于上述的卷吸和掺混作用，在离开喷口一定距离之后，射流核心区就消失了，核心区完全消失的横断面称为转折断面。喷口与转折断面之间的流段为流动建立区，通常流动建立区不长，在这一段内射流的中心流速始终保持射流的出口速度。转折断面之后为流动充分发展区，流动建立区与流动充分发展区之间有过渡段，过渡段较短，在分析中常常忽略，所以对于射流主要关注的是流动充分发展区。

5.2.2 紊动射流相关计算

将一个可以区分环境液体与射流液体的测量探头放置在射流的某个固定点处，测得射流中示踪剂的时均浓度分布为高斯分布，定义如下

$$C = C_{m} \exp\left[-k\left(\frac{x}{z}\right)^2\right] \tag{5-9}$$

式中：C_m 为射流轴线上的浓度值；z 是沿射流轴线的距离；x 是距射流轴线的横向距离。

如果在距孔口下游超过 6 倍射流直径的位置测量时均速度分布，也满足类似的高斯分布。从射流孔口到距孔口 6 倍射流直径位置的区域中，射流依然存在保持原出口流速的中心部分即射流核心区，该区域因此被称为流动建立区。在距孔口下游 10 倍射流直径处，射流内的紊流才达到稳定衰减的平衡状态。

流动建立区的下游，射流继续扩展，时均速度和示踪剂浓度随之降低，进入所谓流动充分发展区。这个区域中的时均速度和浓度分布是自相似的，也就是说，在任何剖面上，都可以用速度或浓度的中心线最大值和射流宽度来表示时均速度或示踪剂分布。例如，射流的时均速度分布可以用以下形式的公式表示

$$w = w_{m} f\left(\frac{x}{b_w}\right) \tag{5-10}$$

式中：w_m 为射流轴线上的 w 值；x 是距射流轴线的横向距离；b_w 是 w 减小到 w_m 某个比值(通常选为 $1/2$ 或 $1/e$)时的 x 值。f 的函数形式通常是高斯分布，因此对于示踪剂浓度，可得到

$$C = C_{m} \exp\left[-\left(\frac{x}{b_T}\right)^2\right] \tag{5-11}$$

式中：b_T 是浓度 C 达到 $0.37C_m$ 时的 x 值。

通过对实验数据进行上述曲线拟合，可以计算由式(5-1)和式(5-2)定义的质量通量和动量通量的积分值。对于简单的圆形紊动射流，可以用体积通量 μ_0 和动量通量 m_0 来定义射流的特征长度尺度

$$l_Q = \frac{\mu_0}{m_0^{\frac{1}{2}}} = \sqrt{A} \tag{5-12}$$

式中：A 是射流的初始横截面面积。对于圆形射流，特征长度尺度为 $l_Q = \sqrt{\frac{\pi}{4}}\,D$。对于平面射流而言，特征长度尺度就是狭缝宽度。

如果将射流孔口向下游的距离表示为 z，则根据量纲分析可知，射流的所有特性都是 $\frac{z}{l_Q}$、μ_0 和 m_0 的函数。据此可以推断出 w_m、C_m、b_w、b_T 和 μ 是如何与距射流孔口的距离相关的。例如，由于 w_m 具有长度/时间的量纲，而从 w_m、μ_0、m_0、z 4 个变量中只能得到两个独立的无量纲变量，因此

$$\frac{w_m \mu_0}{m_0} = f\left(\frac{z}{l_Q}\right) \tag{5-13}$$

式中：f 是待定的函数。进一步考察：首先，随着 $z \to 0$，$w_m \to \dfrac{m_0}{\mu_0}$，因此对于 $z \sim l_Q$，有

$$f\left(\frac{z}{l_Q}\right) \to 1$$

其次，如果考虑另一个极端，可以发现这个极限在形式上等同于以下任何一个表述：

（1）$z \to \infty$，μ_0 和 m_0 固定；

（2）$\mu_0 \to 0$，z 和 m_0 固定；

（3）$m_0 \to \infty$，z 和 μ_0 固定。

从这个等价性可以看出，距射流孔口越远，体积通量对于解的确定越不重要，而动量通量则变得更为重要。事实上，如果我们设计一个射流，其源流量 μ_0 为零，但动量通量 m_0 不为零，那么对于大的 z 值来说，将很难将其与具有给定初始流量的射流区分开。这意味着对于 $z \gg l_Q$，射流的所有性质仅由 z（距孔口的距离）和 m_0（动量通量）决定。这个结果表明，对于 $z \gg l_Q$，有

$$\frac{w_m \mu_0}{m_0} \to \frac{a_1 l_Q}{z}$$

式中：a_1 是一个经验常数，前人实验结果（Chen 和 Rodi，1976）给出 $a_1 = 7.0 \pm 0.1$。

量纲分析也表明，由于 l_Q 是唯一的固定长度尺度，所以 b_w 和 b_T 满足以下形式的函数关系

$$\frac{b_T}{l_Q} = f\left(\frac{z}{l_Q}\right) \tag{5-14}$$

正如在先前论证中所述，f 的形式必须如此，从而使得 μ_0 从函数关系中消掉，并使得 $b \sim z$。根据研究者系列实验研究结果，$\dfrac{b_w}{z}$ 的平均值为 0.107，$\dfrac{b_T}{z}$ 的平均值为 0.127，两者比值 $\dfrac{b_T}{b_w} = 1.19$。

回到射流的体积通量，对其进行量纲分析得到表达式

$$\mu = \mu_0 f\left(\frac{z}{l_Q}\right) \tag{5-15}$$

式中：f 是一个待定函数。当 $\dfrac{z}{l_Q} \to 0$，有 $f\left(\dfrac{z}{l_Q}\right) \to 0$。应用 $z \to \infty$ 从形式上等价于 $\mu_0 \to 0$ 的观点，对于圆形射流，当 $z \gg l_Q$ 时，有

$$\frac{\mu}{\mu_0} = c_j\left(\frac{z}{l_Q}\right) \tag{5-16}$$

式中：c_j 为射流的扩散系数。采用自相似的速度分布可以得到 c_j 的值，有

$$w = w_m \exp\left[-\left(\frac{x}{b_w}\right)^2\right] \tag{5-17}$$

式中：x 为三维径向坐标。我们发现对于圆形射流，当 $z \gg l_Q$ 时，有

$$\mu = \pi w_m b_w^2 \tag{5-18}$$

采用前文中得到的 w_m 和 b_w 的结果，得到

$$\mu = \left[7.0\pi \left(\frac{m_0}{\mu_0} \right) \left(\frac{l_Q}{z} \right) \right] (0.107z)^2 \tag{5-19}$$

联立式(5-16)和式(5-19)，得到 $c_j = 0.25$，因此，对于 $z \gg l_Q$，有

$$\mu/\mu_0 = 0.25(z/l_Q) \tag{5-20}$$

我们通常最感兴趣的是射流中示踪剂稀释的过程，并且在实验过程中可以测得时均示踪剂浓度 C 的分布，它具有高斯分布的形式，如式(5-11)所示。可以推断出，在射流轴线上测得的时均浓度 C_m 也与 z 成反比。论据如下：假设 Y 是射流中示踪剂的排放速率，C_0 是示踪剂的初始浓度，则

$$Y = \mu_0 C_0 \tag{5-21}$$

因此 Y 具有质量/时间的量纲。此外，既然 C_m 的量纲为质量与长度的 3 次方之比，那么 C_m/Y 的量纲为时间/长度的 3 次方。然而，对于 $z \gg l_Q$，$m_0^{1/2}$ 是与时间相关的射流参数，因此

$$\frac{C_m}{Y} = a_2 (m_0^{\frac{1}{2}} z)^{-1} \tag{5-22}$$

或者

$$\frac{C_m}{C_0} = a_2 \left(\frac{l_Q}{z} \right) \tag{5-23}$$

研究者通过实验测得 a_2 的值为 5.64(Chen 和 Rodi，1976)。

还可以以下面的方式定义射流的平均浓度 C_{av}

$$\mu C_{av} = \mu_0 C_0 = Y \tag{5-24}$$

式中：$\dfrac{C_0}{C_{av}}$ 是平均稀释度。注意到 C_{av} 包括由紊动扩散引起的示踪剂的输运，根据质量守恒，对于圆形射流有

$$\mu C_{av} = \int_{jet} 2\pi x w C \, dx + J_{tur} \tag{5-25}$$

式中：J_{tur} 为紊动物质扩散通量。假设 w 和 C 为高斯形式，可以估算出式(5-25)中的积分为

$$\mu C_{av} = \pi w_m C_m \left(\frac{b_w^2 b_T^2}{b_w^2 + b_T^2} \right) + J_{tur} \tag{5-26}$$

因此可以得到

$$\frac{J_{tur}}{J_{total}} = 1 - \frac{\pi w_m C_m}{\mu_0 C_0} \left(\frac{b_w^2 b_T^2}{b_w^2 + b_T^2} \right) = 0.17 \pm 0.12 \tag{5-27}$$

式中：J_{total} 为总的物质扩散通量。

从式(5-20)、式(5-23)和式(5-24)推知，流量加权平均浓度 C_{av} 可以由下式给出

$$\frac{C_m}{C_{av}} = 1.4 \pm 0.1 \tag{5-28}$$

总之，可以从简单的量纲分析，结合经验数据推导出对几乎所有实际工程都很重要的紊动射流特性。表 5-1 中总结了相关的经验公式供读者参考。

表 5-1　紊动射流特性总结(Fischer 等，1979)

参数	圆形射流	平面射流
初始体积通量 μ_0	量纲 $L^3 T^{-1}$	量纲 $L^2 T^{-1}$
初始比动量通量 m_0	量纲 $L^4 T^{-2}$	量纲 $L^3 T^{-2}$
特征长度尺度 l_Q	$\mu_0/m_0^{1/2}$	μ_0^2/m_0
时均流速最大值 w_m	$w_m \dfrac{\mu_0}{m_0}=(7.0\pm0.1)l_Q/z$	$w_m \dfrac{\mu_0}{m_0}=(2.41\pm0.04)\left(\dfrac{l_Q}{z}\right)^{1/2}$
时均浓度最大值 C_m	$\dfrac{C_m}{C_0}=(5.6\pm0.1)\left(\dfrac{l_Q}{z}\right)$	$\dfrac{C_m}{C_0}=(2.38\pm0.04)\left(\dfrac{l_Q}{z}\right)^{1/2}$
平均稀释度 μ/μ_0	$\dfrac{\mu}{\mu_0}=(0.25\pm0.01)\left(\dfrac{z}{l_Q}\right)$	$\dfrac{\mu}{\mu_0}=(0.50\pm0.02)\left(\dfrac{z}{l_Q}\right)^{1/2}$
基于流速的射流展宽 b_w/z	0.107 ± 0.003	0.116 ± 0.002
基于浓度的射流展宽 b_T/z	0.127 ± 0.004	0.157 ± 0.003
C_m/C_{av}	1.4 ± 0.1	1.2 ± 0.1

例 5-1　紊动射流以 $1\ \mathrm{m^3/s}$ 的流量、$3\ \mathrm{m/s}$ 的速度将某液体排放到相同密度的液体中。求其最大时均流速、示踪剂浓度，以及距射流孔口 60 m 处的平均稀释度。（示踪剂初始浓度为 $1\ \mathrm{kg/m^3}$）

解：

$$\mu_0=1\ \mathrm{m^3/s}$$
$$m_0=3\ \mathrm{m^4/s^2}$$
$$l_Q=\mu_0/m_0^{1/2}=0.58\ \mathrm{m}$$
$$\text{在 60 m 处，}z/l_Q=104$$

从表 5-1 可知

$$w_m=\frac{7}{104}\frac{m_0}{\mu_0}\ \mathrm{m/s}=0.20\ \mathrm{m/s}$$
$$C_m/C_0=5.6/104$$
$$C_m=54\ \mathrm{ppm}$$

平均稀释度

$$\frac{\mu}{\mu_0}=26$$

5.3　羽流

纯羽流比纯射流更容易分析，因为在纯羽流中没有初始动量通量(例如，火焰上方的烟气羽流)。这意味着羽流的所有流动特性变量都只是浮力通量 β_0、距原点距离 z、液体黏度 v 的函数。例如，羽流轴线上的时均垂直速度由下式给出

$$w_m=f(\beta_0,\ z,\ v) \tag{5-29}$$

由于只有四个变量、两个无量纲数组，对于来自点源的圆形羽流有

$$w_m \left(\frac{z}{\beta_0}\right)^{\frac{1}{3}} = f\left(\frac{\beta_0^{\frac{1}{3}} z^{\frac{2}{3}}}{v}\right) \tag{5-30}$$

式中：等号右边的项是雷诺数的一种形式，如果它足够大，即 $z \gg v^{3/2}/\beta_0^{1/2}$，则为充分发展紊流，且黏度的影响基本不存在。这种情况下，左边项不变，则有

$$w_m = b_1 \left(\frac{\beta_0}{z}\right)^{\frac{1}{3}} \tag{5-31}$$

式中：Rouse 等(1952)实验测得 b_1 为 4.7。

　　由于羽流与其周围液体存在密度差，其周围液体重力的作用可改变液体的动量。这意味着动量通量沿着羽流的轴线增大，这与射流动量通量的近似不变不同。任何横截面上的动量通量都只能是 β_0 和 z 的函数。应用量纲分析，以及前文引用的实验结果，可以得到

$$m = b_2 \beta_0^{\frac{2}{3}} z^{\frac{4}{3}} \tag{5-32}$$

式中：实验测得圆形羽流的 b_2 为 0.35。

　　以类似的方法，可以得到圆形羽流的体积通量如下

$$\mu = b_3 \beta_0^{\frac{1}{3}} z^{\frac{5}{3}} \tag{5-33}$$

式中：实验测得 b_3 为 0.15。

　　联立式(5-32)和式(5-33)，可以得到类似射流公式(5-15)的形式如下

$$\mu = c_p m^{\frac{1}{2}} z \tag{5-34}$$

式中：$c_p = \dfrac{b_3}{b_2^{\frac{1}{2}}}$ 是羽流的扩散系数，类似于 c_j，根据实验测得其值为 0.254。因此除了必须使用局部动量通量代替初始动量通量之外，羽流的体积通量计算公式与射流相同。这意味着羽流中距源较远处的体积通量 μ 随着 z 的 5/3 次幂的增大而增大，因为羽流中的动量通量持续增加。相比之下，射流中的体积通量 μ 由于动量守恒只随着 z 的一次幂增大。

　　通过消去式(5-32)和式(5-33)中的 z，圆形羽流的体积通量可仅以 m 和 β_0 表示，如下所示

$$R_p = \frac{\mu \beta_0^{\frac{1}{2}}}{m^{\frac{5}{4}}} \tag{5-35}$$

式中：R_p 是羽流理查德森数，$R_p = b_3 b_2^{-\frac{5}{4}} = 0.557$。

　　应该指出的是式(5-34)实际上决定了羽流的局部时均宽度，因为如果将时均速度拟合成高斯曲线，如式(5-16)所示，并代入动量通量和体积通量，式(5-34)变成

$$\sqrt{2\pi} b_w = c_p z \tag{5-36}$$

注意：射流与羽流的 $\dfrac{b_w}{z}$ 值之间较小的差异意味着 c_p 和 c_j 的值差异较小，根据研究实验数据，推荐使用 $c_p = 0.25$。

　　在浮力驱动的液体排放中，时均的最大示踪剂浓度 C_m 的衰减速率可以用与射流相同

的方式推导得到。假设 Y 是示踪剂的质量通量或等效质量通量。C_m/Y 的量纲为时间/长度[3]，并且取决于浮力通量 β_0 和距源距离 z。通过量纲分析得到

$$\frac{C_m}{Y} = \frac{b_4}{\beta_0^{\frac{1}{3}}} z^{\frac{5}{3}} \tag{5-37}$$

式中：b_4 为经验系数，其值为 9.1。

在某些情况下，示踪剂也是导致密度变化的原因，从而带来了浮力。例如，如果浮力源是由热通量 P_h 引起的，浮力通量 β_0 由式(5-6)计算，则式(5-37)中羽流轴线上的温度 C_m 可结合下式计算得到

$$Y = \frac{P_h}{\rho C_p} \tag{5-38}$$

式中：C_p 为流体的比热。这种情况下示踪剂浓度等于热量/(单位质量 $\times C_p$)的温差。

我们可以定义式(5-24)中的流量加权平均浓度，并且用式(5-33)和式(5-37)将 C_m 与 C_{av} 相关联，从而获得 $\dfrac{C_m}{C_{av}} = b_3 b_4 = 1.4$。

我们注意到像纯动量射流一样，羽流也没有特征长度尺度。但是如果浮力来源于体积通量，而 β_0 由式(5-7)定义，则有长度尺度为 $\dfrac{\mu_0^{\frac{3}{5}}}{\beta_0^{\frac{1}{5}}}$。这个长度尺度代表浮力可以影响流动的距离。

对于平面羽流，可推导出与圆形羽流相似的结果，详见表 5-2。

表 5-2　羽流特性总结(Fischer 等，1979)

参数	圆形羽流	平面羽流
初始浮力通量 β_0	量纲 $L^4 T^{-3}$	量纲 $L^3 T^{-3}$
时均流速最大值 w_m	$w_m = (4.7 \pm 0.2)\beta_0^{1/3} z^{-1/3}$	$w_m = 1.66\beta_0^{1/3}$
时均浓度最大值 C_m	$C_m = (9.1 \pm 0.5)Y\beta_0^{-1/3} z^{-5/3}$	$C_m = 2.38Y\beta_0^{-1/3} z^{-1}$
体积通量 μ	$\mu = (0.15 \pm 0.015)\beta_0^{1/3} z^{5/3}$	$\mu = 0.34\beta_0^{1/3} z$
基于流速的羽流展宽 b_w/z	0.100 ± 0.005	0.116 ± 0.002
基于浓度的羽流展宽 b_T/z	0.120 ± 0.005	0.157 ± 0.003
C_m/C_{av}	1.4 ± 0.2	0.81 ± 0.10

例 5-2　沿海地区水下 70 m 处有一排放口以 1 m[3]/s 的流量排出淡水。排放淡水温度为 17.8℃，并假设海水完全混合且温度为 11.1℃，盐度为 32.5‰。若示踪剂初始浓度为 1 kg/m[3]，那么海水表面 10 m 之下的示踪剂最大时均浓度及平均稀释度为多少？

解：温度 11.1℃ 及 32.5‰ 盐度的海水密度为 1 024.8 kg/m[3]，温度 17.8℃ 的淡水密度为 998.6 kg/m[3]，密度差($\Delta\rho_0$)为 26.2 kg/m[3]，则

$$g_0' = g\frac{\Delta\rho_0}{\rho} = 9.8 \times \frac{26.2}{998.6} = 0.257 \text{ m/s}^2$$

浮力通量为

$$\beta_0 = g_0' \mu_0 = 0.257 \text{ m}^4/\text{s}^3$$

示踪剂的质量通量为

$$Y = \mu_0 C_0 = 1 \text{ kg/s}$$

从表 5-2 可知

$$C_m = 9.1 Y \beta_0^{-1/3} z^{-5/3} \text{ kg/m}^3 = 9.1 \times 1 \times 0.257^{-1/3} \times 60^{-5/3} \text{ kg/m}^3 = 0.015 \ 6 \text{ kg/m}^3$$

则羽流的体积通量为

$$\mu = 0.15 \beta_0^{1/3} z^{5/3} = 87.7 \text{ m}^3/\text{s}$$

平均稀释度为

$$\mu/\mu_0 = 87.7$$

5.4　浮射流

浮射流是初始密度与受纳水体密度相差 $\Delta\rho_0$ 的射流。$\Delta\rho_0$ 可能是正值，也可能是负值，因此考虑射流相对于垂向的角度变得很重要。本节中，我们将重点放在垂直排放的射流上，由于该射流的密度比周围液体密度略小，从而可以持续向上运动。

浮射流具有取决于其初始体积和动量通量的射流特性，以及取决于其初始浮力通量的羽流特性。距源足够远时，羽流特性起支配作用，即如果自由距离足够远时，浮射流总会变成羽流。首先回想一下，如果受纳水体是静止和均质的，那么可以确定射流或羽流流动特性的主控参数分别是初始体积通量 μ_0、动量通量 m_0、浮力通量 β_0 以及距源点的距离 z。量纲分析表明，对于圆形射流，两个独立的无量纲参数是 $\dfrac{m_0^{\frac{1}{2}} z}{\mu_0}$ 和 $\dfrac{\beta_0^{\frac{1}{2}} z}{m_0^{\frac{3}{4}}}$。我们将第一个参数定义为 $\dfrac{z}{l_Q}$，第二个参数定义为 $\dfrac{z}{m_0}$。当然，对上述两个参数进行适当的组合可以变换出其他参数，如 $\dfrac{\beta_0 z^5}{\mu_0^3}$。这里给出的第一个参数在射流分析中很重要，第二个参数包含了浮力的影响。因此可以认为任何流动变量均为这两个参数的函数。例如

$$w_m = \frac{m_0}{\mu_0} f\left(\frac{z}{l_Q}, \frac{z}{l_M}\right) \tag{5-39}$$

然而，由于 z 在两个独立的参数都出现了，求解上述函数非常不容易。此时，假设考虑一个既有 m_0 和 β_0，但又没有初始体积通量 μ_0 的情况。圆形射流的唯一特征长度如下

$$l_M = \frac{m_0^{\frac{3}{4}}}{\beta_0^{\frac{1}{2}}} \tag{5-40}$$

并且针对这种圆形射流的解必须是如下形式

$$w_m \frac{m_0^{\frac{1}{4}}}{\beta_0^{\frac{1}{2}}} = f\left(\frac{z\beta_0^{\frac{1}{2}}}{m_0^{\frac{3}{4}}}\right) \tag{5-41}$$

同时，我们知道对于 $\beta_0 \to 0$，w_m 不依赖于 β_0，因此 β_0 必须在 f 中消掉。然而，$\beta_0 \to 0$ 与 $z \to 0$ 或 $m_0 \to \infty$ 等价，因此对于 $z \ll \dfrac{m_0^{\frac{3}{4}}}{\beta_0^{\frac{1}{2}}}$，有

$$w_m \frac{m_0^{\frac{1}{4}}}{\beta_0^{\frac{1}{2}}} \rightarrow c_1 \left(\frac{m_0^{\frac{3}{4}}}{z\beta_0^{\frac{1}{2}}} \right)$$

同样地，对于 $z \gg \dfrac{m_0^{\frac{3}{4}}}{\beta_0^{\frac{1}{2}}}$，有

$$w_m \frac{m_0^{\frac{1}{4}}}{\beta_0^{\frac{1}{2}}} \rightarrow c_2 \left(\frac{m_0^{\frac{3}{4}}}{z\beta_0^{\frac{1}{2}}} \right)^{\frac{1}{3}}$$

式中：c_1 和 c_2 是经验常数。

从以上推导可以看出，浮射流由射流主导或羽流主导的控制参数是 z 和 l_M 的比值。当 $z \gg l_M$ 时，为羽流；当 $z \ll l_M$ 时，为射流。

现在我们考虑 l_Q 的尺度。回想一下，若 $z \gg l_Q$，则为充分发展的射流；而若 $z \sim O(l_Q)$，则流动仍由射流出口的几何形状控制。因此，如果 l_M 与 l_Q 量级相同，则这种流动从释放时就与羽流非常相似。二者的比 l_Q/l_M 称为射流理查德森数（R_0），对于圆形射流可定义如下

$$R_0 = \frac{l_Q}{l_M} = \frac{\mu_0 \beta_0^{\frac{1}{2}}}{m_0^{\frac{5}{4}}} = \left(\frac{\pi}{4} \right)^{\frac{1}{4}} \left(\frac{g_0' D}{W^2} \right)^{\frac{1}{2}} = \left(\frac{\pi}{4} \right)^{\frac{1}{4}} \frac{1}{Fr} \tag{5-42}$$

式中：Fr 为密度佛汝德数。我们更倾向于用理查德森数，因为它的表达更简单，值在 0 到 1 之间变化，并且可以根据特征长度尺度的比值给出物理解释。

既然我们已经有了浮射流的渐近解及其应用条件，可以很方便地定义体积通量和距射流孔口距离的无量纲值。利用先前定义的羽流系数 c_p 和 R_p 可得到：对于圆形射流

$$\bar{\mu} = \frac{\mu \beta_0^{\frac{1}{2}}}{R_p m_0^{\frac{5}{4}}} = \frac{\mu}{\mu_0} \left(\frac{R_0}{R_p} \right) \tag{5-43}$$

以及

$$\zeta = \frac{c_p}{R_p} \frac{z}{l_M} = c_p \left(\frac{z}{l_Q} \right) \left(\frac{R_0}{R_p} \right) \tag{5-44}$$

此时，式(5-20)所计算的射流体积通量变得相当简单

$$\bar{\mu} = \zeta \tag{5-45}$$

类似地，式(5-33)所计算的羽流体积通量则为

$$\bar{\mu} = \frac{0.15 R_p^{\frac{2}{3}}}{c_p^{\frac{5}{3}}} \zeta^{\frac{5}{3}} = \zeta^{\frac{5}{3}} \tag{5-46}$$

5.5 近区和远区的混合过程

任何废水排放的混合行为都受到受纳水体中环境条件和排放特征相互作用的影响。对于受纳水体，无论是溪流、河流、湖泊、水库、河口还是沿海水域，其中的环境条件都通过水体的几何特征和动态特征来描述。重要的几何参数包括平面形状、垂直横截面

和水深，尤其是排放口附近的水深。动态特征由水体中的速度和密度分布描述，同样主要是排放口附近的分布。在许多情况下，由于混合过程的时间尺度通常为几分钟到1小时左右，所以这些条件可以看作变化很小的稳态。在某些情况下，特别是受潮流影响的地区，环境条件可能高度瞬变，稳态条件的假设可能不合适。在这种情况下，排放的有效稀释度相对于稳态条件下有所降低。

排放条件与排污口的几何特征和通量特性有关。对于单孔排放孔口直径，其高于底部的高度及方向构成了它的几何形状；对于多孔扩散器而言，沿着扩散器各个孔口的布置，扩散器的方向以及构造的细节反映其主要几何特征。对于表面排放来说，进入周围河道的水流横截面和方向较为重要。通量特征通过排放流体流量、动量通量和浮力通量来描述，其中浮力通量取决于排放流体与环境流体之间的相对密度差，它是排放流体上升（即正浮力）或下降（负浮力）趋势的度量。

连续排放到受纳水体中排放流体的水动力过程可以概化为在两个独立区域中发生的混合过程。在第一个区域中，动量通量、浮力通量和排放口几何形状的初始射流特性影响了射流轨迹和混合过程。这个区域被称为"近区"，它包含了浮射流和相关的表面层、底层或中间层的相互作用。在近区中，工程设计人员通常可以通过适当改变排污口设计来影响初始混合特性。

随着紊动羽流远离源头，源特征变得不那么重要。周围环境中存在的条件将通过浮力扩散运动和由于周围紊流引起的被动扩散来控制紊动羽流的轨迹和稀释。这个区域被称为"远区"。需要强调的是，近区与远区之间的区别纯粹是基于水动力学特征界定的，与任何混合区的定义无关。

5.5.1　近区过程

本节主要介绍3种重要的近区过程类型，即淹没式浮射流混合过程、边界相互作用过程和表面浮射流混合过程。

（1）淹没式浮射流混合：浸没式排放口的出流形成排放液体与环境液体之间的速度差，从而引起强烈的剪切作用。剪切流迅速破碎成紊流运动，通过持续纳入外部较少紊动的周围液体，具有较高紊流强度的射流区域的宽度在流动方向上不断扩展。因此，排放液体携带的动量或污染物通过对环境液体的卷吸作用而得到稀释，同时排放液体的动量和污染物逐渐扩散到环境中去。

初始速度的不连续性可能以不同的方式出现。在"纯射流"（也称为"动量射流"或"非浮力射流"）中，高速喷射形式的初始动量通量引起紊动混合。在"纯羽流"中，由初始浮力通量产生局部垂直加速度，从而导致紊动混合。在"浮射流"的一般情况中，初始动量通量和浮力通量的结合是导致紊动混合的原因。因此，浮射流通常伴随着剧烈混合的狭小紊流区。此外，根据排放方向和浮力加速度的方向，浮射流在静止密度均匀的环境中通常呈现曲线轨迹，如图5-1（a）所示。

浮射流混合进一步受到周围流与密度分层的影响。周围流的作用是使浮射流逐渐偏转到周围流的方向，如图5-1（b）所示，从而引起额外的混合。环境密度分层的作用是抵消浮射流内的垂直加速度，从而将流动最终限制在一定水深范围。图5-1（c）显示了限制在中间层的一个典型浮射流形态。

最后，在多孔扩散器的情况下，单个圆形浮射流独立发展，直到它们在距排放孔口一段距离处相互作用或合并。合并后，如图 5-1(d)所示形成一个二维浮射流平面。由深水中的多孔扩散器排放产生的这种平面浮射流会进一步受到上述周围流和密度分层的影响。

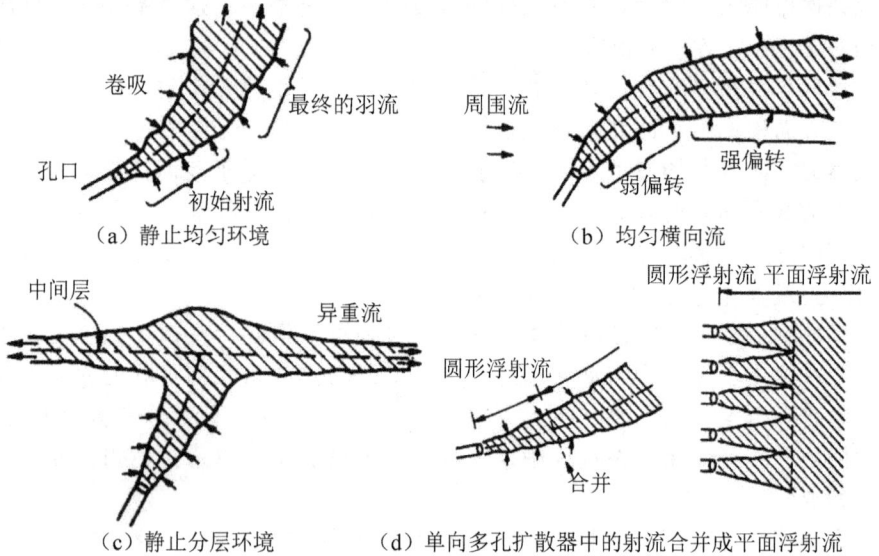

图 5-1　不同环境条件下的典型浮射流混合

（2）边界相互作用过程和近区稳定性：环境水体中总是存在边界，包括水面和底面，以及密度跃层上可能存在的"内部边界"。密度跃层是密度快速变化的层级。根据排放流体的动态和几何特征，在这些边界处会出现各种相互作用现象，特别是在可能发生流动俘获的地方。

实质上，边界相互作用过程为近区中浮射流混合、远区中浮力扩散及被动扩散提供了过渡。它们可以是渐变、温和或突发的，导致剧烈的过渡和混合过程，显著影响废水排放的稳定性。

近区稳定性的评估（即稳定或不稳定情况的区分）是排放分析的关键一环。它对于理解由多孔扩散器产生的二维羽流行为极为重要，如图 5-2 中的例子所示。"稳定排放"通常被称为"深水排放"，多发生在强浮力、弱动力和深水的组合中，而"非稳定排放"通常发生在"浅水排放"。

图 5-3 列举了一些单个圆形浮射流边界相互作用的例子。图 5-3（a）为逐渐接触表面（近横向排放）。如果浮射流受周围横向流作用发生偏转，它将逐渐接近表面、底面或中间层，并且将经历平滑的过渡且几乎不发生额外的边界撞击，具体可表现为以下形式：①如果排放液体有足够的浮力，它最终将在表面形成稳定层，如图 5-3（b）。在弱环境流动的情况下，射流将逆周围流方向沿上游扩展；②如果排放液体的浮力很弱或其动量很高，则在排放口附近形成不稳定的环流，如图 5-3（c）。这种局部环流将导致浮射流区域的自混合；③介于以上几种情况时，可能会出现局部垂直混合和沿上游扩展相结合的现象，如图 5-3（d）。

另一种类型的相互作用过程涉及在底床附近将淹没式浮射流排放到静止或流动的环境中。如图 5-4 所示，此时可能发生两种类型的动态相互作用过程，导致排放羽流迅速附着到底床。产生这一现象的原因是受纳水体受到周围流引起的尾流附着，或因排放射流本身的卷吸需求产生的局部压差而引起的柯氏附着（Coanda attachment）。

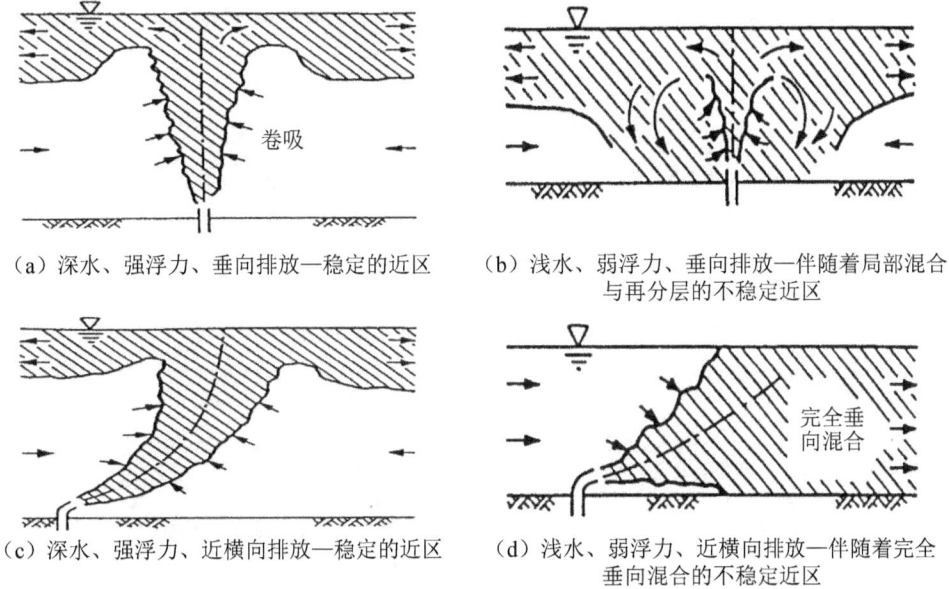

（a）深水、强浮力、垂向排放—稳定的近区

（b）浅水、弱浮力、垂向排放—伴随着局部混合与再分层的不稳定近区

（c）深水、强浮力、近横向排放—稳定的近区

（d）浅水、弱浮力、近横向排放—伴随着完全垂向混合的不稳定近区

图 5-2　有限水深下淹没式排放的近区稳定性和不稳定性情况示例

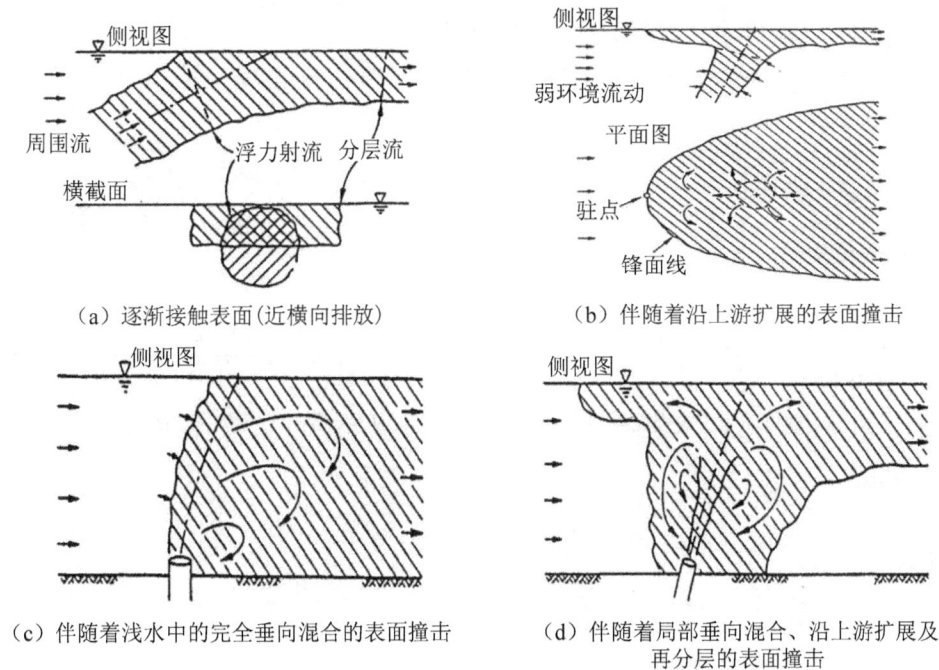

（a）逐渐接触表面（近横向排放）

（b）伴随着沿上游扩展的表面撞击

（c）伴随着浅水中的完全垂向混合的表面撞击

（d）伴随着局部垂向混合、沿上游扩展及再分层的表面撞击

图 5-3　有限水深中淹没射流的边界作用示例

（3）表面浮射流混合：从渠道或管道沿水面水平排出的正浮力射流（图 5-5）与经典的浸没式浮射流有一些相似之处。对于出流时间相对较短（t_1）的初始距离，排放液体由于紊动混合，表现为类似于动量射流那样沿侧向和垂向扩展。在这个阶段之后（如 t_2 时刻），

垂向卷吸作用受浮力的阻碍而受到抑制，因此射流主要沿横向扩展。在静止环境中，最终可能在受纳水体的表面形成较薄的射流扩散层；该层可以经历如图 5-5(a)所示的瞬态浮力扩散运动。在周围横向流存在的情况下，表面浮射流可以表现出以下三种类型的流

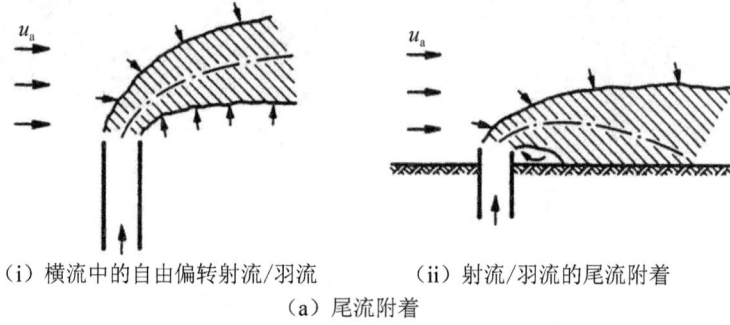

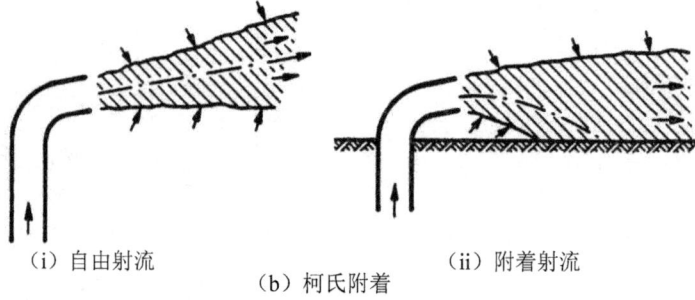

（i）横流中的自由偏转射流/羽流　　（ii）射流/羽流的尾流附着

（a）尾流附着

（i）自由射流　　　　　　（ii）附着射流

（b）柯氏附着

图 5-4　接近边界处排放射流的尾流附着与柯氏附着示例

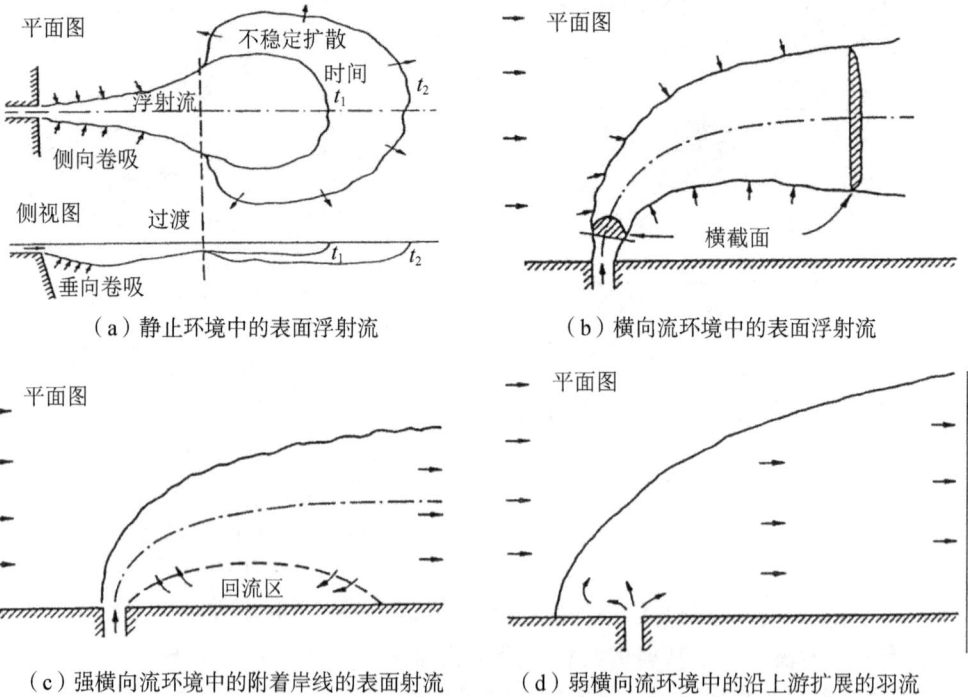

（a）静止环境中的表面浮射流　　　　（b）横向流环境中的表面浮射流

（c）强横向流环境中的附着岸线的表面射流　　（d）弱横向流环境中的沿上游扩展的羽流

图 5-5　在静止或流动环境中典型的表面浮射流混合模式

动特征：它们可以形成如图 5-5(b)所示的不与海岸线相互作用的弱偏转射流。当横向流动强烈时，它们可能附着在下游边界上，形成一个附着于岸线的羽流，如图 5-5(c)所示。当排放浮力通量较大而横向流较弱时，浮力扩散效应较强，可形成贴近岸线沿上游扩展的羽流，如图 5-5(d)所示。

5.5.2　远区过程

远区混合过程的特征是经过近区混合后的排放液体在环境流动下的纵向扩散过程。

(1)浮力扩散过程：定义为混合后的排放液体随环境流动驱动沿下游对流扩散，同时发生水平横向扩散的过程。混合后的排放液体相对于环境液体的密度差产生的浮力驱动了这种扩散过程。它们形成有效的扩散混合机制，可以在横向上远距离快速扩散混合排放废水，特别是在强环境分层情况下。在这种情况下，在中间层可能会形成一层相对薄而宽的排放液体层，有利于与周围液体的混合稀释。如果排放液体无浮力或浮力较弱，并且环境不分层，则在远区不存在浮力扩散区域，只有被动扩散区域。

根据近区流量和周围分层的类型，可能会出现几种类型的浮力扩散，包括：表面扩散、底部扩散、密度跃层扩散、在连续分层环境液体的中间层扩散。图 5-6 给出了非分层横向流中排放下游的表面浮力扩散过程示意图。

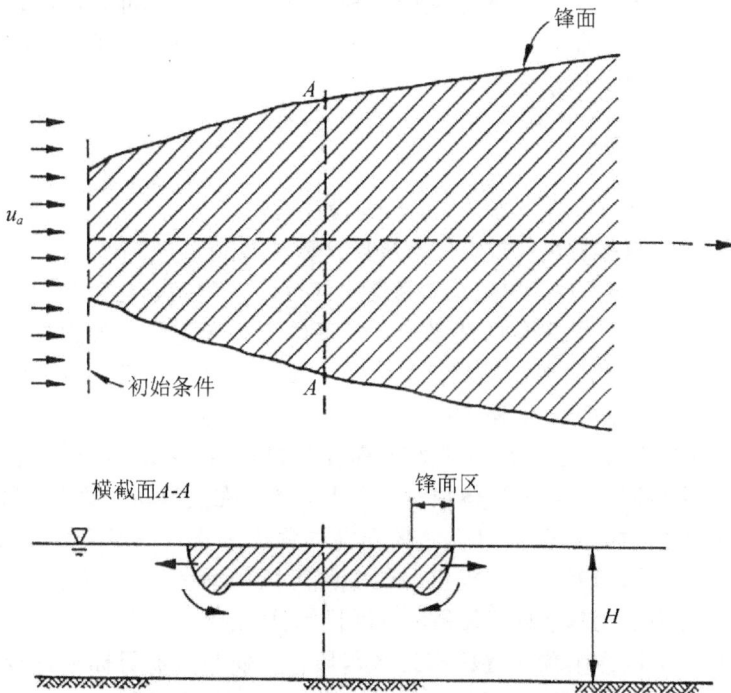

图 5-6　近区下游的浮力扩散过程(沿水面扩散示例)

横向扩散流动就像异重流一样，在水流的"头部区域"中夹带一些环境液体。在此阶段，混合速率通常相对较小，层厚度可能会减小，随后与海岸线或岸边的相互作用会影响扩散和混合过程。

(2)被动环境扩散过程：周围环境中本身存在的紊流成为距排放口足够远处的主要混

合机制(费希尔等，1987)。通常，被动扩散流的宽度和厚度都会沿程增加，直到发生其他相互作用。

环境扩散机制的强度取决于许多因素，这些因素主要与环境剪切流的几何形状和环境分层的强度有关。根据经典扩散理论(Fischer等，1979)，河流或狭窄河口的有界流动中的梯度扩散过程可以通过垂直和水平方向上的恒定扩散系数来描述，该扩散系数取决于紊流强度和作为长度尺度的渠道深度或宽度。相反，较宽的"无界"河道或开放海域的扩散系数依赖于羽流尺寸，例如，由扩散的"4/3定律"描述的羽流扩展过程。在稳定环境分层的情况下，垂向扩散混合通常会发生剧烈的衰减。

5.6 废水排放口的设计原理

5.6.1 废水排海系统

废水在海洋中处置的成功与否取决于工程系统的设计，其中输入的是废水，输出的是在排放区附近处理后的水流。系统的主要组成部分包括：工业废水排入城市下水道之前的源头控制(或预处理)；污水处理厂，包括处理固体污泥的设施；用于将废水排放到海中的排污管和扩散器，以及用于处理污水污泥的驳船或管道。这三个系统组件之间具有重要的权衡关系。制定环境水质标准的法规，而不是出水标准，可以设计出最经济有效的系统。另外，如果强制规定了使用某种技术(如二级处理)，那么人们就没有动力去设计更有效率的高稀释排放系统。

5.6.2 废水排放口设计

图5-7给出了带有扩散器的海洋排放口的设计流程。输入条件(图中的顶部框)包括：

(1)监管机构和/或排放机构规定的水质目标和要求。

(2)备选场地的环境条件，包括至少覆盖一年的相关物理、化学和生物数据。该信息不仅给出了羽流混合和扩散发生的环境，而且还给出了未受干扰的预排放条件。羽流行为受密度分层和周围水流的强烈影响。对于结构工程设计，还需要有详细的测深图、波浪环境信息和地基条件的岩土工程调查。

(3)出水水质和流量。水质取决于处理程度(如初级或次级)以及痕量污染物在其来源(或预处理)的控制程度。排放液体相对于海水的浮力在羽流动力学中也很重要。

通过这些输入条件，可以采用研究者开发的程序来设计排放口(Cheung等，2000；Frick，2004；Jirka等，1996)。排放口的位置由近区和远区的要求决定，而扩散器长度和孔口的详细信息则主要基于近区稀释和淹没目标设计。

通过预设计，可以详细预测近区和远区水质，以便与排放目标进行全面的比较。如果没有达到目标，或者没有获得最优系统，则通过改变处理(或预处理)和/或排放口的位置和结构等来调整系统。应设置合理的安全系数以容纳预测中的不确定性和误差。设计过程中，需要从目标开始，一步步倒推设计来实现系统的最优设计。这个过程会涉及一些权衡。例如，如果选择更长、更深的排放口，则需要更少的处理。

除了现有的监管措施之外，废水排海处理中最重要的技术问题是控制痕量污染物排放至安全水平，以及避免过量颗粒物积聚在水体或底床。与内陆水体排放情况相比，通过二次处理去除 BOD 通常不是我们优先考虑的问题。痕量污染物最好是从源头控制而不是污水处理，而颗粒主要通过沉淀去除，有时通过添加聚合物或其他絮凝剂来增强去除效果。

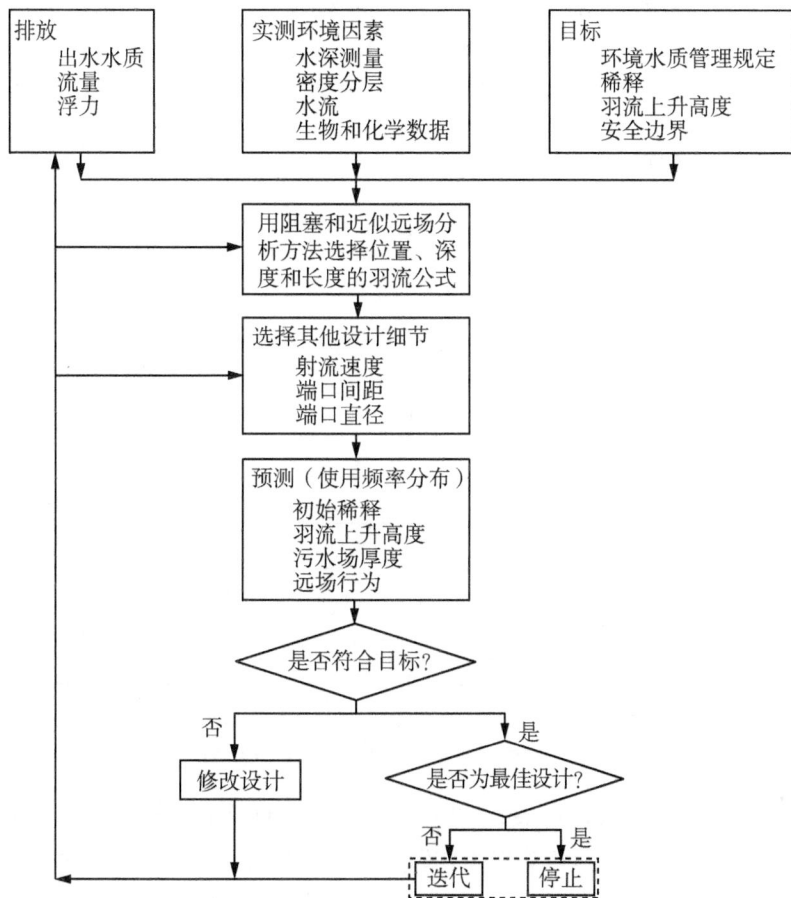

图 5-7　海洋排放口设计流程图

拓展阅读

海洋排放系统的研究现状和展望

海洋排放系统国际研讨会（International Symposium on Outfall Systems，ISOS）是国际水利与环境工程学会-国际水协会海洋排放系统专业委员会（IAHR/IWA Joint Committee on Marine Outfall Systems）组织的两年一届的海洋排放系统高水平专业研讨会。下面基于 2016 年 5 月 10 日至 13 日在加拿大渥太华举行的海洋排放系统国际研讨会（ISOS 2016）的情况，对设计、运行和管理海洋排放系统方面的研究进展和未来发展趋势做简要介绍。本届研讨会接待了来自世界各地的 89 名代表，提交了 69 篇论文。作为由 IAHR 和 IWA 共同主办的关于海洋排放系统的首届会议，ISOS 2016 的成果真实地代表了该领域研究和实践的前沿水平。

表 5-3 显示了在 ISOS 2016 上提交的论文所涵盖的主题。很显然，数值模拟（包括近区和远区模拟）在排放系统的研究和应用工程中都得到了广泛的应用。室内实验方法仍然

被广泛用于机理研究，但没有被广泛用于模拟真实案例。在对系统的兴趣方面，污水处理涉及最多，同时，负浮力排放(如海水淡化浓盐水排放)也引起了广泛兴趣。流场特性研究没有在 ISOS 2016 上广泛展示，但会议主旨演讲展示了不同现场测量技术的应用，以实现有效的排放口设计。这些技术包括用于环境密度观测的热敏电阻和电导率仪的组合，以及用于环境流速观测的声学多普勒海流剖面仪。

表 5-3　在 ISOS 2016 上提交的论文主题

主题	关于该主题的论文数量 (论文可以涵盖一个或多个主题)
远区模拟	21
污水排放	15
近区模拟	13
近区计算流体动力学(CFD)模拟	11
近区实验室实验	11
海水淡化排放	10
水质模型	8
野外实验	5
取水口和排放口设计	5
河流排放	4

其他主题(相关主题少于 3 篇的论文)：漏油模拟、气泡羽流、现场观测、热液系统模拟、工业排放、近区和远区模型耦合、紊流测量、建造和安装方法、决策支持系统、多次排放分析、雨水排放、数据分析技术、冰区排放、内部扩散器水力学、喷嘴特性、污染对生物的影响。

目前，研究者对排放系统的关注点主要集中在物理过程，对其生态影响关注较小，对于这种影响是否应该正式包括在排放口设计的标准和规范中尚存在争论。ISOS 2016 年的小组讨论会还专门探讨了排放射流卷吸引起的仔鱼死亡等相关生态影响问题。此外，研讨会指出，新型环境污染物(如内分泌干扰物)的影响，特别是与污水排放有关的影响，尚未得到系统的解决。这些研究领域需要通过不同学科之间的有效整合，推动其进一步发展。

复习思考题

1. 射流与羽流的区别是什么？

2. 将一个可以区分环境液体与射流液体的测量探头放置在射流的某个固定点处，进行时间平均的测量时，射流中的示踪剂浓度是什么分布？请用公式表达。

3. 何谓近区？何谓远区？

4. 在沿海海域 70 m 深处以 1 m^3/s 的流量释放淡水。淡水温度为 17.8℃，假定海水温度为 11.1℃，盐度为 32.5‰。如果示踪剂的初始浓度为 1 kg/m^3，那么水面 10 m 下示踪剂的最大时均浓度和平均稀释度为多少？

第6章　环境生态水力学物理模型及应用

实验模拟方法是环境生态水力学研究的重要方法之一，它是以大量现场测试数据或室内水槽试验数据为基础的统计分析方法，又称为物理模型方法。它是科学理解并量化物理因素（水动力、泥沙输移和地形条件等）、化学因素（保守与非保守物质的传输、反应动力学和水质等）以及生物因素（生物生理生化和生态过程等）与水力学之间复杂相互作用的重要工具，对于环境变化下的水生态环境管理和生态系统服务研究至关重要。环境生态水力学物理模型技术近年来得到了长足发展。本章围绕植被与水流相互作用、水库大坝的过鱼设施等环境生态水力学的重要主题，对相关物理模型实验的原理和方法进行阐述，以便读者理解和掌握该方法。

6.1　环境生态水力学物理模型实验原理

环境生态水力学模型实验首先要依据相似原理，制成与原型相似但缩小了尺度的模型进行实验研究，并根据实验结果换算到原型，以预测原型将会发生的流动现象。模型实验的侧重点是再现流动现象的物理本质，只有保证模型实验和原型中流动现象的物理本质相同，模型实验才有价值。为使模型与原型全部相似，模型的关键要素（水流、泥沙、有机体）必须与原型所对应的要素相似（金德生等，1992；江守一郎，1984）。

6.1.1　水流相似条件

1. 几何相似

在物理模型中，水流运动相似由几何相似、运动相似和动力相似共同决定。几何相似是指原型与模型保持几何形状和几何尺寸相似，也就是原型和模型的任何一个相应线性长度比值保持相同的比例关系。例如，长度和高度的几何相似可表示为

$$\lambda_L = \frac{L_p}{L_m}$$

$$\lambda_H = \frac{H_p}{H_m} \tag{6-1}$$

式中：L 和 H 分别表示长度和高度；λ_L 表示平面比尺；λ_H 表示垂向比尺。下标 p、m 分别表示原型和模型（下同）。面积和体积也是几何相似性所涉及的参数。当平面比尺和垂向比尺一致时，该模型称为正态模型，反之称为变态模型。物理模型中由于实验条件的限制，变态模型也常常被采用，平面比尺与垂向比尺的比值称为模型变率。

2. 运动相似

运动相似是指原型与模型两个流动中任何对应质点的迹线是几何相似的，而且任何对应质点经过相应距离所需的时间具有同一比例，或者说两个流动的速度场相似。水流运动相似，可采用二维非恒定均匀流方程

$$V_x \frac{\partial V_x}{\partial x} + V_y \frac{\partial V_x}{\partial y} + \frac{\partial V_x}{\partial t} = g i_x - \frac{g V_x^2}{c^2 h}$$

$$V_x \frac{\partial V_y}{\partial x} + V_y \frac{\partial V_y}{\partial y} + \frac{\partial V_y}{\partial t} = g i_y - \frac{g V_y^2}{c^2 h} \tag{6-2}$$

和水流连续方程

$$\frac{\partial V_x}{\partial x} + \frac{\partial V_y}{\partial y} = 0 \tag{6-3}$$

式中：x、y 为水流平面纵、横坐标；V_x、V_y 为时均流速沿 x、y 轴方向的分量；i_x、i_y 为纵横水面比降；g 为重力加速度；c 为谢才系数；h 为水深。

由式(6-2)按照以上相似理论可以写出下列比尺关系

$$\frac{\lambda_{V_x}^2}{\lambda_L} = \frac{\lambda_{V_x} \cdot \lambda_{V_y}}{\lambda_L} = \frac{\lambda_{V_x}}{\lambda_t} = \frac{\lambda_{V_x}^2}{\lambda_c^2 \lambda_H}$$

$$\frac{\lambda_{V_y}^2}{\lambda_L} = \frac{\lambda_{V_x} \cdot \lambda_{V_y}}{\lambda_L} = \frac{\lambda_{V_y}}{\lambda_t} = \frac{\lambda_{V_y}^2}{\lambda_c^2 \lambda_H} \tag{6-4}$$

式中：λ_V 是速度比尺；λ_t 是时间比尺；λ_c 是谢才系数比尺。可以进一步归结为以下 3 个独立相似条件

$$\lambda_V = \lambda_{V_x} = \lambda_{V_y}$$

$$\lambda_t = \frac{\lambda_L}{\lambda_{V_x}} = \frac{\lambda_L}{\lambda_{V_y}} = \frac{\lambda_L}{\lambda_V}$$

$$\lambda_c = \left(\frac{\lambda_L}{\lambda_H} \right)^{\frac{1}{2}} \tag{6-5}$$

结合几何和运动学相似性还可以得出原型与模型的加速度、流量、角速度等的相似比尺。

3. 动力相似

模型与原型中相应点作用的各同名力矢量互相平行，均具有同一比值。如原型流动中有重力、阻力、表面张力，则模型流动中相应点上也应存在这三种力，且各个同名力的方向互相平行、比值保持相等。常见的准则有佛汝德（Froude）相似准则、阻力相似准则、惯性力相似准则、弹性力相似准则、表面张力相似准则、压力相似准则等，其中佛汝德相似准则运用较为广泛，即流经闸、坝的水流中起主导作用的力是重力，两个相似系统的佛汝德数应该相等，可表示为

$$\frac{V_p^2}{g_p L_p} = \frac{V_m^2}{g_m L_m} \tag{6-6}$$

4. 边界条件和初始条件相似

水流运动受到边界条件和初始条件的影响和制约，要做到其流动相似，必须使两个系统的边界条件和初始条件相似。例如，原型是自由表面，模型也应该是自由表面，原型是固体边壁，模型也应该是固体边壁。

总之，几何相似、运动相似、动力相似是流动相似的重要特征，它们互相联系、互为条件，几何相似是运动相似、动力相似的前提条件，动力相似是决定流动相似的主导因素，运动相似是几何相似和动力相似的表现形式，它们是统一的整体，缺一不可。

6.1.2 泥沙相似条件

河流模型实验可分为定床模型和动床模型两大类。在水流作用下河床不发生变形的

称为定床模型；在水流作用下河床发生冲淤变形的称为动床模型。定床模型的河床常用水泥砂浆制作，动床模型的河床常用天然砂或轻质砂（如煤粉、木屑、塑料砂、胶木粉等）制作。原型河床变形不显著，或虽有变形但对所研究问题影响不大，如研究流态、主流线的变化和汊道分流比变化等问题，往往可以采用定床模型。河床变形显著或要了解河道冲淤情况时，则要采用动床模型（龚政等，2017）。定床模型只涉及水流因素，要求的相似条件较少，容易满足。动床模型除水流因素外还要满足泥沙运动相似条件，其中需要考虑河床可动性指标 θ 来确定底床泥沙的起动与否，即

$$\theta = \frac{u_{*c}^2}{gd\left(\frac{r_s - r}{r}\right)} \tag{6-7}$$

式中：u_{*c} 为起动摩阻流速；d 为泥沙中值粒径；r_s 为泥沙容重；r 为液体容重。

将 $u_{*c} = \sqrt{ghi}$ 代入上式，得到

$$\theta = \frac{ghi}{gd\left(\frac{r_s - r}{r}\right)} = \frac{hi}{d\left(\frac{r_s - r}{r}\right)} \tag{6-8}$$

式中：i 为水面比降。

根据 $\theta_p = \theta_m$，写成比尺形式，并由 $\lambda_i = \lambda_H / \lambda_L$，可得

$$\lambda_d = \frac{\lambda_H^2}{\lambda_L \lambda_{\frac{r_s - r}{r}}} \tag{6-9}$$

式中：λ_d 为泥沙粒径比尺；$\lambda_{\frac{r_s - r}{r}}$ 为浸没沉积物的相对密度比尺。由此式可以得出泥沙粒径比尺和浸没沉积物的相对密度比尺之间的关系。

6.1.3　有机体相似条件

在一个实验室设施中构建一个完整的生态系统显然不可能，也没有必要，但在实验设计阶段应该认识和理解生物相互作用的重要性，因为这会影响实验结果在自然界中的时间和空间代表性。在不影响实验结果的前提下，可以用原型有机体的替代物进行实验。替代物可分为物理替代物和生物替代物，其中物理替代物的范围包括一般形式（如半球或塑料棒）和特殊形式（精确复制形态和纹理的树脂铸件）；生物替代物一般是在进行大规模实验时，为了缩小实验规模，使用更小的生物（根据相似比例）来进行模拟，例如利用紫花苜蓿这样的小植物来模拟河漫滩植被。使用替代物来代替原型有机体能带来很多操作上的便利，但也有很大的局限性，因此应仔细考虑如何恰当地选择并使用替代物。

1. 物理替代物

（1）植物替代物。

为了研究植物在单向流动和波浪运动下对水动力环境的影响，人们对植物进行了模拟。对植物最大程度的简化是实心圆柱（Tanino 和 Nepf，2008）或条状结构（Augustin 等，2009），但这样的简化忽略了植物的运动。在物理模型中，小型植物的替代物通常不采用相似理论进行降比尺。但对于大型植物，如红树林、大型藻类或泛滥平原的乔木和灌木，则需要进行降比尺设计。以红树林根系为例，由于红树林的根和茎是刚性的，降比尺通

常只需要考虑形状，忽略弯曲刚度和弹性的影响（Husrin 和 Oumeraci，2009）。

（2）动物替代物。

动物的存在会阻碍水体的流动，长期以来研究者多使用标准化的形状（如半球和管状体）来研究动物的阻碍作用（Eckman，1983）。当然，一个半球可以代表一个静止的甲壳类动物，但是这种方法不能用来模拟细节化的、物种特异性的或小规模生物群的水动力影响。已经有学者采用动物替代物对物种特异性进行研究（Folkard 和 Gascoigne，2009）。虽然这些替代物能反映静止的动物所引起的水动力变化，但它们无法模拟动物的运动过程。也有学者构造机器人龙虾研究了龙虾运动时尾巴摆动对水流的影响（Lim 和 DeMont，2009）。

2. 生物替代物。

紫花苜蓿（*Medicago sativa*）是一种植物，常被用作大型植物的替代物。主要原因是紫花苜蓿体积小，生长迅速，具有良好的实验效果（Gran 和 Paola，2001；Piliouras 等，2017）。Gran 和 Paola（2001）利用紫花苜蓿进行实验，发现随着河岸植被密度的增加，河岸强度增加，从而改变了河道的形态。Tal 和 Paola（2007，2010）也采用了紫花苜蓿，发现植被的存在导致了河道形态从辫状河道转变为单线蜿蜒型河道。当我们选择植被物种时最重要的是要考虑其生态工程效果和水动力反馈，即植物对水流的阻挡作用以及对堤坝的固定作用。

总之，由于使用替代物可以避免许多与生物生长相关的问题，并使实验具有更强的可操作性，作为探讨水生环境和生物之间复杂相互作用的有效方法，近年来替代物的使用越来越普遍。然而，对于有机体的哪些参数应该按比尺缩放，以及参数如何被缩放，现在仍缺乏深入的理解，相关机理认识和实验技术还有待进一步发展。

6.2 植被与水流相互作用的物理模型实验原理

6.2.1 植被对水流流动的影响

植被可以增强流动阻力，控制许多水生环境中的时均流和紊流结构，从而改变泥沙侵蚀、输运和沉积过程（Myrhaug 等，2009；Chen 等，2011；Feagin 等，2011），并对生态过程产生影响，如营养物质输运和花粉扩散（Verduin 等，2002）。目前已有许多研究采用野外实验、室内实验以及数值模拟的方法来探究自然界中的特定流动条件和栖息地条件（Machata-Wenninger 和 Janauer，1991；Méndez 等，1999），主要包括：

（1）明渠流，其中单向流作用于挺水/浮水的柔性植被。

（2）流经植被的极端水流事件（如洪泛平原洪水、海啸和风暴潮），其中水流流向是单向的，作用于柔性植被，但也影响木本植被，如洪泛平原森林和红树林。

（3）存在沉水/挺水的柔性/刚性植被的沿岸流，受到波浪和潮流的影响，主要分布在浅水湖泊、潟湖和河口的沿岸区域。

（4）浅水水域的波浪-植被相互作用，主要分布在大多数海底或沿着浅滩区的海带、海草以及浅水淡水系统中的沉水柔性水生植物。

与水流相互作用的植物种类的形态特征各不相同，从简单的叶片状海草到有根、枝和叶的复杂树木均有涉及。下面概述水流研究中植物最重要的属性。

6.2.2 水流影响下的植物形态分类

简单柔性水生植物（如海草）在稳定水流作用下产生的行为可以分为以下三种类型（Ciraolo 等，2006）：

（1）直立，植物占据稳定的位置并相对于垂向略微倾斜。

（2）波动，植物明显倾斜并摆动。Nepf 和 Vivoni（2000）又将它分为两类，轻轻摇摆和强烈的连贯摇摆。

（3）俯卧，植物处于弯曲、水平和准稳态的状态。

相反地，对于茎、枝和叶更复杂的植物，随着水流增大可出现以下 6 种类型（Pitlo 和 Dawson，1990；Green，2005）：

（1）在最小水流下，植被不会偏转且保持静止不动。

（2）茎和叶自动面向主流方向。

（3）刚性的垂直茎振动和倾斜或拉长的水平茎开始呈现振荡运动。

（4）刚性的茎倾斜，浸没的叶片转向主流方向，表面叶片浸没或倾斜并逐渐丧失死亡部分。

（5）茎俯卧或被紧密地压实，表面叶片被淹没。

（6）在最大水流下，部分或整个植物发生损害或丧失。

然而，由于物种、地域以及季节变化的原因，精确识别相应的水流阈值比较困难。同样，植被承受损坏和连根拔起的能力很难被预测，因为它随植物个体、季节和基质的条件变化而变化（Aranguiz 等，2011；Pollen-Bankhead 等，2011）。

在波浪作用下，柔性水生植被以摆动的方式随着波浪水质点轨道运动来回移动。根据植被刚度和波浪作用力，这种运动可以为鞭状运动或类似悬臂运动（Denny 等，1998；Denny 和 Gaylord，2002）。上述模式的发生受到植物胁迫程度和生物力学特性的控制，将在接下来的两节中进行讨论。波浪和水流的作用导致植物种群结构和组成随时间发生变化，进一步引起水流与水生植被的相互作用发生变化。

6.2.3 作用于植被的拖曳力

为了解释在大气冠层（即粗糙子层）内部和上方所观察到的紊流的显著空间变异性，Wilson 和 Shaw（1977）、Raupach 和 Shaw（1982）引入了对紊流运动方程进行空间平均的概念。该方法被 Nikora 等（2001）应用于水力学，成为对粗糙子层中的时间和空间平均流动的精确表达，其中明确推导出了阻力项和扩散项。这种"双重平均"概念现在越来越多地被应用于水生环境中（Nepf，2012）。紊流的双平均动量方程可写为（Nikora 等，2007）

$$\frac{\partial \phi \langle \overline{u_i} \rangle}{\partial t} + \phi \langle \overline{u_j} \rangle \frac{\partial \langle \overline{u_i} \rangle}{\partial x_j} = \phi g_i - \frac{1}{\rho} \frac{\partial \phi \langle \overline{F_P} \rangle}{\partial x_i} + \frac{\partial}{\partial x_j} \phi \left(\mu \langle \frac{\partial \overline{u_i}}{\partial x_j} \rangle - \langle \overline{u'_i u'_j} \rangle - \langle \overline{u''_i u''_j} \rangle \right) - $$
$$\frac{1}{V_0} \iint_S \left(\mu \frac{\partial \overline{u_i}}{\partial x_j} \right) n_j \mathrm{d}A_0 + \frac{1}{\rho_w} \frac{1}{V_0} \iint_S \overline{F_P} n_i \mathrm{d}A_0 \tag{6-10}$$

式中：∂ 为偏微分算子；d 为微分算子；ϕ 为孔隙度，Nikora 等(2007)给出了具体的定义；t 为时间；g 为重力加速度；ρ_w 为水的密度；F_P 为压力；μ 为水的运动黏滞系数；V_0 为平均域的总体积；n 为垂直于底床的方向朝外的单位矢量；A_0 为由平均域限定的底床面积；下标 i 和 j 的范围从 1 到 3，对应于在三维坐标系 x、y 和 z 中的三个正交速度分量 u、u_y 和 u_z 中的两个；$\langle \overline{u_i} \rangle$、$\langle \overline{u_j} \rangle$ 分别为 i、j 方向的时均流速取空间平均；上横线表示时间平均值，上撇号表示相对时间平均值的波动，角括号表示空间平均值，双撇号表示相对空间平均值的波动。

紊动应力(即 $-\langle \overline{u_i' u_j'} \rangle$)可以通过多方程各向异性模型(Naot 等，1996；Choi 和 Kang，2004)、双方程各向同性模型(Shimizu 和 Tsujimoto，1994；López 和 García，2001)或单方程模型(Li 和 Yan，2007)参数化。与时间(雷诺)平均的方程相比，双平均方程包含下列附加项：对应于空间波动引起的扩散或形变诱导应力项 $-\langle u_i'' u_j'' \rangle$，以及由植物或粗糙元素产生的总阻力，包括黏滞阻力

$$-\frac{1}{V_0} \iint_s \overline{\left(\mu \frac{\partial \overline{u_i}}{\partial x_j} \right) n_j \, \mathrm{d}A_0} \tag{6-11}$$

及形状阻力

$$\frac{1}{\rho} \frac{1}{V_0} \iint_s \overline{P n_i \, \mathrm{d}A_0} \tag{6-12}$$

目前尚未建立对形变诱导应力进行参数化的方程式，但可使用达西-伏奇海默(Darcy-Forchheimer)方程通过多孔介质对阻力项进行参数化(Nield 和 Bejan，2006)

$$F_D = -\left(\frac{V\phi}{K} \langle \overline{u_i} \rangle + \left(\frac{Y\phi}{K^{\frac{1}{2}}} \right) \langle \overline{u_i} \rangle \, |\langle \overline{u_i} \rangle| \right) \tag{6-13}$$

式中：F_D 为拖曳力；K 为多孔介质的渗透系数；Y 为非线性动量损失系数或惯性因子。对于一个给定的液体，流速非常低时，式(6-13)右边代表表面摩擦力的第一项成为主导，该方程可简化为达西定律(Darcy's law)如下

$$F_D = -\frac{V\phi}{K} \langle \overline{u_i} \rangle \tag{6-14}$$

然而，在流速较快的情况下，式(6-13)右侧代表形状阻力的第二项成为主导，该方程可简化为

$$F_D = -\left(\frac{Y\phi}{K^{\frac{1}{2}}} \right) \langle \overline{u_i} \rangle \, |\langle \overline{u_i} \rangle| \tag{6-15}$$

式(6-15)也可以用我们更熟悉的经典阻力方程形式呈现

$$F_D = -\frac{1}{2} C_D A_p \langle \overline{u_i} \rangle \, |\langle \overline{u_i} \rangle| \tag{6-16}$$

式中：C_D 为各向同性阻力系数；A_p 为单位体积的植物正向投影面积。

在单向流情况下还可以做明显的简化，Dunn 等(1996)通过挺水植被获得明渠流的回水曲线，并提出植被斑块的平均阻力系数 $\overline{C_D}$ 可用式(6-17)估算

$$\overline{C_{\mathrm{D}}}=2gb\;\frac{S_0-S_{\mathrm{f}}-\dfrac{\mathrm{d}h}{\mathrm{d}x}\left(1-\beta\,\dfrac{\left(\dfrac{Q}{A}\right)^2}{gh}\right)}{A_{\mathrm{p}}h\beta\left(\dfrac{Q}{A}\right)^2} \tag{6-17}$$

式中：S_0 为坡度；S_{f} 为使用均匀流动方程估算的摩擦斜率；b 为渠宽；Q 为流量；A 为过水面积；β 为对应于垂直流速分布的经验系数。

需要强调的是，在大气和水环境中的冠层之间存在两个基本差异：①水生冠层通常比大气冠层占据更大比例的边界层（Nepf，2012）；②水生植被所受浮力可以是正浮力，因此提供了除植被刚度以外对拖曳力的抵抗作用（Luhar 和 Nepf，2011）。然而，目前上述差异仍然没有得到很好的解释，值得进一步研究。

在双向流动中，C_{D} 通常被看作雷诺数的函数（Kobayashi 等，1993；Méndez 等，1999）

$$\overline{C_{\mathrm{D}}}=\omega+\left(\frac{\zeta}{\mathrm{Re_v}}\right)^{\varphi^3} \tag{6-18}$$

式中：ω、ζ 和 Ψ 为待定经验系数；$\mathrm{Re_v}$ 为基于植物直径或叶片厚度 d 以及作用于植物的特征速度 u 的茎秆雷诺数，在植被顶部时 $\mathrm{Re_v}$ 的值最大。当雷诺数比较大时，阻力系数也会发生相应变化。

Méndez 和 Losada（2004）发现 C_{D} 与奎利甘-卡普特数（Keulegan-Carpenter number，KC）之间有强相关关系，其中 $\mathrm{KC}=u\,\dfrac{T_{\mathrm{p}}}{d}$，$u$ 为作用于植物的特征速度，定义为植物群体中间的最大水平速度，T_{p} 是波周期峰值。然而，对于柔性海草，Bradley 和 Houser（2009）发现 C_{D} 与 $\mathrm{Re_v}$ 之间的关系更紧密。室内实验研究表明：当茎挺水时，C_{D}-$\mathrm{Re_v}$ 的相关性最强；但当茎被淹没或接近挺水时，C_{D}-KC 的相关性最强。Myrhaug 等（2009）基于这些实验研究结果，采用斯托克斯的二阶波动理论开发了一种计算非线性波对植被产生拖曳力的解析方法。

6.2.4　植物与水流相互作用下重要的植物特征

研究者已经发现一些因素可以影响流场中植物的行为（Kevin 和 Chris，2009），在设计室内实验时必须仔细考虑这些因素，它们可以分为单个植物和植物群体的特性。

1. 单个植物

（1）植物的形态。

Neumeier（2007）发现植物的粗糙长度在统计学上与流速或水深无关，仅取决于冠层的特征。而之前研究表明植物的粗糙长度对流速（Neumeier 和 Amos，2006）或垂直生物量分布（Neumeier 和 Ciavola，2004）有依赖性。然而，这也清楚地表明，植物形态和刚度等特性对于单个植物或植物群体的阻力至关重要。

植物形态是植被影响流动的重要因素。尽管存在各种各样的植物形态，但大体可以划分为两个类型：①草甸型物种（如大部分海草物种），其生物量沿着植物的垂直轴线均匀分布；②冠状型物种（如树木），其具有柄或茎，且大部分生物量集中在植物的上部。

在波浪运动中，两种植物形态都能减少底床附近的波浪能和剪切应力。然而，它们的存在会导致不同的速度分布，草甸型物种使得波浪水质点的轨道速度随着深度的降低而持续下降，而冠状型物种引起较为复杂的流速变化，且最高能量值刚好出现在冠层顶部上方。

在单向流动中，比较具有柄与不具有柄的简单柔性杆，发现具有柄的柔性植物导致流速多降低 50%。两种植物形态的比较结果表明，叶的额外表面积通过产生更大的阻力，以及由于抑制叶表面的动量交换而减少剪切产生的紊流，改变了冠层内和表层流动区域之间的动量交换。

（2）刚度。

植物的刚度对于植物在拖曳力的作用下是否会趋于紧缩、弯曲或振荡至关重要。刚性植物的行为可以认为与刚性垂直圆柱体的行为相似或者可以通过悬臂运动来描述。另外，容易弯曲的植物在水动力作用下弯曲，并且可能在波浪条件下以鞭状方式运动。

在单向流中，植物的存在会导致时均速度的减小和速度分布的变化。研究显示，刚性植物的阻流效果更加显著，因为它们需要更高的外力才会弯曲。此外，与高度柔性的海草叶片相比，刚性植被的影响更依赖于植被密度。主要原因是静止冠层上方涡旋的旋转速度高于运动冠层上的涡旋，后者在紊流衰减方面更有效。

对大型藻类、盐沼和海草的研究表明，植被对波浪的消减能力随着刚度的增加而增加。但是，与单向流情况一样，消浪能力对植株密度有依赖性。与刚性植物相比，柔性植物要达到同样的消浪效果需要较高的植株密度，而 Bouma 等（2010）表明消浪能力也受生物量影响，而不仅仅依赖于刚度或密度。

刚度的影响还取决于水动力条件。在单向流动中，植物将弯曲以便自身流线型化，但是刚度较大的植物需要较高的水流速度来弯曲到与柔性较大的植物相同的程度。刚度很大的植被甚至可能被折断或连根拔起，然后才能实现弯曲。在波浪作用下，可出现悬臂式和鞭状式两种类型的运动。相对柔性的植被在弱波浪作用下做悬臂运动，但随着波幅和周期的增加，它会变成鞭状运动。从一种运动到另一种运动的转捩点取决于植被的刚度。目前还不清楚植被的运动类型如何影响其消浪能力，以及在衡量植被刚度时是否需要考虑运动类型。

（3）浮性。

由于存在空隙或气囊，水生植物可以具有正浮力，这与陆生植物有明显的区别。刚度较小植物的浮力通常较高，并且像刚度一样，浮力提供了抵抗水流阻力的能力。浮力对波浪作用的影响尚不清楚，但对于单向流动，Luhar 和 Nepf（2011）表明浮力的影响取决于流速和沿植物叶子的位置。针对具有结构简单的海草叶片的研究表明，靠近底床的植物弯曲程度和叶子姿态不受浮力影响，而靠近叶尖处的浮力有利于植被恢复。然而，随着流速增加，拖曳力超过叶片浮力，刚度成为影响植被恢复的主要因素。

2. 植物群体

（1）植株密度。

植物通过"粗糙元素"截获动量，因此植株密度增加将导致水流阻力增大。Graham 和 Manning（2007）的室内实验表明，植株密度的连续增加会导致平均水流速度的近似指数衰减。其他关于盐沼和海草的研究证实，随着植株密度的增加，流速降低。在波浪影响下的振荡运动中也观察到能量耗散和植株密度之间的正相关关系。在相对较小的海草种类

川蔓藻（*Ruppia maritima*）和大叶藻（*Zostera noltii*）内，可观察到波浪衰减需要最小的临界植株密度。

大多数水生植物物种的植株密度会发生季节性变化，因此植物群体对水流的影响将在一年内发生变化。河漫滩地区的情况尤其如此，在这些地区，植被可能会花费数年时间才从裸土和低草状态生长为灌木和森林。此外，泛滥平原木本植物（如柳树）上的叶子可使摩擦系数增加2~3倍。Augustin等（2009）观察到植株密度对波浪衰减的影响随着人造盐沼淹没程度（水深与植被高度的比值）的降低而增加。Panayotis等（2010）证实了这一点，并表明沿海地区植被对波浪能量的影响随潮汐周期变化。

（2）植物空间分布格局。

除了植被密度外，植被覆盖区与水流的位置关系、植物空间分布格局等对植物行为也有重要影响。

植被覆盖区宽度与水流宽度之间的比率是影响流场中植物行为的重要因素之一，并显著影响着冠层内和冠层上方水流运动以及冠层内紊流强度。在自然界中，植被斑块通常比流场宽度窄得多，为绕流提供了较大的空间。然而，有些情况下水流被迫通过植被斑块，特别是在挺水植被条件下，水流阻力可能会显著增加，导致堵塞或淹水，甚至水跃。因此，Nowell和Jumars（1987）提出在水槽实验中植被斑块的空间分布需要与野外实验相匹配，例如，野外试验中水流会在植被斑块周围分散，而不会像水槽实验中水流被迫通过植被斑块。Fonseca和Koehl（2006）认为，由植被占据的实验设施的面积百分比必须与自然条件相近。因此，如果模拟的植被区远宽于来流，则在水槽的整个宽度上布设植物是适当的。相反，允许水流在水槽中同时流经或绕流植被冠层可以更好地模拟小的植被斑块。在渠道流中，植被侧向位置的变化可能会显著改变水流和泥沙输运路径。在所有情况下，实验过程都必须小心谨慎，以避免产生水槽侧壁附近流路束窄和水流加速问题。

植物空间分布格局也被证明对于冠层紊流很重要，并已得到广泛的研究。水流和垂直圆柱体之间相互作用的早期研究表明，与圆柱体放置成行的情况相比，交错圆柱体在阻流方面更加有效。这是由于圆柱体放置成行时，阻流效应被限制在植被附近，而水流在行之间的空隙运动不受阻碍。另外，当圆柱体以交错模式布置时，对水流的减缓程度更均匀，从而防止部分水流加速。许多水生植物后的尾流也很重要，Machata-Wenninger和Janauer（1991）记录到3 m宽的蜈蚣藻（*Groenlandia densa*）植株下游流速降低的尾流区一直延续到下游6 m处。Nezu和Sanjou（2008）发现紧密分布的植被单元之间较大的沿纵向和横向的间距导致横向速度分布的变化减小，平均淹没深度也同时减少。Chen等（2011）进行了不同植被分布格局的广泛测试，发现中心与交错排列、遮蔽与开敞的位置测得的流速剖面之间存在显著差异。

6.3　过鱼设施的原理与设计

6.3.1　过鱼设施的功能

过鱼设施是为使洄游鱼类繁殖时，能顺流或逆流通过河道中的水利枢纽或天然河坝而设置的建筑物及设施的总称。水电开发为人类提供清洁能源的同时，不可避免地导致河流甚至流域生态环境的改变，对生态环境的影响巨大，如大坝的建成提高了水位，阻断河流，使鱼类难以洄游。1962 年，H. T. Odum 将自组织活动（self-organizing activities)的生态学概念应用于工程中，首次提出生态工程（ecological engineering)概念。因此，鱼道作为减缓鱼类受水利水电工程阻隔影响的生态修复措施，越来越受到社会各界和环保行政主管部门的关注(Zielinski 和 Freiburger，2021)。目前较为成熟的技术是在水电水利工程中修建过鱼设施，从而使得鱼类能够顺利洄游，这一举措对需要洄游产卵的鱼类尤为重要。

6.3.2　过鱼设施的分类

过鱼设施主要分为上行过鱼设施和下行过鱼设施。上行过鱼设施包括鱼道、鱼闸、升鱼机和集运渔船等，下行过鱼设施包括拦网、电栅等。

1. 上行过鱼设施

(1)鱼道。

鱼道是最早采用的，也是兴建最多的一种形式。由于鱼道运行时受上游水位和流量的影响，流速、流态都不稳定，且鱼上溯过程中需要耗费很大能量，导致过鱼效果难以保证。因此，鱼道一般只适用坝高在 20～25 m 及以下的低水头水利枢纽，在中、低水头的水工建筑物中对鱼类的保护起很大作用。鱼类通过较长的鱼道时，体力消耗会非常大。鱼道的形式有：丹尼尔式、溢流堰式、淹没孔口式、组合式、竖缝式、仿自然式、锥形式、特殊结构式等(图 6-1)。

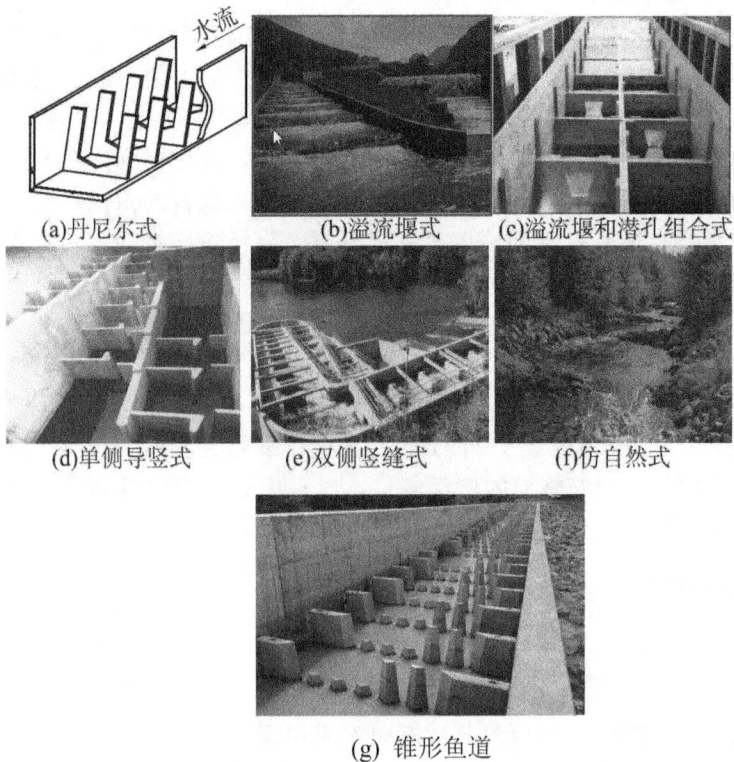

(a)丹尼尔式　　(b)溢流堰式　　(c)溢流堰和潜孔组合式

(d)单侧导竖式　　(e)双侧竖缝式　　(f)仿自然式

(g) 锥形鱼道

图 6-1　鱼道的形式

生态型鱼道设计原则：

① 生态原则：鱼道设计时应协调鱼道与两岸环境间的关系，促使鱼道与生态环境和谐发展。

② 设计鱼道时要对流域中的水库大坝进行详细调研，还要调查了解主要过坝鱼类的种类、习性、溯游能力、过鱼季节及与鱼类相关的其他生态因素。

③ 鱼道设计应考虑鱼道对其他生物、木质残体、沉积物等的影响，产生尽可能少的障碍，保证它们在鱼道建设后能在流域上下游正常的移动和交换；另外鱼道设计还需考虑底栖鱼类对鱼道河床底质的要求。

④ 因地适宜性原则：鱼道设计过程中应选用当地材料，保护当地物种，保护当地生态。

国外鱼道的主要过鱼对象一般为鲑鱼(salmon)和鳟鱼(trout)等具有较高经济价值的洄游性鱼类。它们通常生活在纬度较高的地区(如北美、北欧、俄罗斯、日本北部、我国东北的黑龙江和吉林两省的入海河流)，在海水里生长、淡水里产卵孵化。这些鱼类个体较大，克服流速的能力很强，对复杂流态的适应性也较好。目前世界上最长的鱼道是巴西于2002年年底建成的伊泰普大坝(Itaipu Dam)鱼道，其上下游水头差120m，总长度约10 km。据不完全统计，美国和加拿大已经建设各种过鱼建筑物200座以上，欧洲100座左右，日本约35座，苏联约15座，其中比较著名的有美国的邦纳维尔坝(Bonneville Dam)鱼道、加拿大的鬼门峡(Hell's Gate)鱼道、美国哥伦比亚河(Columbia River，北美洲西部最大的河流)及其支流蛇河(Snake River)水利水电梯级开发工程、日本长良川(Nagara River)河口堰(闸)、"莱茵河鲑鱼2000计划"等典型鱼道工程。

国内鱼道的主要过鱼对象包括鲤科鱼类、虾蟹幼苗等多种类型。1958年我国在浙江富春江七里垄电站中首次设计了鱼道，最大水头约18 m；20世纪60年代又分别在黑龙江和江苏等地兴建了鲤鱼港、斗龙港、太平闸等30多座鱼道。据不完全统计，截至2005年我国在各类水利工程中已建鱼道40座以上。已建的鱼道大多分布在沿海沿江平原地区的低水头闸坝上，故底坡较缓，提升高度也不大，一般在10 m左右。

(2) 鱼闸、升鱼机和集运渔船。

鱼闸适用于中、高水头的大坝。它占地少、投资少，常布置在厂房和溢流坝之间。鱼类在鱼闸中凭借水位上升，不必克服水流阻力即能过坝，故又称水力升鱼机。鱼闸须适应上游水位一定的变幅，下游进口多有一条短鱼道相接，必要时设立拦鱼、诱鱼、导鱼设施。鱼闸的缺点是不能连续过鱼，且需要进行机械操作，所以过鱼量有限，仅适用于过鱼量不大的枢纽。它的主要形式有闸式和井式两种。为了增大过鱼量，往往上下游都放置诱鱼设施，如翻水花器、变频发声器、香精散发器和光导等。

升鱼机是利用机械升鱼和转运设施过坝，适用于高坝和库水位变幅较大的枢纽过鱼，也可用于较长距离转运鱼类。常见的升鱼机是用缆车起吊盛鱼的容器运输过坝，或装车转运到适当的水域投放，且下游一般设有诱导设施。这种方式的优点是投资少，灵活性好，在重要鱼类的繁殖季节可以有针对性地捕获亲鱼，将它们放置于适合生活的区域；缺点是提运时间长，不利于大批鱼类过坝，并且运行管理费用偏高。

集运渔船是现代出现的一种活动过鱼设施，可以解决固定过鱼建筑物的进口较难适应流态和鱼群变化规律以及造价高的问题。集运渔船分为集渔船和运渔船两部分。集渔船可驶至下游鱼类集群区，打开两端，水流通过船身，并采用补水措施使进口流速比河床中略大，以诱鱼进入船内，再通过驱鱼装置将鱼驱入紧接在其后的运渔船。运渔船可通过船闸过坝，将鱼放入上游。此种过鱼设施机动灵活，可在较大范围内变动诱鱼流速，将鱼运往上游适当的水域投放，对枢纽布置无干扰，适用于已建有船闸的枢纽补建过鱼设施。其缺点是运行费用大，诱集底层活动的鱼较困难，噪音、振动及油污也会影响集鱼效果。

（3）人工孵化场及产卵槽。

当坝高超过一定高度时，修建鱼道或鱼闸就不够经济，且效果差，因此人工孵化场和产卵槽在近年来发展较快。这是一种更接近天然条件（水质、水深、流速及环境等）的解决鱼类繁殖的方法。国外著名的孵化场有美国德沃歇克坝（Dworshak Dam，坝高 219 m）、大苦里坝（Grand Coulee Dam，坝高 165 m）和加拿大底麦他魁克坝（Mactaquac Dam）孵化场等。产卵槽有美国麦克纳里坝（McNary Dam）、黄尾坝（Yello Wtail Dam）产卵槽以及加拿大的罗勃逊溪（Robertson Creek）和西顿溪（Seaton Creek）产卵槽。国内为了保护长江的珍贵鱼类资源专门成立了中华鲟研究所，同宜昌市水科所和长江水产研究所等科研机构一起，采用人工养殖等方法对中华鲟及其他珍稀鱼类进行了大量研究，取得了丰硕的成果。

2. 下行过鱼设施

目前对下行过鱼设施的研究和实践不如上行过鱼设施深入。相对来说，欧洲和北美对鲑科等溯河性鱼类幼鱼的下行问题有较为深入的研究和实践，主要采取物理栅栏或行为屏障（如电栅、音筛等）来防止下行鱼类进入水轮机，并建造表层或侧、下辅助通道让它们安全过坝。一般而言，鱼类可以通过溢洪道和水轮机下行，部分鱼类也可通过丹尼尔鱼道及鱼闸等下行。

鱼类通过溢洪道下行，不需要额外供能，但是坝下水体溶解氧浓度增高可能导致溢洪道下游的鱼类受到伤害，或游动性能降低，同时溢洪道下的消能结构可能对鱼体造成损伤。水轮机流道过鱼量大，但是由于水轮机流道内的水流流速较高，通常也会对鱼类造成伤害。下行过鱼的鱼道，也不需要额外供能，但是很少服务于下游洄游鱼群，其主要原因是鱼道上游水流入口处水流难以吸引下游洄游的鱼群。船闸在一定程度上允许大坝上下游鱼类的自由通行，有一定双向通行潜力。船闸闸室内和上下游水流缓慢，常为准静水状态，对鱼类吸引力较弱，船闸自然通过的鱼类数量一般不会太大，对上下游鱼类种群的补充作用较为有限。

研究表明，4～18 m 的落差导致鲑鱼和美国鲥鱼的死亡率为 2.4%。如果水流流速超过 16 m/s，那么下行的鱼类就非常危险。因此，水库上游应设立拦鱼栅，避免鱼类直接由溢洪道下行。国外研究的新型鱼栅有艾希压力鱼栅、附壁效应鱼栅、声响鱼栅等。不同的水轮机对鱼类的影响不一样，如冲击式水轮机，下行鱼类的死亡率几乎达到100%；轴流式和混流式水轮机在低水头和低转速情况下，鱼类的死亡率要小一些；灯泡式水轮机对鱼类的威胁最小。目前美国能源部正在研究一种对鱼类友好的螺旋式转轮水轮机。

6.3.3 过鱼设施的设计

目前主要采用模型实验和数值模拟的技术手段对过鱼设施进行研究，通过优化其结构形式，以获得适合鱼类上溯的理想流速和流态，为过鱼设施的设计提供了依据。部分研究成果付诸工程应用，已取得较好效果。

1. 模型实验

通常情况下，人们通过理论计算分析，可初步制订过鱼设施的设计方案。而模型实验可以对方案进行验证，不断优化设计存在的问题，修正模型以达到满足设计要求的目的。例如，位于亚马孙河最大支流玛代拉河（Rio Madeira River）下游的圣安东尼（Santo Antönio）鱼道就体现了模型实验的作用，其设计规模宏大，在世界范围内鲜有。该鱼道设计表明了物理模型实验对于鱼道进口位置、鱼道内部水力学特征的确定等具有重要参考价值，尤其是 1∶1 局部模型内开展的生物学实验是细化和优化鱼道内部结构细节的有效方法。此外，科研人员运用物理试验方法，对单侧导竖式鱼道内的流场、紊动能的等值线图、紊流强度、雷诺应力的初步实验结果进行了分析，经过运行效果的观测后认为，确实存在一个比较适合鱼类的流态紊动标准。模型实验中还发现阶梯形鱼道中出现的滚动流会产生涌波，其周期性可能会严重危害鱼道，通过无量纲流量可以预知滚动流的发生。

2. 数值模拟

随着计算机技术的迅速发展，数值模拟技术得到广泛应用，极大增强了解决各种复杂问题的能力，形成了计算流体力学（computational fluid dynamics，CFD）的专业计算软件，其中具有代表性的有 Fluent、MIKE、CE-QUAL-W2、Delft-3D 等。相较于模型实验，数值模拟具有费用低廉、计算高效、结果准确等诸多优点。在生态水力学中数值模拟模型有两种，分别是生态水力学模型和水生物栖息地模型。下面从数值模拟在过鱼保护技术领域的研究出发，简要介绍数值模拟技术在部分过鱼设施上的应用，以期为鱼类洄游研究提供参考。

（1）鱼道。

近几十年来，国内外广泛运用 CFD 技术方法对鱼道内水流的水力特性进行了研究，为鱼道的结构优化提供了科学依据，从而获得更好的过鱼效果。21 世纪初国内外很多研究者运用数值模拟方法对鱼道进行了详细的研究，研究结果大大地推进了鱼道设计的发展。对于鱼道的数值模拟可以选择不同的模型，主要有 RNG k-ε 模型、混合长度模型、k-ε 模型、代数应力模型、RSM 模型等。通过数值模拟可以对鱼道内水流的水力特性、流场及水流形态进行详细分析。

竖缝式鱼道中，当流速大于平均流速时，要对水流紊动的影响因素进行评价。Cea 等（2007）用沿水深平均的二维浅水方程的混合长度模型和代数应力模型，对单侧导竖式鱼道中的紊流场进行了模拟，结果表明流速、紊动能强度和雷诺应力与相同条件下的试验结果吻合较好。徐体兵和孙双科（2009）采用 Fluent 软件与 RNG k-ε 紊流模型对竖缝式鱼道的水流结构进行了数值模拟计算，系统研究了鱼道水池长宽比和隔板墩头布置体型对水池内水流流态的影响。研究表明，鱼道水池长宽比是影响竖缝式鱼道水流结构的主要控制因素，长宽比在（8∶8）～（10.5∶8）的范围内，可以获得较好的流态。Young

等（2003）用 ADV、GPS 以及非恒定、非结构化的雷诺平均 NS（U2RANS）模型，采集和计算了密西西比河上游的流态，详细分析了淡水蠵生活区域的水力特性，讨论了建坝对它们分布的影响，并提出了相应的改进措施。

（2）鱼类友好型水轮机。

如前文所述，传统水轮机易对鱼类造成不利的影响，甚至灾难。然而越来越多的大坝仍在使用和建设中，因此很多研究者都在致力于鱼类友好型水轮机的研究。这种水轮机不仅可以给鱼类提供一个良好的过流环境，而且还可以对水质进行改善。目前，数值模拟是研究这种水轮机的主要方法之一。鱼类友好型水轮机设计主要考虑的因素是鱼类通过水轮机时可能受到的伤害，通过数值模拟计算有助于理解特定鱼类个体受伤害的机理、比较伤害成因之间的相互影响和减少前期实验失败的次数，有助于将鱼类通过水轮机时受到的伤害降至最小，提高过鱼生存率。鱼类友好型水轮机主要的研究指标是水轮机流道尺寸、内部部件形状及运行参数。例如，CFD 模型被用于评估安装于华盛顿州哥伦比亚河瓦纳普姆大坝（Wanapum Dam）中卡普兰水轮机内部的剪切力。通往这个大坝水轮机的整个水流流道被划分为三个部分进行 CFD 分析：①进水口区域（包含半螺旋蜗壳、固定导叶、座环间隙）；②转子（轮毂和叶片）；③尾水管区域。每个区域的速度、压力和紊流强度值通过 3-D 求解器、TASCflow、雷诺平均数 N-S 方程（RANS）和 k-ε 紊流模型计算。

6.4　溶解氧过饱和对鱼类的影响实验及分析

6.4.1　溶解气体过饱和的概念

在一定的温度和压强条件下，大气中的部分气体不断地溶解在水中，与此同时，这些气体又会不断地从水中逸散到大气中，当气体溶解在水中的速度与气体从水中逸出的速度达到平衡时的状态就是相平衡。在一定的温度和压强情况下，气体的溶解度为定值。但在有些情况下，水体中溶解的气体量可能会高于气体在该温度和压强下的溶解度，即溶解性气体过饱和。溶解性气体过饱和又分为单一气体过饱和和总溶解气体过饱和。单一气体一般指氧气、氮气和二氧化碳等；总溶解气体主要包括氮气、氧气、氩气、二氧化碳、水蒸气等。难溶性气体氮气和氧气约占大气总体积的 99%，因此大气也难溶于水。通常情况下，总溶解气体过饱和是指氮气和氧气过饱和，因为大气中其他气体含量很低。

总溶解气体（total dissolved gas，TDG）过饱和的产生主要是由高坝泄流过程中水体能量较大、下泄的高速水流将空气带入水体深处，形成过饱和的水体。在实际工程运行中，大坝泄水方式及泄水流量呈频繁变化特征，而泄水流量及泄水设施组合方式是影响下游 TDG 饱和度的重要因素。

6.4.2　溶解性气体过饱和对鱼类的影响机制

1. 溶解性气体过饱和对鱼类生存的影响

鱼类处于溶解性气体过饱和水体中，较高的气体压力会迫使气体不断地通过鳃组织进入鱼类血液。当溶解气体的量超过鱼类血液中溶解阈值时，血液和组织内就会产生气

泡，导致鱼类气泡病的发生。气泡的形成可能引起鱼类兴奋，导致呼吸频率加快，剧烈挣扎等。如果此时鱼类游到浅水区或者温度较高的水层，为了达到新的平衡状态，会加快血液和组织气泡的产生，产生兴奋刺激而频繁游动。但是剧烈游动会引起呼吸频率变快、血液循环加速，进一步加快溶解气体析出，加重机体损伤。体内的气泡会导致严重的血液循环障碍，而血红蛋白仅吸收有用气体，其余气体因无法利用而后进入腹腔堆积。随着时间推移，试验鱼因腹部纳气达到极限而死亡。研究发现，四大家鱼暴露在溶解气体过饱和的环境中容易出现眼球突出、腮部充血和身上出现气泡等一系列气泡病症状（史为良，1998）。齐口裂腹鱼长期处于 TDG 过饱和水体中，鳍部、鳃部和体表会附着大量气泡，随着胁迫程度增大，过饱和气体通过鱼鳃进入体内并逐步释放形成气体栓塞，鱼鳃及各鳍部会出现充血现象，进一步出现眼球突出、口嘴张大等特征直至死亡。

Beiningen 和 Ebel（1970）监测到哥伦比亚（Columbia）流域上的约翰迪坝（JohnDay Dam）下水体饱和度高达 143%，导致大量幼龄及成龄大马哈鱼死亡。Weitkamp 等（2003）发现在 1997—2000 年汛期期间，克拉克福克河（Clark Fork Rriver）下游 TDG 饱和度最高达到 150%，当地鱼类因此患上严重的气泡病。由于近些年长江上游河流梯级开发、高坝密集建设，过饱和问题日趋严重，严重威胁到下游鱼类的生存与健康。调查发现三峡和葛洲坝电站在泄洪时导致的下游水体 TDG 过饱和使鱼类患上了严重的气泡病，甚至出现死亡（谭德彩等，2006；长江流域水资源保护局，1983）。

2. 溶解性气体过饱和对鱼类行为的影响

气体过饱和水体中的鱼类体表会有大量的气泡黏附，影响鱼类的正常活动。气泡进入鱼类的侧线管内时，会影响鱼类对周围水环境的感知能力，鱼类在水中将会不规则运动，从而不能准确地判断水流方向和流速，致使鱼类运动能力减弱，增加了其成为肉食性鱼类饵料的风险。

齐口裂腹鱼身体上附着气泡，以背鳍、胸鳍、尾鳍尤为明显。胸鳍的主要功能是使身体前进、控制方向及制动作用；背鳍主要起平衡作用，使鱼在游动中不发生侧翻；尾鳍能够推动身体前进并控制游动方向。因此气泡在鱼鳍的附着及其导致的鳍部充血会对齐口裂腹鱼的正常游泳行为产生严重影响。随着胁迫时间的增加，实验鱼渐渐失去平衡能力，发生侧游、旋游现象，并最终丧失游泳能力，漂浮于水面或倚靠于水箱内壁直至死亡。部分鱼死亡时身体呈弯曲僵硬状。

Schiewe（1974）对鲑鱼和虹鳟游泳能力受水体过饱和气体的影响研究表明，水体中气体过饱和会导致鲑鱼和虹鳟的游泳能力下降，随着饱和度升高游泳能力下降加快，暴露于亚致死浓度过饱和水体中而导致游泳能力降低的太平洋鲑鱼，可能会改变它们在向海洋迁徙过程中存活的能力，容易被肉食性鱼类所捕食。

鱼类具有探知和回避过饱和水体的行为。受到过饱和水体胁迫而躲入中下层生活的上层鱼类，为了适应已经发生改变的新环境，会改变原有的生活习性，而无法适应新环境的鱼类则会逐渐被淘汰。对于一些需要特殊生境（底质、流速、覆盖物、饵料）的鱼类，一旦环境发生变化，鱼类的繁殖行为可能会停止，从而导致鱼类资源慢慢减少。还有一部分鱼类，环境条件的变化会导致其生存、生长和繁殖受到严重的危害，可能由于对环境的适应性较差或缺少饵料而成为肉食性鱼类的饵料，或者因饥饿而死亡。探知和回避过饱和水体的能力因鱼的种类、大小、生理状况等有所不同。Stevens 等（1980）研究发现银大马哈鱼和鳟鱼这两种鱼都具有探知和躲避的能力，但在同样条件下，银大马哈鱼会游到水体更深的地方活动，而虹鳟的躲避能力弱一些。

3. 过饱和气体对鱼的生理影响

水体中溶解气体的含量升高会对鱼类的生存造成危害，导致在溶解气体过饱和环境中生活的鱼类生理方面受到一定的影响。Newcomb（1974）将虹鳟幼鱼暴露于各种（103%、105%、110%和116%）亚致死的氮和氩饱和度下 35 天，分析了虹鳟幼鱼血液生化指标的变化。结果表明，与对照组相比，暴露于116%饱和度下的实验组中鱼类钾离子和磷酸盐增加，而血清白蛋白、钙离子、胆固醇、总蛋白和碱性磷酸酶的含量降低；但是110%或更低的氮饱和度下血液生化几乎没有变化。Casillas 等（1976）研究报道了总气压的快速减小对鳟鱼应激凝血机制的影响，结果表明血小板的数量随总气压的减小而发生显著变化，凝血纤维蛋白原的水平会降低，凝血活酶时间会增加，最终可能导致鱼类消耗性凝血病的发生。吴湘香等（2014）研究了胭脂鱼在过饱和水体中血气指标的变化，结果表明实验组的 AB、SB、TCO_2、pH、SO_2 下降，而 BEb、BEecf 负值增加等。

6.4.3 实验及分析方法案例

1. 实验材料

实验前将鱼放置于曝气 24 h 的实验水箱中驯养，驯养过程中保证避光，实验前放入浓度为 0.1% 的生理盐水中浸泡 3～5 min 进行消毒，暂养 3 d 左右。试验水温为天然水温，根据鱼的生活条件可以小范围变化。挑选出体型大小均一、生命力旺盛、健康状况良好的鱼进行实验。

实验装置包括水体总溶解气体过饱和生成及其对鱼类影响研究系统、溶解氧测定仪、温度探测仪、电子天平、直尺等。

2. 实验方法

（1）饱和度恒定胁迫实验和饱和度渐变胁迫实验。

以冀前锋等（2019）的总溶解气体渐变饱和度下齐口裂腹鱼的耐受特征实验作为案例介绍实验和数据分析方法。实验可分为恒定饱和度胁迫组和渐变饱和度胁迫组，利用水体总溶解气体过饱和生成及其对鱼类影响系统地开展研究。待实验系统生成总溶解气体过饱和水体后，调节清水阀门和过饱和水阀门以得到实验所需饱和度水体，利用总气体压力（total gas pressure，TGP）测定仪测量实验水体的 TDG 饱和度。实验鱼死亡后立即捞出，记录死亡时间和死亡特征，采用直尺和电子天平测量其体重体长参数。

① 饱和度恒定胁迫实验：将 115% 和 120% 视为河道或库区 TDG 饱和度阈值并设定为此值，共分为 2 组 CT1 和 CT2，每组投放 20 尾实验鱼，持续胁迫 24 h。

② 饱和度渐变胁迫实验：多座电站下游河道的 TDG 饱和度为 110%～130%，故将饱和度渐变胁迫实验的 TDG 变化区间设定为 110%～130%，如图 6-2 所示。实验共分为 2 组，其中 GT1 组实验鱼在 115% 饱和度胁迫 72 h 之后开展，GT2 组为健康实验鱼。每组均投放 20 尾实验鱼。

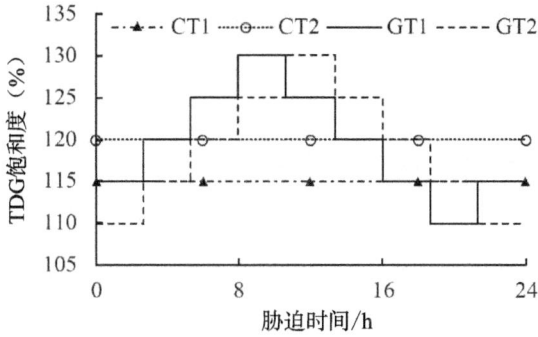

图6-2　各组实验饱和度设计方案

（2）气泡病。

在实验过程中仔细观察鱼的行为变化及死亡时间，解剖镜检观察鱼的头部、眼部、体表、鳍、肠壁以及鳃丝，详细记录鳃丝中气泡的长度及数量，并以此作为判别鱼类气泡病的主要依据之一。通过对实验鱼的外在表现观察，如突眼、鳍充血、肛门充血、嘴红肿等症状，以及鱼鳃充血、肠部气泡和鳃丝内气泡大小及数量的镜检。气泡病各症状如图6-3所示，其中胸鳍、背鳍、尾鳍气泡症状较为明显，将其视为特征气泡病症状进行统计。

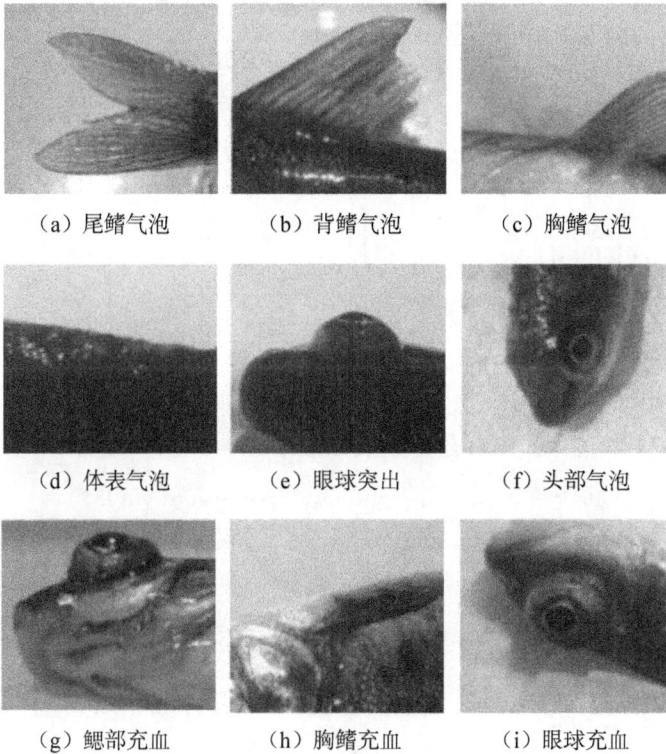

（a）尾鳍气泡　　　　（b）背鳍气泡　　　　（c）胸鳍气泡

（d）体表气泡　　　　（e）眼球突出　　　　（f）头部气泡

（g）鳃部充血　　　　（h）胸鳍充血　　　　（i）眼球充血

图6-3　实验鱼的气泡病症状

3. 数据分析

（1）死亡率。

实验鱼的死亡率通过下式计算

$$P = n_i / N_i \times 100\%$$ (6-19)

式中：P 为实验鱼死亡率；n_i 为某组实验鱼死亡数量；N_i 为该组实验鱼总数。

死亡率随 TDG 饱和度变化如图 6-4 至图 6-6 所示。

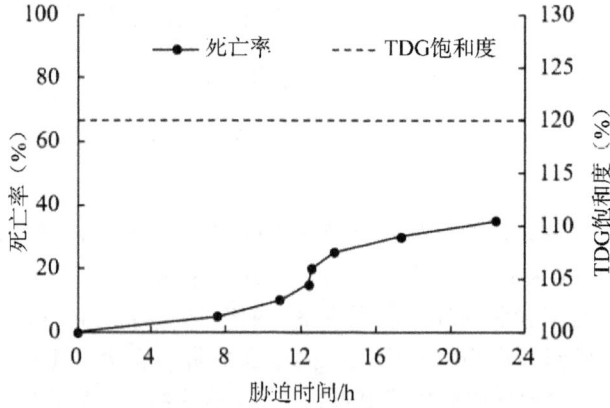

图 6-4　CT2 组实验鱼的死亡率随 TDG 饱和度变化

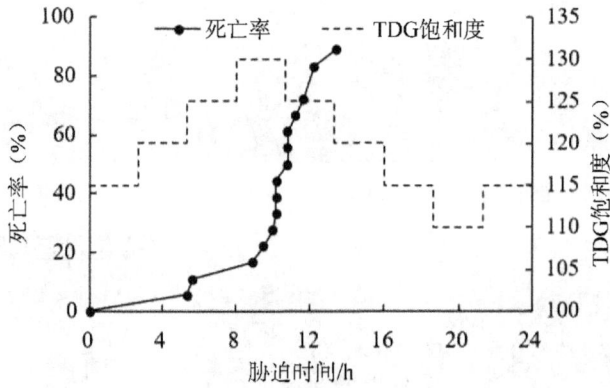

图 6-5　GT1 组实验鱼的死亡率随 TDG 饱和度变化

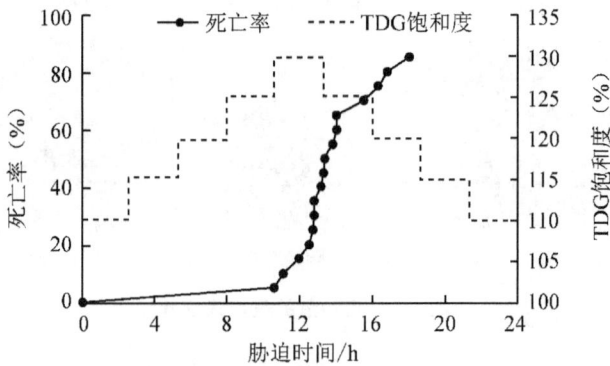

图 6-6　GT2 组实验鱼的死亡率随 TDG 饱和度变化

（2）耐受性。

引用半致死时间（median lethal time，LT_{50}）来评价实验鱼对不同 TDG 饱和度工况的耐受性。半致死时间是指在动物急性毒性实验中，不同浓度药物使受试动物出现半数死亡的时间。将死亡率转换为概率单位，与胁迫时间的对数值进行线性拟合，得到死亡时间与死亡率的线性关系式

$$P(C) = R(S_e) \times \lg T + J(S_e) \tag{6-20}$$

式中：$P(C)$ 为概率单位；T 为每条死亡实验鱼的存活时间；$R(S_e)$ 为回归方程的斜率；$J(S_e)$ 为回归方程的截距；S_e 为不同水体 TDG 饱和度（%）。

图 6-7 所示为各组实验鱼的死亡率及半致死时间。

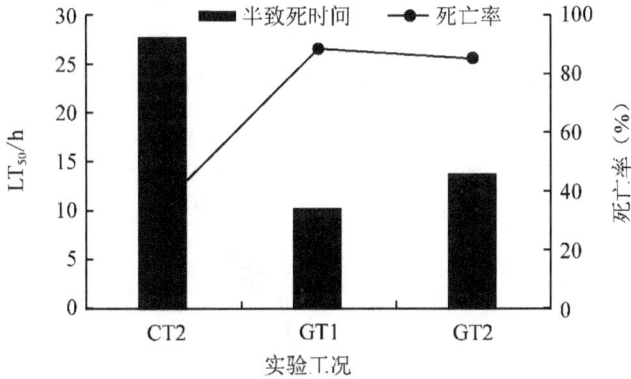

图 6-7 各组实验鱼的死亡率及半致死时间

（3）气泡病症状出现率。

气泡病症状出现率采用下式计算

$$P_d = n_j / N_j \times 100\% \tag{6-21}$$

式中：P_d 为各组气泡病症状出现率；n_j 为各组死亡实验鱼中出现某一症状的实验鱼数量；N_j 为各组实验鱼死亡数量。

在齐口裂腹鱼胁迫实验中，气泡病数据分析图如图 6-8 至图 6-10 所示（冀前锋等，2019）。

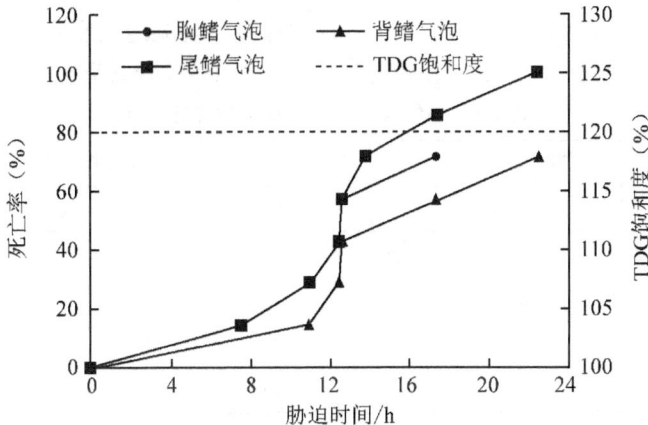

图 6-8 CT2 组实验鱼的典型气泡病患病率

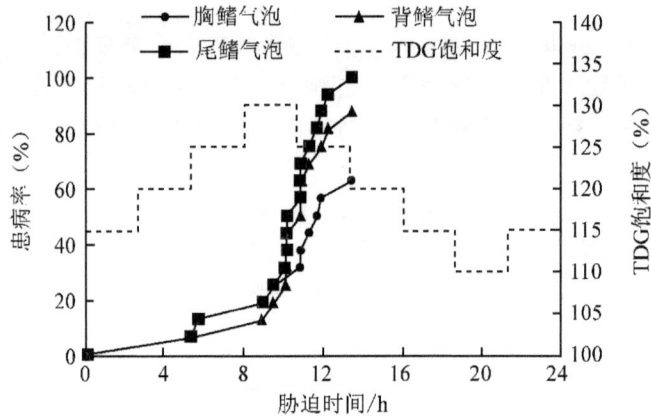

图 6-9　GT1 组实验鱼的典型气泡病患病率

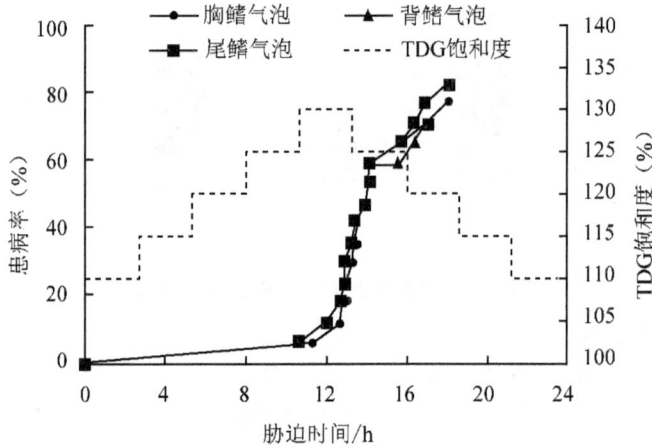

图 6-10　GT2 组实验鱼的典型气泡病患病率

（4）Log-rank 检验。

采用卡普兰-迈尔（Kaplan-Meier）法进行生存分析，并利用对数秩（Log-rank）检验来比较各实验组生存状况的差异性。例如，齐口裂腹鱼各实验组间利用对数秩检验，其结果如表 6-1 所示，4 个工况中两两成对比较均显示 $p < 0.01$，呈极显著差异（冀前锋等，2019）。

表 6-1　各组实验鱼生存状况差异显著性

工况	CT1		CT2		GT1		GT2	
	χ^2	p	χ^2	p	χ^2	p	χ^2	p
CT1	—	—	8.317	0.004	34.074	0	31.662	0
CT2	8.317	0.004	—	—	18.633	0	9.630	0.002
GT1	34.074	0	18.633	0	—	—	7.712	0.005
GT2	31.662	0	9.630	0.002	7.712	0.005	—	—

注：—表示无数值。

拓展阅读

增加河流连通性的设施——鱼道

拆坝或安装鱼道是减轻鱼类洄游障碍最常见的措施。自 1912 年以来，美国水坝移除的数量达 1 600 座，但并不是所有的大坝都可以移除，有些仍然发挥着重要的功能，或是具有社会性能，或拆除成本太高。此外，拆除大坝还会带来一系列生态环境影响，特别是在沉积物淤积等方面。因此，通过鱼道为鱼类提供洄游通道是克服这一弊端的解决办法。鱼道可以采取多种形式，包括人工鱼道、仿自然的分水槽、鱼梯、捕获和陷阱装置等。现代鱼道的发展始于鲑鱼的溯河洄游，它有很好的游泳和跳跃能力。同时，这些鱼道的设计只考虑成鱼的溯河洄游，并没有考虑成鱼的下行或其他生命阶段的双向游动。20 世纪 30 年代，以鲑鱼作为标准的鱼道设计在全球范围内被广泛应用到鲑鱼以外的鱼群。虽然这些鱼道为鱼类提供了一定程度的通道条件，但它们的水力条件与目标鱼种的行为和生理特征匹配程度低，因此，游泳能力或跳跃能力较弱的鱼类传输率通常相当低。即使有些鱼类能够通过鱼道溯河洄游，其花费的时间也会因为鱼道的存在而延长，极大地增加能量消耗，降低了存活率或产卵率。

在五大湖区，入湖支流最下游的屏障是一个阻挡鱼类通过的建筑。半个世纪以来，一直用它来阻止七鳃鳗($Lampetra$)的入侵。七鳃鳗主要寄生在大型宿主鱼身上，其入侵导致伊利湖(Lake Erie)、密歇根湖(Lake Michigan)和安大略湖(Lake Ontario)的湖红点鲑($Namaycush$)减少，甚至灭绝。五大湖区渔业委员会(GLFC)监督的入侵物种控制项目，是通过设置屏障限制七鳃鳗进入支流的产卵场，或是利用杀螨剂(如 TFM 和氯硝柳胺)杀死其幼鱼。与五大湖流域的 3954 座大坝相比，鱼道的数量就相对少得多。目前该区有 103 个确认的鱼道(53 个在美国，50 个在加拿大)和 184 个位于美国的尚未确认的点。确认的鱼道中，32 个鱼道(28 个在美国，4 个在加拿大)位于最低屏障处。

复习思考题

1. 何为估算水流对植被产生拖曳力的达西定律？
2. 柔性水生植被(如海草)在稳定水流作用下产生的行为可以分为哪几种类型？
3. 过鱼设施有哪几类？
4. 请分别论述针对大坝的高度不同，采用何种过鱼设施。
5. 溶解氧过饱对鱼类有哪些主要影响？

第7章　环境生态水力学数值模型及应用

数值模拟是环境生态水力学研究的重要手段之一，它将河流地貌、水动力过程、水环境条件、生物分布特征等的时空分布通过数字化进行表达，如栖息地适宜度模拟模型。本章重点介绍典型的生态水力学模型——栖息地适宜度模拟模型的基本理论和方法。

7.1　环境生态水力学数值模拟原理

环境生态水力学数值模拟主要运用计算机技术，将现实世界通过理论抽象，模拟水体中的水力要素和生态要素相互作用。根据问题对象，它可以运用前面介绍的一维、二维或三维水动力水质模型，获得流速、水深等水力因子和营养物质、污染物质等环境因子的时空分布；也可以基于"3S"技术，特别是遥感(remote sensing，RS)与地理信息系统(geographic information system，GIS)获得环境因子的空间分布。在此基础上，它进一步结合生境适宜度评价方法，将生物对环境因子的响应关联起来。最早的典型环境生态水力学模型有美国鱼类及野生动植物研究所开发的物理栖息地模拟模型(physical habitat simulation model，PHABSIM)；后续有加拿大阿尔伯达大学(University of Alberta)开发的 RIVER2D 模型；德国斯图加特大学(University of Stuttgart)水利工程系开发的 CASiMiR 模型与一维和二维水动力模型(HEC 和 SMS)结合，也常用于预测鱼类和大型无脊椎动物的生境质量。这些模型为评价水利工程对水生生物造成的影响，模拟和评价修复工程的效果，保护河流生态系统的完整提供了科学支持。

环境生态水力学模拟主要包括以下四步(图 7-1)：

(1)准备工作。包括确定研究物种及物种生物采样，河段选择及数据采集等。

(2)根据物种生物采样结果，建立与生态学的联系，构建适宜度指标或偏好函数，即生物模型。

(3)针对影响生物生存和分布的关键环境因子，建立空间范围与研究物种空间分布对应的水动力水质模型。

(4)结合水动力水质模型和生物模型，进行环境生态水力学模拟。

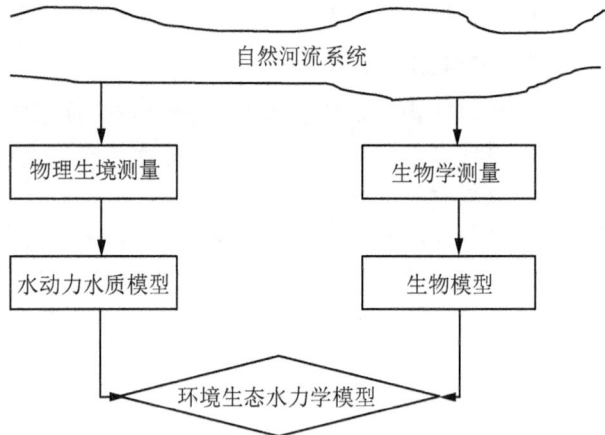

图 7-1　环境生态水力学模型的基本结构

模型计算结果的准确性受选取的关键环境因子、采用的生物模型和水动力水质模型共同影响，需要对模型参数及每一个步骤的合理性进行严格验证。

7.2 环境生态水力学模型的起源及基本概念

7.2.1 环境生态水力学模型的起源

水体及其中的非生命物质和水生生物共同构成了水生态系统(aquatic ecosystem)的主体。水生态系统指水生生物群落与水环境相互作用、相互制约,通过物质循环和能量流动,共同构成具有一定结构和功能的动态平衡系统。水生态系统可分为淡水生态系统和海水生态系统。每个池塘、湖泊、水库、河流等都是一个水生态系统,均由生物群落与非生物环境两部分组成。生物群落依据其生态功能可分为:生产者(浮游植物、水生高等植物)、消费者(浮游动物、底栖动物、鱼类及其他水生动物)和分解者(细菌、真菌)。非生物环境包括阳光、大气、无机物(碳、氮、磷、水等)和有机物(蛋白质、碳水化合物、脂类、腐殖质等),为生物提供能量、营养物和生活空间。

评价河流生态系统是否健康,水质是否符合标准的重要指标包括水生生物的丰度及多样性。随着社会的发展,人类对河流资源的开发和索取越来越多,河流资源利用的某些方面产生了冲突,如渔业、旅游业的发展与灌溉、水电开发等方面的矛盾日趋显著。于是,人们开始研究协调河流资源开发矛盾,维持河流资源可持续利用的方法与理论。最初的水文学方法和水力学方法提出了最小生态流量(minimum flow)的概念。当河流流量低于最小生态流量(即最小生态需水量)时,不允许有其他方面的用水。然而,水文学和水力学方法确定的最小流量是基于历史的流量资料,无法对用水增量带来的生态影响进行评估。比如一个灌区,能够估算到任何灌溉面积增加引起的需水量增加,然而生物学家却无法对不同灌溉面积下的潜在生态影响进行评估。同时,河道内最小生态流量并不能维持枯水期河流生态系统的正常运转,也不能为丰水期的最大鱼类丰度创造条件。因此,需要有能够量化河道内流量增加对生态系统产生影响的方法来制订和评价水资源分配方案(Yi等,2017)。20世纪70年代末,美国鱼类及野生动植物研究所开发了物理栖息地模拟模型,该模型基于河道内流量增量法(instream flow incremental methodology,IFIM),是首个也是目前应用最广的生态水力学模型。PHABSIM模型首先用断面将河道按一定长度进行分割,确定每部分的垂向平均流速、水位、基质和覆盖物类型等。然后调查分析指示物种对这些参数的适宜要求,绘制生态因子的适宜度曲线,根据该曲线确定各河段的生境适宜度,包括水位适宜度、流速适宜度、基质适宜度、河面覆盖物适宜度等。最后计算每个断面、每个指示物种的总生境适宜性,将其称作加权可用栖息地面积(weighted usable area,WUA)。

7.2.2 河道内流量增量法

IFIM法是用来量化河流流量变化对河流生态系统影响的方法,最初应用于鱼类及底栖无脊椎动物栖息地及其种群结构的保护中,主要集中在美国西北部各州的冷水性河流系统。后来此方法被扩展到低海拔的温水性河流系统、在河岸植物和河道内的鱼类活动及造床流量,以及水质维护等方面。IFIM法利用水动力模型预测水深、流速等水力参数,然后与水生生物生境适宜性标准相对照,计算目标水生物种的适宜生境面积(Bovee,1982;Bovee等,1998)。

河道内流量增量法分析中使用的主要信息见图 7-2。IFIM 法是用来量化河流流量变化对河流生态系统影响的方法，虽然除流量变化之外，还有其他因素（如河流生产力或鱼类的死亡率等）也影响着鱼类的数量，然而流量对栖息地的影响最直接、最容易定量分析。因此，量化流量和栖息地之间的关系是 IFIM 法的主要宗旨。

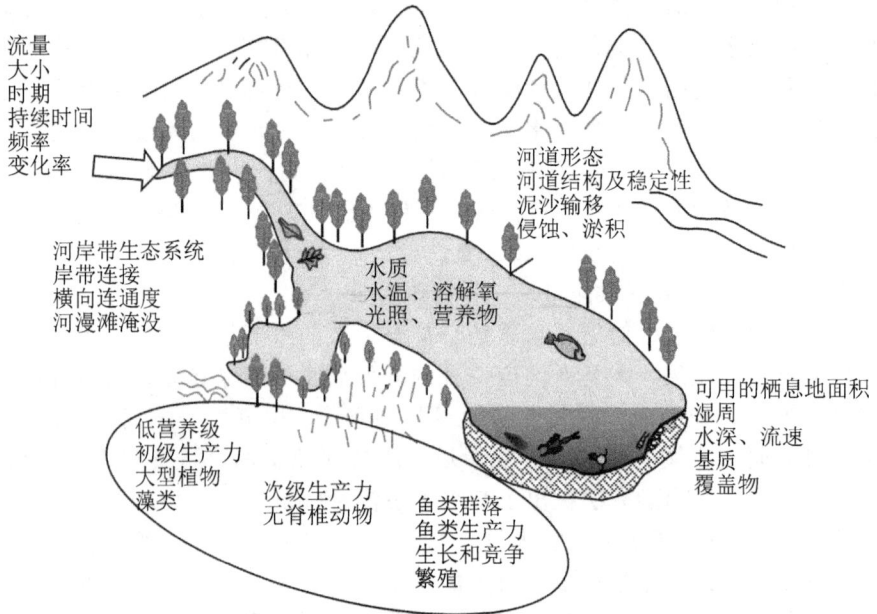

图 7-2 在河道内流量分析中使用的主要信息分布

IFIM 法将大生境分为三个等级：流域、河网和河段。流域的尺度从几十到几千平方千米；河网通常包括两个或更多的子流域，也可能是整个流域；河段是最小尺度的大生境。其次是中型生境，可以用坡度、河道形态和结构来表征，深潭和浅滩是常见的中型生境。中型生境的长度大约与河宽的数量级相等，包含许多微生境，可以分成不同单元的微生境，面积从小于 1 平方米到几平方米不等。微生境是指由水生生物的特定行为（如产卵）使用的局部区域。微生境可由水深、流速、基质和覆盖物等因素描述。总的栖息地是指研究河段的所有可利用大生境和微生境的总和。

IFIM 理论的提出受生物完整性指数（index of biotic integrity，IBI）的影响，它将人类对河流系统的影响归结为以下 5 方面：水文情势、栖息地结构、水质、食物来源和生物间的相互作用，即河流系统完整性的 5 个指标，见表 7-1。

表 7-1 河流系统完整性的关键变量

水文情势	栖息地结构	水质	食物来源	生物间的相互作用
流量	栖息地多样性	营养物质	藻类产量	外来种
水深	淤积	水温	能量输入	土著种
流速	河岸稳定性	浊度	颗粒有机物	濒危种
洪水频率	覆盖物	盐度	水生无脊椎动物	杂交种
洪水大小	木质残骸	溶解氧	陆生无脊椎动物	群落结构

续表

水文情势	栖息地结构	水质	食物来源	生物间的相互作用
干旱频率	河道蜿蜒	pH		竞争
干旱程度	河岸带植被	有毒物质		物种丰度
流量变化	栖息地连通性			捕食
				食物链结构

1. 水文情势

20 世纪 50 年代至 60 年代，美国西部修建大型水库及移民搬迁中关注的重点是河流水文情势的变化，IFIM 法中有多个步骤与水文参数有关（图 7-2）。任何时刻某一河段的栖息地范围与当时的流量有关，因此 IFIM 法中时间尺度上的分析由水文驱动。IFIM 法中最重要的一点是确定描述基流和替代流量下生境变化的适当记录时期和时间步长。

2. 栖息地结构

IFIM 法对栖息地结构的量化是基于微生境尺度，然后在中生境尺度进行整合。例如，PHABSIM 模型通过整合水动力和微生境模拟模型，对目标物种在特定流量下一个较大区域可获取的微生境面积进行定量化。PHABSIM 模型整合了河床结构特征的经验性描述水深和流速分布，以及目标物种的生境适宜性标准。这一整合表明单位河长内，目标物种的状态可用微生境面积与流量之间的函数关系来反映。水动力模型能计算出某流量下一些无法实测的水动力参数，包括各划分单元的水深、流速等，明确消落带被淹没的时长和具体时间，也可以描述生境结构（如生境多样性或丰富度）与流量之间的关系。

河漫滩、回水区和边缘生境的损失是许多河流物种数量下降的主要原因。中型生境的分类及物种组成分析表明，对主河道地形的充分描述在河流管理中非常重要。已有的栖息地保护和恢复研究主要集中于现有渠道的保护和河漫滩栖息地的恢复（Hunt，1988）。也有研究关注洪水冲刷砂砾石孔隙中的淤泥和泥沙对栖息地的作用，解决该问题的重要手段是计算大型水库下游洪水脉冲的大小和时间对细颗粒泥沙冲刷作用的数值算法。目前，河流系统研究中最大的问题是地貌与生态的关系，预测河道对水流变化和泥沙输移响应的技术还不够成熟。

3. 水质

大型生境的主要代表因子是水温和水质。水质模型已被区域水资源管理和公共卫生机构广泛采用，水温对鱼类的生存和刺激繁殖行为有重要影响，某些受水温影响的河段需要计算和推荐鱼类适宜的温度阈值。

4. 食物来源

食物来源是水生生物赖以生存的基础，河流中食物的来源主要受水流影响。在中型或大型生境中，食物对鱼类分布的影响比较明显。一般来说，食物不会成为主要的限制因子。

5. 生物间的相互作用

Karr（1991）提出的五个路径中，生物路径具有较好的发展前景，却容易被忽视。该方法对水温和水流形态进行细致的分析，以便解释某物种在一个河段比另一个河段具有更高优势度的原因。产卵和孵化期间不利的水温、出苗时过高的流速，或关键生命时期觅食和休息场所的大范围重叠可能有利于某一物种，而不利于另一物种。同时，也需要融入种群动力学解释生物之间的相互作用，然而目前基于种群结构的生境模型研究还较少。

IFIM法组成的模型包括水动力、水质、水文、生态等专业模型和方法，其核心是PHABSIM模型。随着IFIM法的不断发展，又出现了RHYHABSIM、EHVA、CASiMiR和WHYSWESS等模型，这些模型主要由两部分组成：水动力学模拟和物理生境模拟。模型能够通过水深、流速、底质和覆盖物的组合表现栖息地的增加或减少，模拟结果经过综合得到加权可用面积（weighted usable area，WUA）与流量的关系。通常以WUA-流量曲线的突变点作为推荐的生态需水量。

7.3 典型的生境适宜度评价方法

特定生物体或群落栖息空间中的生态环境即为生境，生境适宜度评价是生态系统评价的重要组成部分。生境特征对河流分类、干扰梯度鉴别和影响的量化研究很重要，而且是河流修复工作的基础。

目前，已有许多基于专家经验和数学统计的用于描述栖息地质量与生物之间关系的栖息地适宜度评价方法，其中最经典的是栖息地适宜度指数（habitat suitability index，HSI）法。它用来定量分析生物对栖息地偏好与栖息地生境因子之间的关系，由美国鱼类及野生动物署在栖息地评估程序（habitat evaluation procedure，HEP）中率先提出，并且已经得到广泛应用。栖息地适宜度曲线是栖息地物理特征（如水深等）与物种在该条件下生存质量的定量描述，一般需要结合多组反映栖息地特征的生境因子适宜度曲线来定义综合的栖息地适宜度指数。

多元分析方法考虑了环境变量之间的相互作用和相关性，通过多个环境特征的累积效果分析来确定物种的响应，因此更适合做鱼类栖息地评价。过去20年中，多元统计方法在模拟物种分布和栖息地要求方面的应用不断增加，方法多样。目前模拟物种分布和栖息地情况的多元统计方法主要包括多元线性回归法、岭回归法、主成分回归法、逻辑回归法、广义线性模型和广义加和模型。

7.3.1 基于专家经验的评价方法

1. 适宜度曲线法

栖息地适宜度指数法基于可获取的知识对目标水生动物所需的最优非生物环境条件建立生境评价指数，用来表示不同水生动物在不同生命阶段对流速、水深、底质、覆盖物等不同河流环境因子的偏好。该方法被全球超过90%的鱼类栖息地模型所采用，其中应用最广泛的PHABSIM模型就采用了此方法。偏好曲线以生境因子的数值为横坐标，以目标物种对此生境因子的偏好程度（即适宜度，SI）为纵坐标，建立目标物种对单个生境因子的偏好与生境因子之间关系的连续曲线。用0和1之间的数值定义目标物种对单因子的偏好，曲线的峰值代表生物对该因子的最适宜或最喜爱的范围。生态因子的适宜度也可用文字表述，比如好、中、差。栖息地适宜性标准是IFIM法的生物学基础，其模拟的真实性和准确性对于栖息地的评估起着关键作用。

偏好曲线有三种格式：单变量二元格式（binary format）、单变量曲线格式（univariate

format)、多变量曲线格式(multivariate format)(图 7-3)。

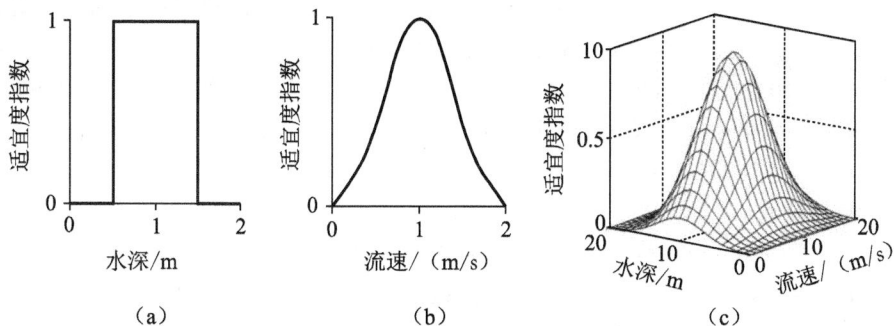

图 7-3　单变量二元、单变量曲线和多变量曲线格式

　　由于物种选择生境时，并不是独立地考虑每个生境因子，而是选择适宜生境因子的组合。因此，需要计算每个研究单元的组合适宜度，可通过算术平均法、几何平均法、乘积法、最小值法、加权求和法、加权乘积法等多种方法将研究单元中各个生境因子的适宜度组合起来得到

$$算术平均法：HSI = \frac{\sum_{i=1}^{n} SI_i}{n} \tag{7-1}$$

$$几何平均法：HSI = \prod_{i=1}^{n} SI_i \tag{7-2}$$

$$最小值法：\quad HSI = \min(SI_1, SI_2, \cdots, SI_n) \tag{7-3}$$

$$加权求和法：HSI = \sum_{i=1}^{n} SI_i W_i \tag{7-4}$$

$$加权乘积法：HSI = \prod_{i=1}^{n} (SI_i)^{W_i} \tag{7-5}$$

式中：SI_i 为物种对 i 因子的适宜度，由适宜度曲线得出；W_i 为 i 因子的权重，取值范围 $0 \sim 1$。各个因子的权重可由专家判断确定，也可通过主成分分析等统计方法确定。

　　算术平均法基于以下假设：每个变量互相独立，且它们的重要性相同，较好的变量条件可以适度补偿其他变量条件的不足；几何平均法考虑了变量之间的补偿作用；一个变量的 SI 值为 0 时，乘积法计算得到的 HSI 值即为 0，乘积法没有将变量之间的补偿作用考虑在内；最小值法基于以下假设：目标物种的生境适宜度取决于限制性因子，该方法没有将各个因子之间的相互作用考虑在内，且认为具有高 SI 的因子不能产生补偿效应；加权求和法基于实际情况为每个因子赋予适宜的权重，反映了各个变量的相对重要性；加权乘积法没有将不同因子之间的补偿作用考虑在内，一个因子的 SI 值为 0 时，HSI 即为 0。HSI 也可以用多元函数表达，这取决于生境因子的组合及相互关系，通常采用指数为多项式的指数函数表示。

　　适宜程度也可以理解为某一栖息地单元被某一物种占据的可能性。一般形式为

$$HSI = \frac{1}{N} \cdot \exp[-(a_1 \cdot h + a_2 \cdot v + a_3 \cdot h^2 + a_4 \cdot v^2 + a_5 \cdot h \cdot v)] \tag{7-6}$$

式中：h 为水深；v 为流速；a_i 为系数；N 为标准化参数。该方法的缺点是通常有不连续的峰值，与现实不符。例如，如果物种在水深 0.6～1.0 m 的适宜程度均属于好，方程就不能反映出来。因此，该类型方程的使用受到限制。

以上计算综合适宜度指数的方法均没有考虑栖息地变量之间的相互作用和相关性。例如，流速对底质的粒径大小和组成影响很大；其次，水深和流速之间也有很高的相关性。

2. 模糊逻辑法

生态学模拟中往往存在不确定性，此前介绍的用确定数值定义生态因子适宜度指数的方法有以下不足：①用精确的数学表达式来描述不明确的物种偏好；②多变量分析中输入变量相互独立，与现实不符；③难以在已完成的模型中加入新的附加参数。

生态学数据中内在的不确定性包括随机变量的存在、不完整或不准确的测量数据、使用估计而不是直接测量的结果。为处理生态学数据中这种不确定性对模拟结果的影响，引入模糊逻辑来定义栖息地适宜度。与传统方法相比，模糊逻辑能更好地利用不精确、不确定的测量结果和模糊的专家知识。

模糊逻辑法的核心是模糊集和模糊规则。传统的集合具有明确的界限，对象对于传统集合的隶属关系清楚明确，即只能是属于或不属于该集合，不存在其他隶属关系。而模糊集合是指具有模糊集所描述性质的对象全体。模糊集没有明确的边界，对象对于模糊集的隶属关系不是简单的属于或不属于所能描述的，对象可以部分地属于某个模糊集。对象对于模糊集的隶属度在 0 到 1 之间，用隶属度函数定义。0 表示对象完全不属于此模糊集，1 表示对象完全属于此模糊集，0～1 表示对象部分属于此模糊集，数值越接近 1 表示对象对此模糊集的隶属度越高。隶属度函数的形状反映了变量对每个模糊集的隶属度随着变量值变化而变化的情况(Marchini 等，2009)。隶属度函数包括三角形函数、梯形函数、高斯函数等多种函数。在栖息地适宜度模拟中，三角形隶属度函数和梯形隶属度函数最常用，它们表示变量的隶属度先从 0 逐渐增加到 1，然后再逐渐减小到 0，这一过程简化了自然界中环境变量的变化情况。由于模糊集没有明确的边界，故用来描述对象对于模糊集隶属度的函数边界可能会相互重叠，经典集合边界的不确定性最大。因此，为了避免模糊集合的误分类，将两个模糊集合重叠点的隶属度值都定为 0.5(Marchini 等，2009)。在基于模糊逻辑法的栖息地模拟中，常常用"低""中""高"等模糊集描述栖息地的流速、水深等环境状况。例如，某一流速适中，但具有变高的趋势，用模糊数学可表达为这一流速对于"中等流速"模糊集的隶属度为 0.4，与此同时，其对于"高流速"模糊集的隶属度为 0.6。

模糊规则应用在物种栖息地适宜度分析中，即定义了输入的栖息地环境变量与某种在特定生命阶段的栖息地适宜度之间的关系。模糊规则分为两部分：条件部分和结果部分。条件部分描述了物种栖息地的环境条件，结果部分对物种对于该环境条件的偏好程度进行描述，例如，规则"如果流速中等且水深中等，则栖息地适宜度高"，其中"如果……"部分是条件部分，"则……"部分是结果部分，流速、水深、栖息地适宜度的"低""中""高"模糊集用隶属度函数来定义。

通常，基于模糊逻辑法的栖息地适宜度模拟过程类似于曼达尼-阿斯廷(Mamdani-Assilian)过程(Mamdani 和 Assilian，1999)。首先，根据研究地区环境变量值的范围和研究对象对于各环境变量的偏好情况，建立各个环境变量的模糊集和模糊规则；其次，根据模糊规则条件部分中各个变量模糊集的隶属度函数，分别计算一组输入变量中每个变量对模糊规则条件部分相应的模糊集的隶属度；再次，如果条件部分用"且"连接，采用最小值法或乘积法从第二步计算得到的一组隶属度中计算出该组输入环境变量对于此条模糊规则的匹配度(degree of fulfillment，DOF，表示各条规则对于该组输入环境变量栖息地适宜度的影响程度)，同理计算出该组输入环境变量对于每条模糊规则条件部分的匹配度；从次，采用乘积法或最小值法将匹配度与模糊规则的结果部分(即栖息地适宜度的模糊集)合并，计算得出该组环境变量对于全部模糊规则的总匹配度函数；最后，去模糊化，取上一步得到的总匹配度函数图形的形心、重心或采用其他方法得到一个数值，即基于模糊逻辑法计算得到的该组输入环境变量的栖息地适宜度值，该值在0～1的范围内。

模糊逻辑法在表征栖息地模拟的不确定性时十分有效，可以利用非精确或者模糊的信息，也可以将容易获得的专家知识方便地表示为偏好数据集，这使其在栖息地模拟方面具有如下明显优势：

① 模糊逻辑法接受不精确信息的数值处理，如仅对鱼类栖息地适宜度的定性认识；

② 模糊逻辑法考虑了多变量影响，但不需要输入变量相互独立；

③ 少量的野外观测数据即能够满足模糊规则的制定；

④ 便于引入新参数，各种物理参数的组合都可以被引入栖息地模拟中，便于应用；

⑤ 数值解决方案是看得见的(没有黑箱)，并且得到最后结果的路径是可以理解的。

模糊逻辑法的局限性：

① 模糊规则的数量随物理参数的增加而迅速增加；

② 接近于人类语言的规则可能给出错误的表达，即很容易被将自己作为专家的人所定义。

目前许多研究使用数据驱动的优化方法生成模糊规则，以弥补专家知识的缺乏。但优化方法要求利用大量的实测数据对规则进行驯化，增加了对实测数据的要求。

7.3.2　基于数学统计的评价方法

对栖息地生境因子的独立考虑忽略了栖息地的复杂性，不能恰当地表达自然水体的生境状态。比如某种鱼类偏好流速快的水体，但必须有河底的巨石等作为庇护来躲避水流冲击时才会选择；如果没有庇护，则鱼类更倾向于选择流速相对较低的水体，同时寻找防止被捕食者发现的庇护。多元分析方法又称多变量分析方法，主要探究多维随机变量间的相互依赖关系、结构关系等，通过多个环境特征的相互作用分析来确定物种的响应。以下总结了几种栖息地模拟中主要的多元统计方法。

1. 多元线性回归

多元线性回归法(multiple linear regression，MLR)是用来描述一个因变量和多个自变量之间关系的最常用方法。首先运用多元线性回归法建立物种响应与栖息地变量(如水深、底质、水温、河道宽度，以及土地利用和森林覆盖等流域尺度特征)之间的相互关系，可以用下式表示

$$Y = \beta_0 + \boldsymbol{X}^T \beta = \beta_0 + \beta_1 x_1 + \beta_2 x_2 + \cdots + \beta_m x_m + \varepsilon \tag{7-7}$$

式中：Y 为响应变量（如丰度）；$\boldsymbol{X}=(x_1, x_2, \cdots, x_m)$ 为由 m 个预测变量组成的向量；β_0 为常数；$\boldsymbol{\beta}=(\beta_1, \beta_2, \cdots, \beta_m)$ 为 m 个与预测变量相对应的回归系数组成的向量；ε 为残差或剩余。令 Y' 为 Y 的估计值，即

$$Y'=\beta_0+\beta_1 x_1+\beta_2 x_2+\cdots+\beta_m x_m \tag{7-8}$$

则 $\varepsilon=Y-Y'$，式(7-8)亦称为预报方程。

最后，用最小二乘法求解物种响应与栖息地变量关系式中的回归系数。

2. 广义线性模型

在近 30 年来，一个非常重要的统计学进展就是将线性回归改进为广义线性模型（generalized linear model，GLM）和广义加和模型（generalized additive model，GAM）。这两个模型能够处理多种常见的分布形态，在生态学研究中被广泛应用。

广义线性模型的表达式与多重线性回归模型相同，可表示为

$$g(\mu(x))=\beta_0+\beta_1 x_1+\beta_2 x_2+\cdots+\beta_m x_m \tag{7-9}$$

广义线性模型适用于仅有单一响应变量且变量符合指数族的拟合模型。指数族包括正态分布、二项式分布、泊松分布、几何分布、负二项式分布、指数分布和反正态分布。实际上，前面讨论的常规线性模型和逻辑回归都是广义线性模型的特例。一般的线性回归基于正态分布假设，并直接模拟平均值。广义线性模型在两个方面将一般的线性回归模型推广：首先，它允许响应变量为非正态分布；其次，它可以模拟平均值的函数。

线性回归模型是强大的分析工具，但也受到如下假设的限制：①误差被认为具有相同的分布且相互独立，包括假设响应变量的变异性在各次观察时同方差；②模型误差符合高斯分布；③对预测变量的回归方程是线性的。这些假设常常不符合实际，而且数据误差很少符合正态分布。当这些假设无法满足时，可以将数据进行变形，获取较为稳定的变异性后，再采用线性回归。另外，当随机误差不符合正态分布时也可以使用变形方法。实际应用中，变形有时可以取得较好的效果，但有时某种变形无法同时获得正态分布的误差、使变异性稳定、使模型为线性，此时运用广义线性模型来分析此类数据更合适。

经典高斯分布往往难以体现栖息地物种关系，而广义线性模型在分析该关系上更具有灵活性。广义线性模型假设数据来自多种概率分布形态，其中多数的误差都不符合正态分布。广义线性模型由三部分组成：响应变量分布，对应响应变量 Y；线性预测变量，对应在模型中充当预测变量的环境变量；连接函数 g，描述了线性预测变量和响应变量的期望值 $\mu=E(Y)$ 之间的函数关系。广义线性模型通过线性预测方程，将一个平均值函数与环境变量联系起来。

在阐述生态学数据的分布规律时，广义线性模型作为一种模型范式，受到越来越广泛的关注。许多生态学中的广义线性模型被应用到植物研究和植物物种分析中，而用于分析水生栖息地的则较少。Labonne 等（2003）用广义线性模型分析了比奥姆河（Beaume Rriver）中的鱼类与栖息地的关系，结果表明广义线性模型是一种分析水生栖息地与种群关系的有力工具，尤其是在无法满足更简单方法的假设时。

3. 广义加和模型

广义加和模型是广义线性模型的非参数扩展，实际上也是一种广义化的多元线性回归法。广义线性模型将经典回归的应用扩展到二项式分布、泊松分布、γ 分布和逆二项式

分布等其他统计分布形式，广义加和模型则使用非参数光滑函数，而不是参数方程($ax + bx^2$)来估计响应曲线。

广义加和模型由 Hastie 和 Tibshirani(1990)提出，它基于的唯一假设是函数具有可加和性，且各项光滑。与广义线性模型类似，广义加和模型也是用一个连接函数建立响应变量平均值和预测变量光滑函数之间的关系，可以将标准广义线性模型和非参数回归同时用于预测变量。

广义加和模型将广义线性模型扩展成为各个环境变量的光滑函数之和，即

$$g(\mu(x)) = \beta_0 + f_1(x_1) + \cdots + f_m(x_m) \tag{7-10}$$

这些光滑函数一般通过平滑样条函数估计。光滑函数的应用消除了对预测变量形式的限制。

广义加和模型可用于模拟一系列复杂的曲线，因此可以有效解释隐藏域数据中的生态关系。广义加和模型是基于数据的模型，其优势在于能够处理响应变量和预测变量之间的高度非线性、非单调的函数关系(Ahmadi-Nedushan 等，2006)，唯一需要的假设是每个函数项都光滑、可加。因此，它在模型形式上更为灵活且能更好地反映数据特性，以便人们加深对生态系统的理解。

广义加和模型的建立可以分为三个步骤：①变量预分析。根据数据特点确定响应变量的分布类型以及相应的连接函数。②模型的设置和选择。需要设置光滑函数、基础维度("k")、光滑参数估计方法等参数。设置包括连接函数、变量及相应参数的广义加和模型。通常能建立若干个不同变量组合形式的模型，需要通过方差分析来选择出最优的模型。③模型优化。结合等值线图判断所建模型是否可靠。等值线图通过 R 软件中"vis. gam"命令实现。如果所选模型与现实不符，有必要分析原因并进行优化(如赋权等)。

广义加和模型可以通过 R 3.1.2 中"mgcv"程序包建立。选择类泊松(quasi-Poisson)分布，对应的连接函数为 log()。薄板样条回归函数和张量积函数分别为变量项和交互项的平滑函数。当两个变量一起作用的结果和他们单独作用的加和不同时，可以认为他们的作用是交互的。这种情况需要在模型中加入交互项。用前向逐步回归法筛选变量，例如先加入水深，接着加入流速和交互项。极大似然估计法(restricted maximum likelihood，REML)作为估计函数(贺勇和明杰秀，2012)。模型拟合优度通过残差偏差(residual deviance)衡量，残差偏差是拟合模型的偏差，类似于线性模型中的残差平方和。利用 F 检验进行显著性检验，利用 Spearman 等级相关系数评价模拟值与实测值的吻合程度。

广义加和模型在生态学研究中被用来预测物种分布与环境的关系，例如模拟森林生物区系，预测随着环境梯度变化的植被分布，以及模拟水生栖息地等。Costa 等(2012)假设响应变量遵循泊松分布，运用对数形的 GAMs 模型在中生境尺度上建立了西班牙卡布里埃尔河(Cabriel River)濒危鱼类的栖息地适宜度模型，很好地模拟了鱼类栖息地情况。但是广义加和模型以及人工神经网络等其他非参数方法都具有一个潜在缺陷，即无法给出模型的参数函数，例如利用 GIS 建立空间预测模型时将受到局限。Myers 等(2012)认

为，仅当线性回归等简单的模型无法适当地拟合数据时，才使用广义加和模型。

7.4 栖息地模型的应用案例——四大家鱼栖息地模拟

青鱼、草鱼、鲢鱼、鳙鱼统称为四大家鱼，属鱼纲，鲤形目，鲤科。青鱼（*Mylopharyngodon piceus*）在水域底层栖息，主食螺蛳、蚌等软体动物和水生昆虫；草鱼（*Ctenopharyngodon idellus*）喜在水域边缘地带活动，以水草为食；鲢鱼（*Hypophthalmichthys molitrix*）栖息于水中上层，主食浮游植物；鳙鱼（*Aristichthys nobilis*）也喜欢在水中上层活动，以浮游动物为主食。四大家鱼是江湖半洄游性鱼类，主要在长江水系及其通江湖泊中繁殖、生长和育肥，是长江水系经济鱼类资源的主要组成部分，也是长江流域淡水捕捞的主要对象。四大家鱼的产卵活动发生在每年的4月下旬至7月上旬，当水温达18℃的洪水时期，亲鱼便集中在产卵场产卵。长江干流是四大家鱼主要的产卵场所，四大家鱼通常选择河道宽窄相间或弯道河段、水流流速发生变化和流态紊乱的区域产卵。

7.4.1 栖息地适宜度指数

影响四大家鱼栖息地适宜度的主要生态因子包括水位涨幅、流速和水温。水深并不是四大家鱼产卵的关键生态因子，但水位的涨幅是产卵的必备条件，适宜的水位涨幅对应高的产卵量。流速是关键生态因子之一的原因是四大家鱼的鱼卵和鱼苗需要一定的流速以防止下沉。水温对四大家鱼繁殖的影响至关重要。当水温高于18℃时，四大家鱼开始产卵，产卵盛期水温为21～24℃。宜昌江段每年四大家鱼繁殖季节的最高日平均气温为27℃。

根据四大家鱼的产卵特性，建立四大家鱼的栖息地适宜度方程（Yi等，2010）。当任何一个因子的适宜度为零时，各因子几何平均的栖息地适宜度也为零，因此采用几何平均的方法综合分析影响四大家鱼栖息地适宜度的关键因子，表达式如下

$$HSI = (I_{dz} I_V I_T)^{1/3} \tag{7-11}$$

式中：I_{dz} 为水位涨幅适宜度，I_V 为流速适宜度，I_T 为水温适宜度，均由适宜度曲线定义。适合度以0、1为界，0为完全不适合，1为最适状态，中间值表示物种对特定因素的适合程度。适宜度曲线见图7-4。

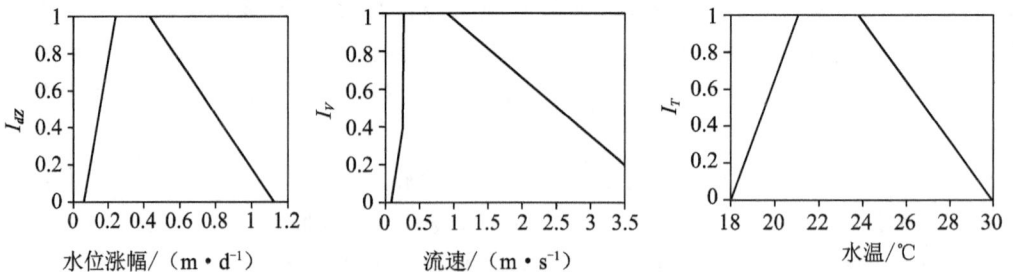

图7-4 四大家鱼栖息地生态因子适宜度曲线

7.4.2 一维水动力学模型

本节结合一维水动力学模型对四大家鱼栖息地适合度方程中的水文因子及河道相关因子进行模拟,建立四大家鱼生态水力学模型。

采用扩展的圣维南方程组作为一维液体运动的控制方程,控制方程由水流连续方程和水流动量方程组成,表达式如下

水流连续方程

$$\frac{\partial A}{\partial t}+\frac{\partial Q}{\partial x}=q_L \tag{7-12}$$

水流动量方程

$$\frac{\partial Q}{\partial t}+\frac{\partial}{\partial x}\left(\alpha\,\frac{Q^2}{A}\right)+gA\left(\frac{\partial Z}{\partial x}+\frac{Q|Q|}{K^2}\right)=q_L v_x \tag{7-13}$$

式中:x,t 为流程(m)和时间(s);A 为过水断面面积(m^2);Q 为断面流量(m^3/s);Z 为水位(m);α 为动量修正系数;K 为流量模数,$K=AR^{2/3}/n$;R 为湿周;q_L 为旁侧入流流量(m^2/s),入流为正,出流为负;v_x 为入流沿水流方向的速度(m/s),若旁侧入流垂直于主流,则 $v_x=0$。

采用普林斯曼(Preissmann)四点加权隐格式进行数值求解,将非线性方程组线性化,再采用追赶法求解,或者采用具有较高收敛速度的牛顿-拉弗森(Newton-Raphson)迭代法来直接求解非线性代数方程组。

7.4.3 模型验证

1. 适宜度方程验证

通过 1997—2006 年 21 组长江监利断面的鱼苗径流量实测数据对四大家鱼的适宜度方程进行验证。流速通过实测的断面面积、流量和水位推算得出。栖息地适宜度指数(HSI)与日均产卵量的计算结果如图 7-5 所示。

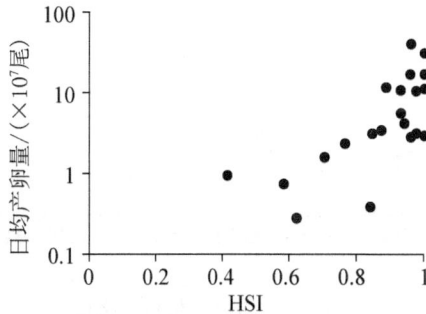

图 7-5 监利断面实测日均产卵量与计算的栖息地适宜度指数(HSI)的关系数据(邱顺林等,2002;段辛斌等,2008)

2. 一维水动力模型验证

采用长江中游宜昌至城陵矶河段的实测资料对一维非恒定水流生态数学模型进行验证。长江中游河段从宜昌到城陵矶,长 380 km,中间有清江汇入长江,同时又有松滋、太平、藕池三口分流入洞庭湖。对河道进行了计算区域河网结构的概化,如图 7-6 所示。整个计算范围概化为 9 条河段,4 个汊点,共计 227 个断面。

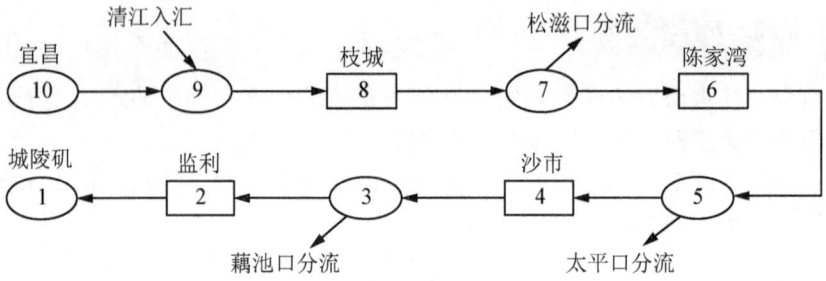

图 7-6　宜昌-城陵矶河段概化示意图

采用 1998 年 4 月 1 日至 6 月 30 日四大家鱼产卵期间的地形资料、水位、流量过程，对模型进行了验证。流量、水位验证结果见图 7-7、图 7-8，其中 CS51、CS107、CS193 分别代表枝江、沙市、监利断面。由验证结果可以看出，计算水位和流量过程能基本准确地反映实测水流、流量过程的变化，模型基本原理正确，参数选取合理。

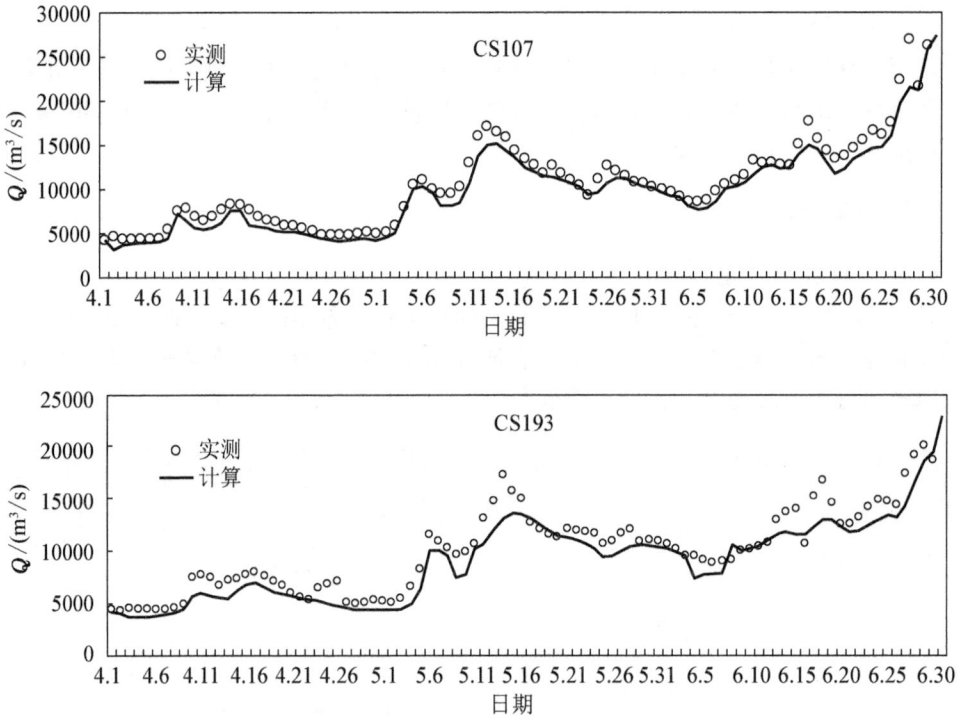

图 7-7　断面流量过程验证

7.4.4　模拟结果与结论

1. 最小生态需水量

最小生态需水量决定流速适宜度。对葛洲坝下游四大家鱼主要产卵场宜昌至城陵矶 380 km 河段进行了计算，模拟了不同流量下的流速适宜度并确定了最小生态需水量，计算结果如图 7-9 所示。

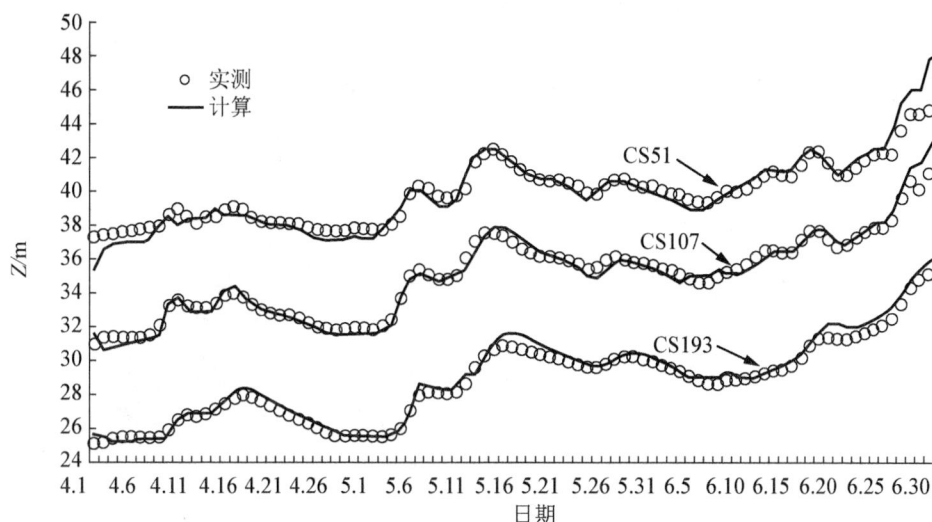

图 7-8 断面水位过程验证

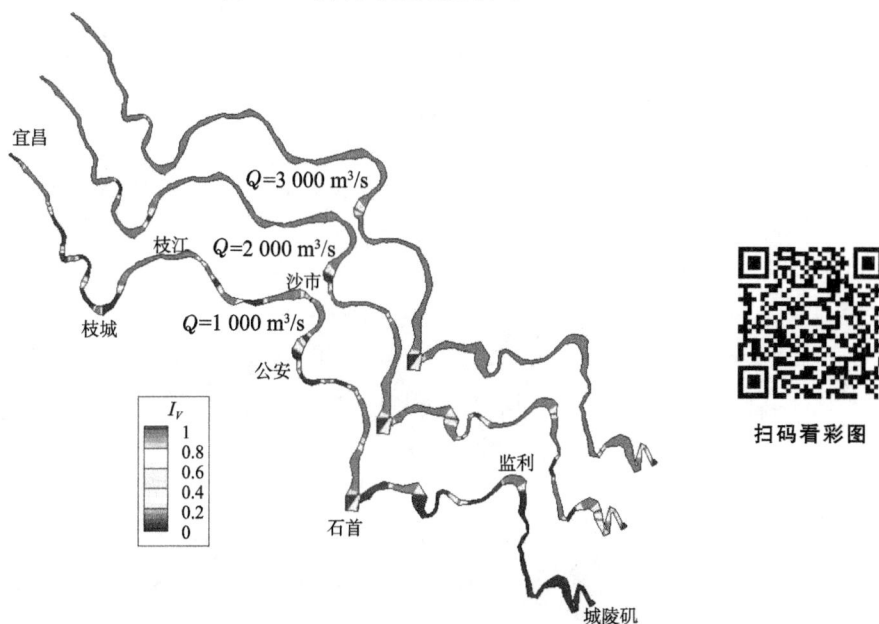

扫码看彩图

图 7-9 不同流量下的 I_V ($Q=1\ 000\ \text{m}^3/\text{s}$, $2\ 000\ \text{m}^3/\text{s}$, 和 $3\ 000\ \text{m}^3/\text{s}$)

模拟结果表明：

当 $Q=1\ 000\ \text{m}^3/\text{s}$ 时，约 45% 的河段流速适宜产卵，约 55% 的河段由于流速过低不能提供适宜的产卵条件；

当 $Q=2\ 000\ \text{m}^3/\text{s}$ 时，约 85% 的河段流速适宜产卵；

当 $Q=3\ 000\ \text{m}^3/\text{s}$ 时，约 95% 的河段流速适宜产卵。

四大家鱼产卵的最小生态需水量为 $3\ 000\ \text{m}^3/\text{s}$。

历史实测资料显示，中华鲟产卵季节该河段天然的最小流量均大于 $4\ 000\ \text{m}^3/\text{s}$，流速均能满足四大家鱼产卵的需要。水库运行后，在满足发电和航运的需求下，需保证下泄流量不小于 3 000 m³/s 以满足四大家鱼繁殖的需要。

2. 适宜流量过程

模型模拟了不同初始流量(Q)条件下不同日均流量涨幅(d_Q)的水位变化情况，并得到了该情景下的水位变化适宜度(I_{dz})，计算结果见图 7-10。

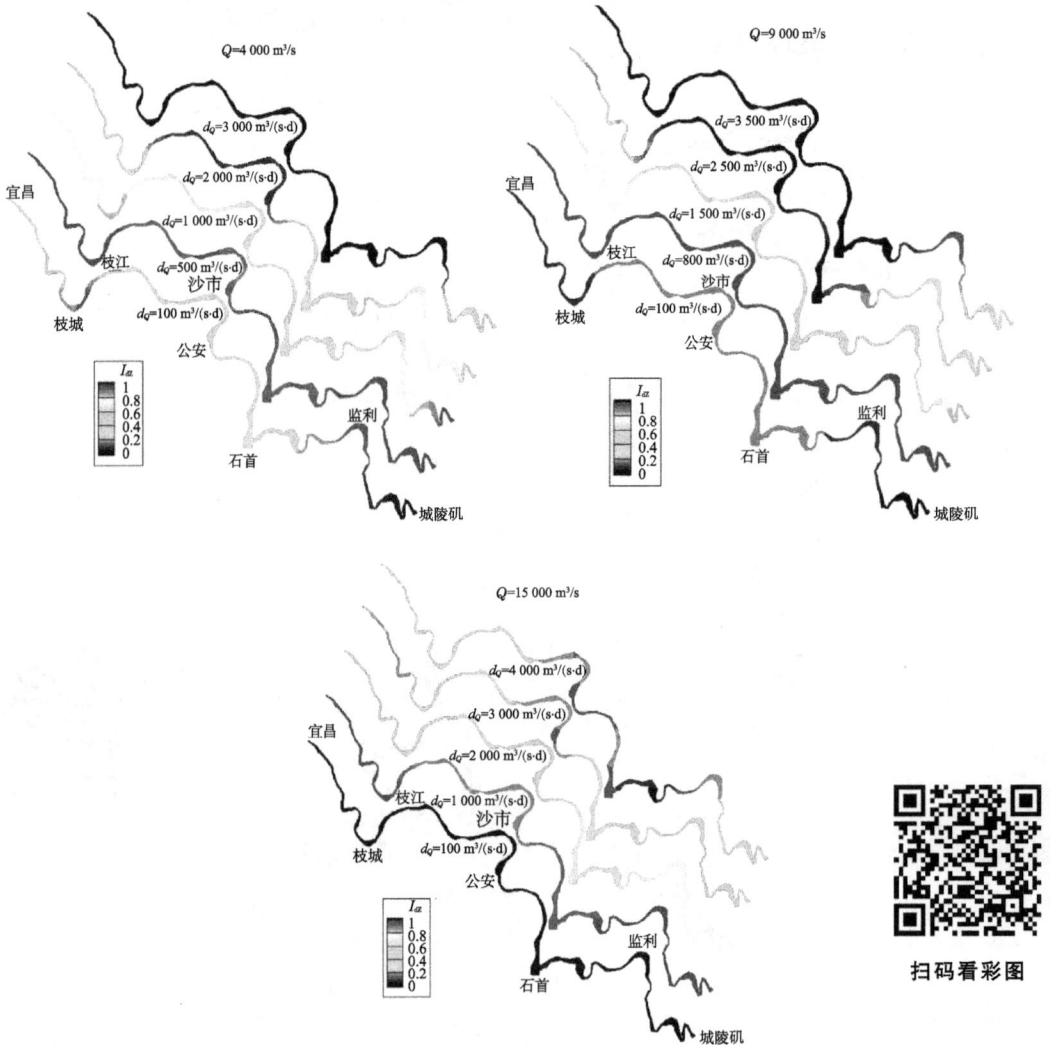

图 7-10　不同初始流量(Q)和日均流量涨幅(d_Q)下四大家鱼的水位变化适宜度(I_{dz})示意图

适宜的日均流量涨幅与初始流量大小密切相关。当初始流量为 4 000 m³/s 时，最优的日均流量涨幅约为 500 m³/(s·d)；当初始流量为 9 000 m³/s 时，最优的日均流量涨幅约为 800 m³/(s·d)；当初始流量为 15 000 m³/s 时，最优的日均流量涨幅约为 1 000 m³/(s·d)。日均流量涨幅太大或太小均不利于四大家鱼产卵。

3. 结论

我们通过耦合栖息地适宜度曲线和一维数学模型，建立了四大家鱼栖息地适宜度模型。模拟结果表明，长江中游满足四大家鱼繁殖的最小生态流量为 3 000 m³/s。不同的初

始流量相应地需要有不同的流量增幅。当初始流量为 4 000 m³/s 时，适宜的日流量增幅约为 500 m³/(s·d)；当初始流量为 9 000 m³/s 时，适宜的日流量增幅约为 800 m³/(s·d)；当初始流量为 15 000 m³/s 时，适宜的日流量增幅约为 1 000 m³/(s·d)。日流量增幅过大或过小均不利于四大家鱼产卵。因此，调整水库运行调度方式，给四大家鱼产卵提供有利的流量和水位增长刺激是保护四大家鱼的可行措施。

拓展阅读

水生生物栖息地模拟方法的优缺点及发展趋势

水生生物栖息地模拟是基于水力学和生态学学科知识高度交叉融合，结合数值模拟技术发展而来的评价和预测自然与人类活动对水生生物适宜生存空间时空分布影响的方法和技术。该方法为水资源利用和生态系统影响评价建立了一个有据可依的新方法，自提出至今已有40多年历史，受到了水力学和生态学专家的热切关注，并已被各国科研人员和各流域管理机构广泛应用。归纳起来，栖息地模拟存在以下优点和不足。

1. 优点

栖息地模拟方法能够评价流量变化对水生生物栖息地的影响（包含对水文和栖息地时间序列的动态分析），可用于对单一或多物种、生命阶段和群落进行多个生态流量情景下栖息地质量的评价和预测。该方法基于计算机程序，能够有效地处理大量水文、水力和生物学数据，具有标准化、灵活、易于交互的优点。水动力学模型和栖息地模拟模型尺度的选择与河流的尺度及生物的特性有关。此外，随着多维水动力学模拟的快速发展，模拟结果的时空分辨率不断提高，栖息地模拟能更精确地反映生物所处的水力学环境和河流类型。

栖息地模拟方法具有很好的适应性。它不仅可以用于水库调度下的坝下游栖息地模拟，还可用于水电调峰和排沙等不同情景的模拟；不仅可以与水动力模型结合，也可以与水质和水温模型结合，在后续发展中可以整合生物种群模型，发展更复杂的适宜度标准和生物响应模型，提升其生态预测能力。在河道内流量与河道外流量，或河流系统与其他某些具有特殊保护价值的区域存在激烈用水竞争的情况时，栖息地模拟法能够对不同的流量分配方案进行评价。这种方法目前已被美国渔业和野生动物服务局推荐为生态需水量计算服务，是唯一被认为具有法律可信性的方法。

2. 不足

目前栖息地模拟方法大多数关注的是目标物种或关键指示物种，因此，对于复杂且高度多样化的物种集群，没有任何单一的生态流量能够代表整个或其中部分群落。通常保障生态需水的目标可以保持河流的整体健康，要选择合适的目标物种十分困难。而且，有些河流中的生物类群无法得知。尽管栖息地模拟方法需要大量基础资料和多学科领域合作，它仍然只是生态需水理论体系中的一种。

此外，栖息地模拟方法大多基于假设：在计算河道内物种的生态需水量时，只需使用多个水力学参数描述物理微生境，建立流量与生物响应之间的关系。然而该假设具有局限性，如果选用的水力学参数不能充分反映生物的生境质量，会导致结果的不可靠。为了预测可用的栖息地单元，河道内变量的精确测量也非常重要。野外调查的断面设置及断面数量在很大程度上影响栖息地模拟结果的代表性和可靠性。就方法的原理而言，由于水生生物栖息地模拟方法起源于 IFIM 法，局限于河道内的计算，因此通常受到诟病。

3. 未来发展趋势

不同物种组成一个完整的生态系统，物种间的竞争和促进是物种生长的重要因素；同时，各种可获取的生境类型的连通性对水生生物生存和延续的重要性并不亚于单个生境单元的质量，虽然逐渐有研究考虑到生境的连通度，但还没有可靠的定量评价方法。随着遥感、GIS、流域尺度的水文水质模型等的发展，将河流上下游、河漫滩、通江湖泊等相互联系的水体视为一个整体，将水文-水质-生态系列过程进行综合模拟势在必行。因此，以完整生态系统为目标，考虑不同生境斑块之间的连通，模拟大空间尺度、长时间尺度的影响是未来生境模拟的发展方向。

复习思考题

1. 栖息地的概念是什么？

2. 河道内流量增量法的基本思想是什么？

3. 栖息地适宜度评价方法有哪些？还可以运用哪些数学方法来进行栖息地适宜度评价？

4. 选取关键生境因子的基本原则是什么？

第8章 基于环境生态水力学的生态修复工程

水生生物反映了流域的健康状况，是我们留给子孙后代的宝贵财富。河流系统的动态性、可变性和复杂性对生态完整性至关重要，同时也对我们把握科学规律、开展工程创新以及提出水利基础设施的运营和管理框架提出了挑战。环境生态水力学是一门应用基础科学，它使用定量方法来评估和分析水利基础设施的环境影响、制定减缓措施以及修复水生生态系统，可为水利基础设施项目的工程设计、实施、运行和维护提供理论支撑。本章主要介绍水生态系统承受的压力，以及河道、滨河和河口区域的生态修复工程。

8.1 水生态系统承受的生态压力

水生态系统和人类社会系统之间存在复杂的承载关系。水生态系统作为承载主体，向人类社会系统提供水资源和水生态服务功能；人类社会系统作为承载客体，在水生态系统中开发利用水资源，并通过水循环过程向水生态系统排放污水，产生水生态系统的压力（张远等，2019）。

水生态压力是指社会经济活动（驱动力因素）产生的水资源消耗、水污染物排放、生态空间挤占及水生态破坏等各种压力。根据水生态系统水质、水量、底栖动物、鱼类等监测数据，分析水生生物的数量、组成、结构、分布，进而对水域生态系统生态压力进行初步分析，为生态系统健康评价奠定基础。同时，可以用水生态压力指数来衡量系统水资源的可持续利用状况。水生态压力指标体系涵盖范围广，涉及资源、环境、社会经济等各个方面，原始数据纷繁复杂，量纲和单位各不相同（沈雪，2014；姚海雷，2015），所以要对指标进行简化处理。根据全面性、科学性、简明性、可操作性和代表性等原则，主要的水生态压力指标及其简化计算列举如表 8-1 所示（高宝等，2017）。

表 8-1 主要的水生态压力指标及其简化计算

序号	指标名称	指标计算
1	单位 GDP 用水量	总用水量(t)/地区生产总值(万元)
2	人均生活用水量	日生活用水量(t/日)/人口数量(人)
3	单位面积灌溉用水量	渠道引入的灌溉水量(m³)/农田灌溉面积(亩)
4	单位工业产值新鲜水耗	工业新鲜用水量(t)/工业产值(万元)
5	单位 GDP 污染物排放量	污染物排放量(t)/地区生产总值(万元)
6	单位工业产值废水排放量	工业废水排放量(t)/工业产值(万元)
7	单位工业产值污染物排放量	污染物排放量(t)/工业产值(万元)
8	人均生活污水排放量	生活污水排放量(t)/人数(人)
9	水产养殖面积比重	用于水产养殖的水面面积(hm²)/总水面面积(hm²)
10	河道表面积变化率	河道表面积(m²)/参照年份河道表面积(km²)×100%
11	林草覆盖率	林草地面积之和(km²)/土地总面积(km²)×100%

序号	指标名称	指标计算
12	耕地比例	耕地面积(km^2)/总面积(km^2)×100%
13	建设用地比例	建设用地面积(km^2)/总面积(km^2)×100%
14	农业面源污染物排放量	农业生产和农村生活产生的污染物排放量(t)
15	畜禽养殖污染物排放量	畜禽养殖场(区)产生的污染物排放量(t)

8.1.1 产生水生态压力的原因分析

水生态压力由多种因素决定,并可以分解为多个压力因子。这些因子用于具体评估过程中时,较难做到完全充分考虑,多数情况下不需全部予以识别和计算,所以需要充分结合实际情况甄选部分因子进行分析,以减少人力物力的浪费。对水生态问题的评价和诊断,可以从水资源、水环境、水生态和社会经济发展四个子系统入手(沈雪,2014),根据水生态诊断的主要问题和重点问题,以导致这些问题的原因为切入点,优先识别直接作用于承接载体(水资源、水环境、水生态)上的压力因子。需要注意的是,土地利用对水生态系统有影响,一方面滩涂水域变化直接作用于河岸带、河道,改变水生生物栖息地,影响水生态系统的完整性,但因数据收集和定量描述存在困难,一般不予考虑。另一方面土地覆被变化影响区域水循环过程,改变水资源供需关系和污染物排容关系,但由于土地利用是通过水质水量的变化影响水生态系统,在已经考虑用水与污染物排放的情况下不再重复考虑。水生态压力的大小取决于社会经济发展,社会经济驱动力是产生水生态压力的根源,相应的驱动指标及其简化计算方法如表8-2所示(高宝等,2017)。

表8-2 水生态压力的主要社会经济驱动指标及其简化计算

序号	指标名称	指标计算
1	人口密度	人口数量(人)/国土面积(km^2)
2	人口增长率	(年末人口数一年初人口数)/年平均人口数×1 000‰
3	城镇化率	城镇常住人口(人)/该地区常住总人口(人)×100%
4	人均GDP	地区生产总值(GDP)(万元)/地区常住人口(人)
5	GDP增长率	(本年度GDP—上年度GDP)/上年度GDP×100%
6	第二产业占GDP比重	第二产业的增加值/GDP
7	第三产业占GDP比重	第三产业的增加值/GDP
8	重污染工业行业比重	排污量80%以上的工业行业产值与区域内工业总产值之比
9	农民人均年纯收入	农村住户当年从各个来源得到的总收入相应地扣除所发生的费用后的收入总和
10	城镇居民人均可支配收入	城镇居民家庭在支付个人所得税、财产税及其他经常性转移支出后所余下的人均实际收入

8.1.2　生态修复方法的优选

水体生态修复是一种基于生态学知识，综合运用系列生态修复的各种方法和措施来重建或恢复受损水体生态系统，使其得以保持完整和长久稳定，实现生态价值的技术。水体生态修复的效果主要表现在完善水体的生态系统，为水生植物、两栖类动物、鱼类和鸟类提供适宜的生存空间，提高生物多样性，改善城市水环境，为城市居民提供环境优美的水体景观和娱乐空间，满足人们的亲水心理等（张婉，2015）。可通过测定 COD、TP、TN、NH_4^+-N 等水质因子的去除率来评价这些技术对水体的修复效果。一般常用于水体生态修复的方法有：物理修复、化学修复、生物修复和生态修复等人工和工程技术措施。其中物理修复和化学修复以传统技术为主，生物修复与生态修复技术是发展潜力最大的新兴技术，主要应用在景观设计中。

1. 物理修复方法

物理修复方法主要有：①人工增氧。常用的方法是人工曝气法，使用曝气设备向缺氧或厌氧状态的河道曝气，可以有效增加水体溶解氧含量、改善水质、增强水体自净能力，逐渐恢复水体生态环境。研究发现河流充氧亦可使处于厌氧状态的松散底泥转化成好氧状态的密实表层底泥，从而减弱底泥中污染物的转移扩散（王源意等，2016）。②机械除藻。通过机器对水面浮藻进行打捞。当水体出现水华、藻类疯长时，可运用机械除藻，快速将藻类与水体脱离，紧急抢救受藻类污染严重的水体，除藻效果极好。但此方法一方面需要机械和人工投入，另一方面并不能从根本上改善水体水质，水中富营养化物质还将持续作用，藻类也将继续滋长，故只能作为水体修复的辅助办法（郭楠楠等，2019）。③底泥疏浚。主要是人为对河道、湖底等水体的底泥进行清理，从而去除污染物，增加水体透明度。但该方法一般耗费较大，同时会对水体的生物群落造成一定程度的破坏。因而，工程操作需要兼顾季节和挖出底泥的厚度等来保障底栖生物的生存环境。④底泥原位处理。主要是通过颗粒材料、塑料薄膜覆盖底泥，或通过向水体投放钝化剂（如石灰等）来阻隔底泥中重金属和氮磷的释放。但对于水位较低的水体，尤其当水体的污染已然严重时，需要先做底泥清理处理来降低对水体的破坏，特别是人工景观水体。⑤其他。如水动力循环过滤方法，通过水动力循环，增加水的流动性，从而提升水体含氧量，在水体流动过程中也能过滤水体中的污染物质（如泥沙等颗粒物），减少底泥沉淀。此外还有引水换水的方法，通过定期换水及时将受到污染的水体排出，但一般耗费较高，适合规模不大的人工景观水体，如公园、广场、人工喷泉等。常用物理修复方法及特点如表 8-3 所示。

表 8-3　常用物理修复方法及特点

序号	技术名称	适用水体	修复机理	处理效果	成本	缺点
1	人工增氧	严重污染有机物水体	促进有机物降解	明显增氧	耗时耗电，运行费用高	占地大，局部增氧
2	机械除藻	富营养化小型水体	清理浮藻	短期效果显著	人工机械费用高	人力耗费大，藻渣难处理

续表

序号	技术名称	适用水体	修复机理	处理效果	成本	缺点
3	底泥疏浚	底泥严重污染水体	清理内源污染物	短期效果好	运行成本高，底泥等处理费用高	存在二次污染，破坏原生态
4	底泥原位处理	底泥严重污染水体	阻隔污染物	短期效果好	运行成本高	破坏原生态
5	水动力循环过滤	严重污染有机物水体	过滤污染物促进降解	流动性增强	耗时耗电	费用高
6	引水换水	小面积水体污染	直接改善水质	有效，增加流动性	耗水耗电	费水

2. 化学修复方法

化学修复方法主要有：①化学除藻。化学除藻法通过投加化学药剂，对深度富营养化污染的景观水体进行修复，常用药剂包括过硫酸盐、高锰酸盐、聚合氯化铝（polyaluminum chloride，PAC）等。该法可在较短时间内抑制藻类疯长，是水体生态修复的应急方法，但这种方法副作用大，始终治标不治本，无法从根本上解决水体富营养化污染问题（方雨博等，2020）。如果长时间用化学除藻法，可能会使藻类产生抗药性，也有可能导致大量化学元素的堆积，破坏水生态系统平衡。因而在景观设计中，应尽量避免使用这种方法，选择更为生态的水体恢复净化法来改善水质。②絮凝沉淀。絮凝沉淀技术主要是通过直接在水中加入絮凝剂，或通过泵将受污染水体抬升至构筑物中，再投加絮凝剂的手段，使水体中的一些悬浮物质和胶类杂质通过化学反应形成不易分解的沉淀物，沉入水体底部，从而去除污染物质，改善水体水质。常见絮凝剂有铁盐、铝盐、聚丙烯酰胺、聚丙烯酸钠等。对因大量悬浮物质或者藻类疯长导致的水环境恶化来说，絮凝沉淀法操作简单，去污能力更强，但沉淀在河流底部的污染物质又要通过人工方法进行清理，增加了人工投入。另外也要考虑絮凝剂对水生生物的毒害作用。因此，应尽量少用絮凝沉淀法（王源意等，2016）。③其他。如化学固定重金属和加药气浮法等通过向水体中投放化学物质，使其在化学反应后或通过沉淀来固定重金属，或生成气泡来有效分离水中悬浮颗粒，去除水中藻类，提高水体含氧量。此类方法一般见效快，容易操作。化学固定重金属方法对重金属污染严重的水体效果尤其显著。常用化学修复方法及特点见表8-4。

表 8-4　常用化学修复方法及特点

序号	技术名称	适用水体	修复机理	处理效果	成本	缺点
1	化学除藻	富营养化水体	抑制藻类生长	效果稳定，氮磷去除率高	运行费用高	存在二次污染，不能长期使用
2	絮凝沉淀	磷污染、富营养化水体	溶解态磷转固态磷	效果明显	基建费用和药剂成本高	存在二次污染，不易从底泥中溶出

续表

序号	技术名称	适用水体	修复机理	处理效果	成本	缺点
3	化学固定重金属	重金属严重污染水体	抑制重金属释放	效果明显	运行费用高,药剂成本高	存在二次污染
4	加药气浮	富营养化水体	气泡分离悬浮物	效果明显	耗电量大	资金耗费高

3. 生物修复方法

生物修复方法主要有:①投菌技术。利用微生物进行水体净化,人工向水中投放高效微生物菌种,通过微生物来抑制其他藻类的繁殖,增加水体的自净能力。例如,一些光合菌、硝化菌等都可对水体中的叶绿素起到消除作用,合理的运用投菌技术能够改变水微生物环境,净化水体。吴霞和谢悦波(2014)的研究表明,直接投菌法在城市重污染河道的治理和修复中可以起到较好的效果。②水生动物修复技术。通过增加水环境原本存在的浮游动物、底栖动物的数量实现对藻类进行吞噬和分解,降低水体中的藻类数量,减少悬浮物,增加水体的透明度。水生动物按照一定的数量及物种配比,不仅丰富了生物群落,而且优化了水生态系统的食物链,从而可提高整个水生态系统的良性循环(夏栩等,2019),改善生态系统,同时形成自然的生态景观效果,但是对于城市人工景观小型水体则不适合。③生物膜技术。通过在水体底部铺设一层天然材料,在材料的表面生成可附着微生物的黏膜,用于降解水体污染物质,实现水体的净化作用。各种级配的石块、卵石等都可作为生物膜的载体,如在园林绿地中运用生物膜技术做地被覆盖,也可起到过滤雨水、净化景观水源、加强水体渗透等作用。国外学者通过研究生物膜技术过滤、沉降去除污水中的氮,可把这一技术运用于景观污水的处理中。

近几年,通过生物修复法向水中投放鱼类或食藻虫防止藻类滋生,虽然能起到抑制藻类滋生的作用,但见效慢且效果并不显著。通过向水体中投放微生物制剂来修复水体生态,效果较为明显。例如,对云南西巧河的水体修复,通过投放微生物制剂,改善了水体的水质,降低了水体中富营养化物质。但总体而言,仍然需要进一步研究更强效的生物净化水体技术。常用生物修复方法及特点如表8-5所示。

表 8-5 常用生物修复方法及特点

序号	技术名称	适用水体	修复机理	处理效果	成本	缺点
1	投菌技术	藻类疯长水体	微生物降解	见效快	成本低,污染少	导致生态系统失衡
2	水生动物修复技术	富营养化水体	提高水体生态系统稳定性	提高透明度,净化水体	运行费用低	见效慢,不易控制,易过量繁殖
3	生物膜技术	富营养化水体	污染物分解	效果明显	前期成本高,后期投入少	易堵塞

4. 生态修复方法

生态修复方法是污染水体修复的重要手段之一,它以生态学为基础,利用水生动物、水生植物和微生物的生命活动及其相互作用，实现污染物的迁移、转化、富集和降解，使水生态系统得以回到健康状态。简单来说是通过自身水净化来防止水体污染（陈金焕，2020）。初期需要一定的经济投入，后期投入稍小，其生态效益最好。生态修复方法是水生态修复的研究重点，常用于营造景观效果和生态效果俱佳的全新园林绿地。生态修复方法主要有：植物修复、人工湿地和人工生态浮岛等。

（1）植物修复。

水生植物是水生态系统中重要的组成部分。在水生态修复处理中，植物有着十分重要的生态效益。一方面，绿地的植物修复，可以改善园林绿地下垫面，起到渗透雨水的作用，减少地表径流量；另一方面，绿地的植物生长，可以从水体中吸收、利用大量污染物，同时地面的枯叶、泥沙等对流经水体有过滤作用，保证水体入流的清洁度。通过在水域与陆地之间的水陆交错带，营造综合型的植被过滤缓冲带，可对地表径流起到减速、过滤、吸收等作用，有效控制非点源污染物（Martinez-Jauregui 等，2016）。这种方法在园林水体中广泛应用，可起到净化水体和丰富景观效果的作用，维护景观生态。

近年来，植物修复法的研究主要集中在各种植物的生态修复效果方面，不同的植物对污染物有不同的作用，选择适宜的植物进行景观水体的植物修复，可提升修复效果。利用植被过滤缓冲带，例如草地过滤带、灌木过滤带、乔木过滤带、多种植被综合型过滤带等（Haapalehto 等，2017；Wang 等，2017），可有效减少水环境污染。

（2）人工湿地。

在世界范围内，人工湿地修复技术广泛用于处理各类污水，显示其优越性（Gill 等，2017）。人工湿地通过人工种植水生植物，使水生植物与土壤微生物间形成一种近自然的生态系统，利用其物理、化学和生物的协同作用对污水进行净化。人工湿地不仅起到涵养水源的作用，同时通过水生植物根系的强大吸附作用，对水体中的富营养化物质进行吸附，也可通过根系对水体中的泥沙颗粒物质进行过滤拦截，从而净化水质。水生植物根际微生物也可吸收分解水体污染物质，更重要的是良好的生态环境也可为鸟类、昆虫、两栖类动物提供生存空间，由此形成一个完整而又稳定且接近自然的水体生态净化系统（刘冉等，2019）。对于人工湿地的建造，虽然前期植物种植等投入较大，但后期植物群落一旦形成，就可实现自我净化和自我维持，后续经济投入较少，因此在环境污染与治理方面一直受到重视。

国外学者甚至尝试结合生活排水和雨水收集的人工湿地净化技术来净化水体，修复景观水生态系统。诸多学者也通过实验研究了各种植物对净化水体、改善水生态环境的效果，并研究出一些新的方法。地下流人工湿地和滴滤池相结合，污染水体进入人工湿地前需要进入滴滤池进行适当预处理，确保足够的溶解氧，在人工湿地中处理污水的效果才能更佳，景观水体生态恢复的过程中可参考运用此技术。在景观水体生态修复的过程中，充分考察水体污染类型、水体主要污染物，合理地营造不同类型的人工湿地，以最大限度控制污染、修复水生态系统。

（3）人工生态浮岛。

人工浮岛技术以人工设计的浮岛为载体，移植水生植物或培育的陆生植物到载体上，植物上部漂浮于水面，根部在水中，通过根部吸收、富集景观水体中的污染物质，或通过根际微生物的分解作用，有效去除水体中的污染物质，达到净化水质的目的。人工生态浮岛的优点在于，一方面可有效净化水体中的污染物质；另一方面可节约土地面积，并且人工浮岛还具备一定的观赏价值和经济效益（李兴平，2015；Chang等，2017）。人工浮岛法适应性广，既可以灵活增加水体植物量，也可以针对具体的水环境，调节浮岛深度，提升不同植物的适应性。国内外很多人工景观水体运用了生态浮岛技术，不仅增加了景观效果，也达到了净化水体的目的。近几年，对水体生态修复的研究主要集中于生态修复法在景观水体中的运用，已取得一定的成效，如苏州金鸡湖、杭州西湖等，都结合地域特色，通过生态修复取得了良好的景观和生态效果。成都活水公园是综合性环境教育的公园，水体从府南河进入活水公园后，采取一系列的水体修复措施，净化水体，是目前城市人工景观水体建设中较为成功的案例。常用生态修复方法及特点如表8-6所示。

表 8-6 常用生态修复方法及特点

序号	技术名称	适用水体	修复机理	处理效果	成本	缺点
1	植物修复	富营养化中小型水体	提高水体生态系统稳定性	净水效果显著	前期费用高	大型植物过度繁殖
2	人工湿地	综合污染类水体	吸附富营养化物质	生态净化效果佳	前期投入，后期自我维持	占地面积大
3	人工生态浮岛	富营养化污染水体	吸附降解污染物	有效去除有机物	净化成本低	处理周期长

综上，当前水体生态修复主要运用物理、化学修复方法，生态修复方法在水体生态修复中具有明显的优势和广阔应用前景，然而目前应用范围并不广泛，且应用技术尚不成熟。总的来说，传统水体治理方法多为先污染后治理，治标不治本，人力投入大，经济成本高且效果短暂。要实现水体长期有效的治理，需要在人工辅助的基础上，运用生态修复法，形成近自然的生态系统，一劳永逸地解决水污染问题。

8.2 面向栖息地恢复的河道内结构设计

由于人类活动的影响，水生生物栖息地常受到水利工程及水文调节等措施的影响，因此催生出一系列面向栖息地恢复的河道内结构设计技术。该技术最初是为改善鲑鱼在河流中的生境条件提出，随后被广泛应用到其他受损河流和物种。同时，河道内结构设计也被应用于改善包括鲑鱼及一些观赏性鱼类的栖息地或增加经济鱼类产量。

设置河道内结构是改善河内生物局部栖息地的方法，常见的结构类型包括堰、折流结构、河岸覆盖、底质修复、过鱼设施及通江湿地等。美国一家机构就栖息地质量、鱼类对结构的实际利用等方面对1 234个河道内结构的效果进行了评估（URMCC，1995），结果表明河道内结构一般能有效增加鱼类适宜生境面积，但18%的结构需要定期维护。在高水能河流中设置河道内结构时，应注意避免因大水导致河道内结构垮塌的情况；输沙量过高时，会缩短河道内结构的使用寿命，且对栖息地质量改善效果有限。此外，也要注意河道内结构可能会对目标保护物种以外的其他生物造成伤害。典型的河道内结构见表8-7。

表 8-7　用于改善河道内水生生物栖息地的典型结构

类型	功能
折流结构	导流；冲沙；束窄河道，增加流场紊动
堰或底坎	形成阶梯深潭结构；提高下游流速，下游易形成冲刷坑；增加生境多样性
底质修复	构建适宜的底质组成，为生物提供优质栖息地
覆盖装置	安置在河床或河岸的漂浮装置，能够随流量调节其高度

生境的多样性决定了河流的生产力，物理生境的关键要素包括水深、流速、底质类型及滨河植物群落等。例如，鱼类产卵场的保护或修复需要在保障适宜的水深、流速和底质的同时，考虑恢复底质时成鱼所需的深潭，以避免栖息地价值的降低。目前，已经开发了多种基于将特定物种丰度与栖息地需求相关联的方法来量化栖息地价值，例如美国渔业及野生动物服务局开发了物理栖息地模拟系统模型，可用于栖息地改善的粗略预测和分析(Bovee，1978)。

8.2.1　折流结构

1. 基本原理

折流结构在栖息地改善中的应用最为广泛，主要功能包括：导流，降低泥沙淤积；束窄河道，增加局部流速，生成冲刷坑及其相应的下游浅滩；同时在笔直河道内促进蜿蜒型深泓线的形成，保护河岸不受侵蚀，并通过形成沙坝来增加滨河植被。

折流结构通常与水流方向成 45 度角设置(Wesche 和 Gore，1985)，也可根据不同的局部条件设置其他的倾斜角度(Cooper 和 Welsch，1976)。在实际工程中，还可采用双翼折流结构，即在河段某一点相向设置两个折流结构(Seehorn，1985)。折流结构的形状包括半岛形翼、三角形翼(White 和 Brynildson，1967)，在一定条件下，三角形翼的折流结构能够缓解高水流对结构后侧河床和河岸的侵蚀。折流结构的高度一般依据低水流时的水位来确定，为避免高水流对结构的损坏，其高度一般高于低水流水位 0.15～0.30 m (Seehorn，1985；Wesche，1985)。折流结构在河道里的长度取决于具体的预期目标，例如在美国东南部的河流中，一般要将河道束窄至接近河道的自然宽度，折流结构才有效(Seehorn，1985)。河道自然宽度可按具有相似坡度、流态、河床和河岸组成的临近天然河段来确定。

理解折流结构如何作用于栖息地，有助于改进这种结构的设计及其建筑材料的选择。折流结构在形成并维持深潭-浅滩的同时，还可形成对某些鱼类和底栖动物具有关键作用的高流速区，快速流动的水流将食物和氧气输送到某一河段，鱼类须逆流而上维持其位置，或寻找距离高速水流尽可能近的庇护区域，从而获取高速水流带来的高溶解氧和丰富食物。尽管很多高速河段中的生物已经具备维持位置或空间方向的能力，但仍需要在水流主流之外可以停留或休息的空间。例如，在天然河流中，生物可利用下切的河岸、滚石或树木残体所提供低流速区域作为庇护所，但在退化河段中，可能不存在这种自然栖息场所，因此可通过设置折流结构来为生物提供庇护所。综合一些对大河、小溪的研究发现，砌石铺面不能有效地营造出高速区和低速区并存的情况，因此用于控制侵蚀的堆石折流结构(丁坝)要优于砌石铺面(Shields 等,1995)。

图 8-1 是漓江内设置的丁坝,用以形成流速较低的栖息地。这类折流结构可按 5~7 倍河宽的间距(与天然河流阶梯深潭间距相似)在河岸两侧交互设置,这样可以在较宽的排洪河道内形成低水流时的蜿蜒型通道(White,1975;Everhart 等,1975)。已有研究证明该结构对维持和增加河道中鱼群和底栖动物的数量具有显著的促进作用,然而大多数研究仅针对单一物种的恢复,很少采用综合的方法客观地评价水力要素和地形要素的影响。

图 8-1 漓江内设置丁坝以形成低速栖息地

2. 案例分析——北江洪奇门水道建立生态丁坝

丁坝作为较常用的河道整治建筑物,在改善天然河道水深方面作用显著。同时,它通过改变所在河段的流场分布和水深条件,使河床冲淤和底质情况发生变化,进而影响多种生境因子,对水生生物栖息地具有一定的改善作用。

丁坝建成后,其附近形成不同的流态区域(图 8-2)。主流区流速显著增强,坝头处流态复杂、水流紊乱,河床均处于冲刷状态,底质不稳定,影响底栖动物生存;坝前、坝后的回流区流速减小,成为缓流区甚至静水区,流速和水深较适宜,适合鱼类等生物的生存,同时提供了稳定的底质供底栖动物栖息和水生植物扎根,生境条件相对良好。因此,回流区是丁坝设置的重要水域,在丁坝生态设计中占有相当重要的位置,可以作为生态补偿的重点区域。此外,采用自然材料修建的丁坝群与周围环境相协调,也可创造出优美的河流景观(图 8-3)。

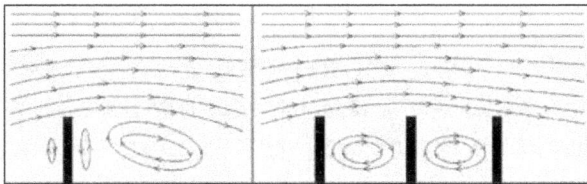

(a)正挑单丁坝　　　　(b)丁坝群

图 8-2 建坝后流场示意图

图 8-3 丁坝群的效果图

北江系中国珠江的三大支流之一,位于广东省中部,全长 582 km,流域面积 47 853 km²。其中,北江洪奇门位于广东省番禺区沥口,是洪奇沥水道的出海口门。洪奇门水道承担着西、北两江部分洪水下泄和沿河两岸的农田排灌任务。近年来,洪奇门水道鸭仔沙进口河段的玉米地段,由于飞机沙的束窄作用,水流流速突然增大,玉米地段成为顶冲点,而且上下游存在大规模盲目采沙,导致玉米地段 150 m 范围内的坡脚经常遭受严重淘刷,不仅危及河岸稳定和航行安全,也破坏该处水域的生境条件。水流流速过大,超出鱼类适宜流速范围，且底质不断冲刷粗化，导致适宜生存的底栖动物种类和数量不断减少。

为改善玉米地段的河岸条件，设计采用如图 8-4 所示的丁坝布置形式。与传统钢筋混凝土结构丁坝不同，工程采用抛掷石块等自然材料构建透水丁坝，起到了抬升水位、减缓流速和促进坝田淤积的作用，为生物提供缓流生境和遭遇洪水时的避难空间。施工完成 1 年后的水下地形测量结果表明，河岸坡脚逐渐稳定，坝田区域有明显回淤，平均回淤厚度约 1 m。

玉米地段通过建立丁坝，改变所在河段的流场分布和河床形态，从而改变周围生物的分布格局。倘若丁坝设置得当，回流区对主流区

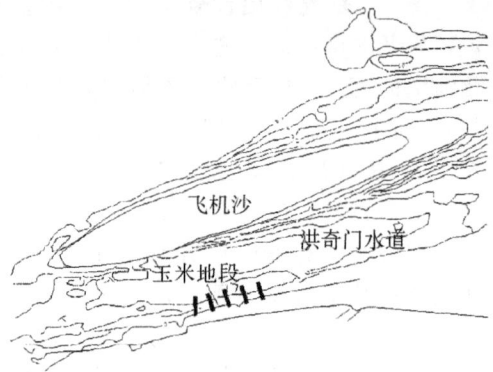

图 8-4　洪奇门水道玉米地段平面图

的生境损失进行补偿，并在受影响河段营造出深潭、浅滩、急流和缓流相间的多样化河段形态，则有利于增加生物多样性，改善河段生态。目前，玉米地段河流流速和底质较原来更加稳定，初步改善了该处的水生生境。

8.2.2　堰坝

1. 基本原理

设置堰坝可以恢复深潭-浅滩的特性，增加栖息地的多样性。堰坝可以选用当地材料建造，如残木、滚石、石块和石笼等，建造费用相对较低。设置堰坝能够阻隔河流流动，增加下游紊动，冲刷出深坑，同时在上游蓄高水位。

在旱季，堰坝保障了鱼类和底栖动物生存所需要的水深。在堰下，泥沙冲刷形成冲刷坑，而冲刷的泥沙会进行输移并沉积，从而形成浅滩。堰坝还可蓄积水流，以利于鱼类通过；拦截沿河移动的砾石和细颗粒泥沙，加速水体复氧，以利于鱼类产卵和生存；减缓水流，使有机碎屑降落，从而提高底栖动物的产量等（Wesche，1985）。在河流内一般按整个河宽设置堰坝，有些堰坝中设有凹槽，局部集中水流。对于低水能河流，堰坝可能是营造深潭-浅滩最有效的折流结构。

对于侵蚀和淤积较为严重的渠道化河流，可通过设置堰坝来营造适合鱼类等生物生存的栖息地。Cooper 和 Knight（1987）对美国密西西比河梯级控制结构的堰下冲刷坑、非恒定且渠道化河流内的天然冲刷坑这两种情况下捕获的鱼类进行了比较，结果显示前者比后者捕获的鱼重量大，可捕获的鱼数量更多，且鱼的体长频率分布也更稳定。这是因为天然冲刷坑会被频繁地填充和冲刷，因此梯级控制结构营造的栖息地比天然冲刷坑更稳定，鱼类产卵和繁殖成功率更高，从而提高鱼产量。

设置堰坝能够在相对短时间内增加鱼类产量，已被广泛应用到河流栖息地保护中。例如，在美国新墨西哥州利用该技术营造人工深潭后的鱼产量比天然深潭高 70%，鲑鱼数量比后者多 50%，生物量是后者的 2 倍。

2. 案例分析——长春市石头口门水库山区河流生态修复

石头口门水库是长春市第一大水库，位于松花江一级支流的中游，近年来，从莲花山汇入石头口门水库的一条山区河流受农业生产活动等影响，生态环境持续恶化。该河

流总长 3.2 km，比降 5‰，河流上宽 2～4 m，下宽 1～3 m，河岸坡度大于 2：1。河流上游为长春市教育基地户外营地，在营地下游 1 km 处河流狭窄，渠道化、淤积严重，河床底质粒径组成单一，河床生境适应性指数低。河道内缺少深潭、浅滩、沙洲和湿地等物理生境结构，河流生境多样性水平低。

2008 年 4 月，长春市二道区四家乡政府和当地林业部门、水利部门、环保部门一起进行河流修复，旨在打造长春市二道区"河流近自然修复样板工程"，推广近自然河流生态修复新技术。修复工程分别从河流蜿蜒形态、河道断面、河岸、河床及河流湿地等方面进行修复，构建了一条总长 1 km"零水泥生态河道"。

修复工程构建的措施之一是修建溢流堰坝。溢流堰可以抬高河道上游水位，增加水流势能，使水流从上游经过溢流堰向下游流动时加快流速，对溢流堰下方河床的冲击性增强，形成适于鱼类生存的深潭结构，被冲刷出的泥沙淤积到深潭下游形成适于植物生存的浅滩结构。同时，溢流堰使河水形成落差，水流在下落过程中充分与空气结合，增加河水的曝气性，提高水中溶解氧的含量，使河水中的有机污染物得到进一步的氧化分解。水流在下落过程中发出潺潺的流水声，增加了河流的水流活力，同时也制造出河流的动态景观效果。浙江省常山县金源溪河道也建造过类似的生态堰坝（图 8-5）。

图 8-5 常山县金源溪河道生态型堰坝

石头口门水库的溢流堰工程采用直径为 0.13 m，长为 1.8 m 的松木桩在河床上设立间隔为 50 cm 的两排木桩，两侧桩头露出地面约 40 cm，靠近中央部分的桩露出地面约 35 cm，两侧的桩头高于中间，呈 U 形。两排桩之间铺设长 11 m、宽 6 m 的无纺布起防渗作用，无纺布内填充沙土和细沙，两侧用粒径约为 0.5 m 石块镇压，上面用粒径约为 0.1 m 碎石铺盖，使水流从堰顶漫过（图 8-6）。

溢流堰工程完成后的效果如图 8-7 所示。在平水期，溢流堰抬高了上游水位，增加了上游水深，使上游形成较大面积的水域环境，营造多样化的河流生境，为水生动物提供了栖息地和避难所。在洪水期，溢流堰可营造出瀑布效果，增加河流曝气性，同时可使溢流堰下方形成深潭，河流下游形成浅滩。这种深潭-浅滩区具有足够大的水域面积，提高了环境容纳量，因此鲫鱼和河虾的数量远远高于其他区域；此外，河床底质组成、水深、流速较适宜，为鱼虾类提供适宜的产卵生境、栖息环境和食物来源。

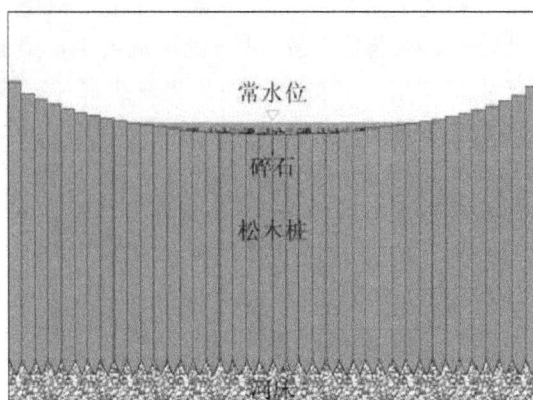

图 8-6　石头口门水库山区河流溢流堰横剖面示意图

图 8-7　石头口门水库山区河流溢流堰的近自然效果

8.2.3　底质改善

1. 基本原理

在河道中放置滚石可以改善深潭-浅滩特性，为鱼类提供遮盖以及额外的栖息地，并保护河岸不受侵蚀。布置滚石时，通常使用 4 块滚石布置成钻石状。这种处理对输沙和河岸的影响与其他类型的结构相比更为明显，但是要注意避免水流方向偏向岸脚引起的河岸侵蚀。

若没有石块，可在河流中设置圆木或木桩，其生态优势比滚石更好。在沙质河床的河流中，树木残体是水生栖息地的关键组成成分（Shields 和 Smith，1992）。尽管木质结构没有岩石结构存留的时间长，但它能够提供碳源，更利于淹没性树木残体上的生物生存，且木质材料成本更低，也更容易获取。

从生态学观点来看，河道底质铺设更天然的床沙可加快河流的恢复。同样，铺设石灰石碎石和采石场废石等人工材料也可改善鱼类和底栖动物的栖息地条件。在铺设时应考虑砾石的稳定性，以增加物种的多样性和丰度。在高水能的河流中，最好设置河道内结构，以维持砾石的位置。

2. 案例分析——卵砾石生态河床在水质净化和生态修复中的应用

为研究卵砾石生态河床在河流原位水质净化和生态修复中的效果，研究者选择了位于宜兴市大浦镇的林庄港作为试验河道进行原位观测，对比分析了卵砾石生态河床河段和自然河床河段中的生源要素变化规律和水生生物生长状况，探究了卵砾石生态河床在水质净化和生态恢复中的应用效果。

试验河道林庄港位于太湖西岸宜兴市东部的平原圩区，东起林庄港闸，西至溪西河口，长 1 818 m，宽 4～10 m，深 0.7～1.5 m，流速 0～20 cm/s。林庄港水体氨氮、总磷浓度超过《地表水环境质量标准》(GB 3838—2002)Ⅳ类水标准值，溶解氧浓度和透明度很低，自净能力很弱，其水质的好坏直接影响到太湖的水质状况。

研究者在林庄港选取卵砾石生态河床河段和自然河床河段各 200 m 作为试验河段进行对比研究。卵砾石生态河床以卵砾石铺垫于河床底部，宽 6 m，厚约 0.5 m，并种植土著物种金鱼藻，种植密度 15 株/m²，种植面积 3 800 m²。自然河床为没有铺设卵砾石的淤泥河床底质，无水生植物，宽 8 m。试验河段内无排污口、入河支流口及引水口。

试验结果表明：

(1)卵砾石生态河床河段对污染物质的截留效果明显好于自然河床河段，对氨氮和总磷的截留率可分别达到 37% 和 25%，卵砾石表面生物膜和金鱼藻的存在很大程度上增加了对氨氮的截留，显著提高了河道的自净能力。

(2)卵砾石生态河床河段中的水生植物呈现出多样化的群落特征，水生植被生长密度和覆盖率均达到良好的水平。

(3)卵砾石底质稳定，其表面有利于仙女虫、蛭类、涡虫和螺类等附着型底栖生物的生长，河底沉水植物金鱼藻为小型螺类提供了繁殖和生长的场所，也是水生昆虫、幼虫和仙女虫类喜欢聚集的地区。因此，卵砾石生态河床河段中的大型底栖无脊椎动物在敏感物种数、分类单元数和生物数量密度等方面均优于自然河床河段(表 8-8)，卵砾石铺垫与沉水植物相结合的河床底质为底栖动物生长创造了适宜的生境条件。

表 8-8　试验河段大型底栖无脊椎动物统计数据

河段	分类单元数				生物数量密度/(个·笼⁻¹)			
	环节动物	软体动物	水生昆虫	甲壳动物	环节动物	软体动物	水生昆虫	甲壳动物
卵砾石生态河床河段	6	9	5	2	5.5	8.0	3.0	1.0
自然河床河段	3	5	3	0	5.0	3.5	1.5	0.0

(4)各种附着介质表面的细菌数量从多到少依次为卵砾石、沉水植物、挺水植物、浮水植物、生态混凝土、木桩和石笼，表明卵砾石生态河床河段为附着生物提供了良好的附着介质，上述规律也为生态工程的材料选择提供了一定的参考依据。

综上可得，宜兴市大浦镇林庄港的卵砾石生态河床为水生植物、底栖动物和附着生物等水生生物提供了适宜的栖息环境，对河流生态系统健康起到了较好的改善作用。

8.2.4 提供覆盖的设施

1. 基本原理

在自然环境中，下切的河岸和悬垂的植物被称为"覆盖"，可为鱼类提供遮阴和隐匿场所，对鱼类栖息地具有重要作用。此外，在河床或河岸可以安装悬置圆木、悬置平台、倾倒树木等人工结构，为鱼类提供额外的覆盖。有研究表明，这种覆盖对于河段中鲑鱼数量的增加特别有效（White，1975）。图 8-8 为沿悬崖修建的栈道，为鱼类提供了遮阴和隐匿场所，吸引河里的鱼群。在北美的水库中，采用一种由废旧轮胎和灌木或树枝等捆扎在一起的人工诱引鱼类结构，放置在水面形成覆盖。

图 8-8 沿悬崖修建的栈道为鱼类提供了遮阴和隐匿场所

盖。Wilbur(1978)研究认为，建造覆盖的材料类型决定了能利用覆盖的物种类型。在吸引鱼类时，由于树枝的间距和外形均会对吸引效果产生影响，因此需考虑所选植物的种类。此外，由树枝形成的覆盖在一定程度上要优于其他材料。

2. 案例分析——长春市石头口门水库山区河流生态修复——提供覆盖设施

从长春市莲花山汇入石头口门水库的一条山区河流河道淤积严重，河床较高，不能进行有效的泄洪，加之居民生活垃圾的倾倒，导致河流水质恶化，河流两岸有土壤侵蚀的现象。河道南岸原始植被长势良好，但北岸裸露较多，缺少水生生物需要的遮盖物，整个景观呈现破碎化（图 8-9）。

针对上述问题，河流修复工程中采用废旧轮胎、抛石、植物等材料组合护岸（图 8-10），通过提供覆盖设施，进行山区河流生态修复。具体操作为：根据废物再

图 8-9 石头口门水库山区河流修复前实景

利用的环保理念，将废旧的汽车轮胎应用到河流护岸工程实践中，并根据轮胎直径大小，用直径为 0.5 cm 的铁丝按照"金字塔"形进行链锁，起到了防洪安全作用。同时降低坡度，将轮胎伸向河道内，轮胎中间打木桩固定，并用碎石填充，棱角明显的碎石与木桩以及轮胎进行有机组合，保证其内部留有一定的空隙，在空隙内扦插柳枝、芦苇等植物。多孔隙的生境为生物提供了生存和繁殖的空间，植物群落也为昆虫、青蛙、蛇等消费者提供了食物来源。此外，保留河流南岸的原始植被格局，在北岸人工种植紫花苜蓿、柳树、俄罗斯红叶李等植物。

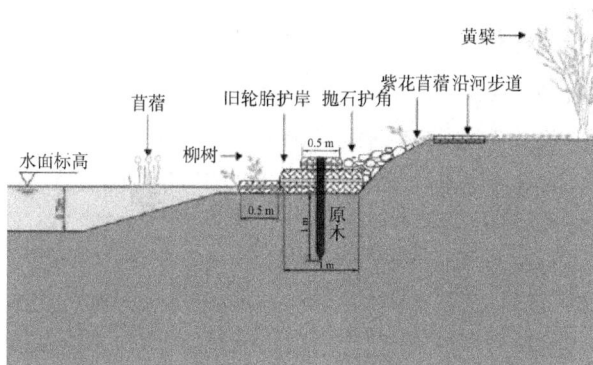

图 8-10 石头口门水库山区河流修复剖面示意图

石头口门水库山区河流修复后的效果：

（1）防洪：轮胎护岸稳定，河道泄洪畅通。

（2）生态：河流两岸植被恢复良好，动物种类和数目增多。

（3）亲水：缓坡护岸及伸向河道内的轮胎，使人们更易接近水面。

（4）景观：轮胎护岸与周围环境相协调，营造出独特的河流景观。

修复后该河道的植物群落生物多样性指数和底栖动物群落生物多样性指数均高于未修复的区域，修复中和修复一年后的实景图如图 8-11 和图 8-12 所示。修复区内的鱼虾类、青蛙（图 8-13）、蛇等数目和出现频率均高于未修复区，表明修复后的生态河道为更多生物提供了适宜的栖息环境和食物。

图 8-11 山区河流近自然修复中实景

图 8-12 山区河流修复一年后近自然面貌

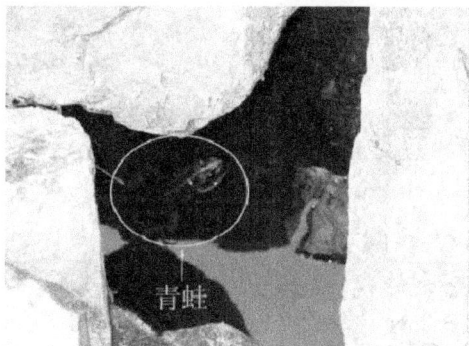

图 8-13 山区河流修复后石缝间栖息的青蛙

149

8.2.5　工程性圆木阻塞体

河流内的树木残体常会影响河道内结构，增加深潭-浅滩结构的出现。与顺直、缓坡和无碎屑的河流相比，具有树木残体的河流侵蚀较少，有机碎屑（水生底栖动物的主要食物源）的流动减缓，生物栖息地多样性较高。同时，树木残体还为水生物种提供了栖息地覆盖，适合鱼类产卵（Gippel，1995）。

在美国，河流中引入树木残体或圆木阻塞体已经被广泛应用于河流生态修复。为满足流域管理和生态修复的目标，工程性圆木阻塞体的设计仿效天然阻塞体，在一定条件下可以修复滨河栖息地，有效保护河岸（图 8-14）。同时，圆木阻塞体可以营造稳定的镶嵌体来养育大型树木，而这些大型树木反过来又成为圆木阻塞体的来源（Abbe 等，1997）。

图 8-14　工程性圆木阻塞体可以恢复滨河栖息地、保护河岸（FISRWG，1997）

8.2.6　河道恢复

在某些情况下，需要将顺直河道改为蜿蜒型河道，增加河流的弯曲度，从而为生物群落创造更好的栖息地，达到生态修复的目的。此外，对于仅考虑输移少量推移质的河流，在选择河床底坡和河道尺寸时，设计的最小流速应达到防止悬沙淤积的作用，最大流速应达到避免河床冲刷的作用。

对于小河溪的生态修复，在实施过程中还需调整河道尺寸。河道宽度和深度平均值的设计要依据河流的流量、输沙量、床沙粒径、河岸植被、河床阻力和平均河床坡降来确定，同时也要考虑地形条件的影响。选取河道宽度和深度时，最简单的方法是采用该流域其他稳定河段或本地区相似河段的尺寸。参考河段是指具有期望生物条件的河段，在对比各种生态修复方案时，可以作为要达到的目标河段。用于稳定河道设计的参考河段必须通过评估以保证其稳定性，同时具有期望的生物条件。另外，在水文、输沙、河床和边岸条件等方面，参考河段必须与预期的工程河段相似。通常选择拟恢复河段的上游或下游的稳定河段作为参考河段。

河床与河岸的稳定：河床与河岸的侵蚀都会导致生物栖息地的丧失，因此，生态系

统恢复要求河床与河岸的稳定。可采用传统的播种技术或选用裸根植物和盆栽植物，在河岸上部及河漫滩区域进行种植。然而，这种方法种植的植被难以承受水流的冲刷，在植被充分扎根之前，如果遭遇大水流，植物将会遭受毁坏。插栽（如柳树）或栽种树苗能更好地抵御侵蚀，可用于河岸的下部（图8-15）。此外，如果栽种树苗的密度较高，则可以立刻起到减缓流速的作用。柳树和其他先锋树种具有可靠的发芽特性，能快速生长，可以随时剪枝用于插栽，因此特别适用于河岸绿化工程及大多数综合河岸保护方法。

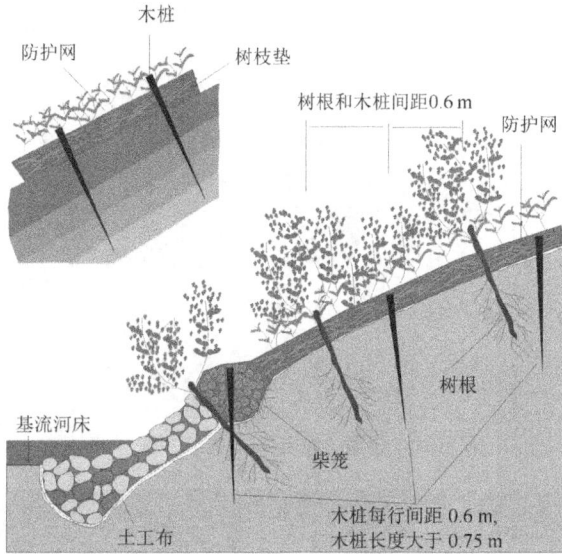

图 8-15 典型生态护岸

1. 土工布系统

土工布可控制堤坡侵蚀，已被广泛应用于公路、铁路和水利工程，有些土工布上有开口，可以种植植物。考虑环境保护的目的，应用于河流护岸的土工布一般采用可生物分解的材料，如黄麻纤维或椰子纤维等（Johnson，1994）。土工布在河道护岸中主要应用于修建土工植生格栅，具有很强的抗侵蚀性，起到护岸和绿化的作用。欧洲利用天然纤维开发了一种专门用于河道的护岸材料，称为"纤维束（fiber-schines）"。该护岸材料由圆柱状的天然纤维束组成，可置入河岸，植物也可插入或生根于其中。在需要排水或增加护岸强度等特殊条件下，也可使用土工植生塑胶格栅和其他非降解材料。我国近年来也开发使用了多种生态护岸技术，例如包括土工网垫固土种植基、土工格栅固土种植基、土工单元固土种植基等多种形式的土工材料固土种植基。

2. 树木枝干护岸

树木枝干护岸是将很多树干平行放置在河岸，缆成堆或用桩锚固。这种护岸方式可降低沿岸的流速，拦截泥沙，防止河岸侵蚀，并为植物生长提供基础。在美国小型河流护岸中，使用东部红松（*Juniperus virginian*）或其他针叶树具有弹性的树枝可对水流产生扰动并拦截泥沙。工程中要注意树干的锚固，以防止树干松散，撞击河岸或对下游造成危害。一些工程将大型树木与石块结合，并使树根在岸趾部突出到河岸面之外（图8-16），这种树干与石块交叠的形式确保了系统及岸坡的稳定性，同时突出的树根有效地降低了

151

岸趾处的流速(图 8-17),保护河岸不受侵蚀,改善了河岸水生栖息地,成效明显。树木枝干护岸的主要优点在于重建了河流内大型树木残体的自然功能,营造出动态的近岸环境,拦截有机质,为底栖动物提供居住底质,为鱼类提供避难场所。

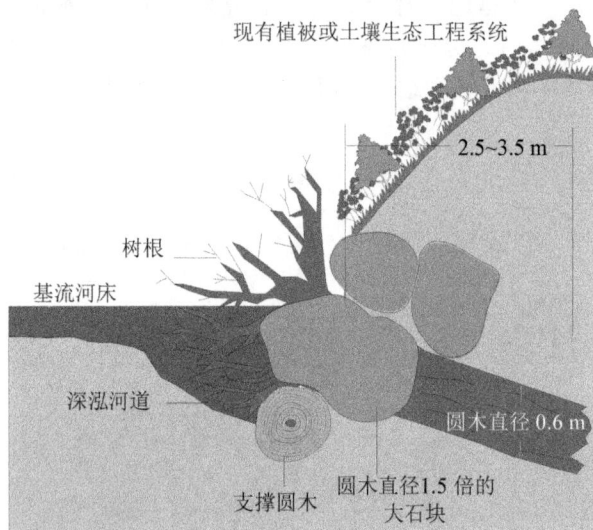

图 8-16   大型树木与石块结合用于护岸

图 8-17   突出树根有效地降低了岸趾处的流速

8.2.7   河流生态修复方案设计

对拟议的生态修复方案进行栖息地质量和数量评价,可以指导河流栖息地生态修复工程结构的设计。栖息地修复的最佳方法是恢复功能完整、植被良好的河流廊道,实现流域的良好管理,而人造结构不具有持久性,应尽量避免应用。此外,为保证生态修复效果的长久持续,其设计应该建立在河流自然冲积过程上,与河漫滩植被相互作用,并与河流中的树木残体相关联,营造出高质量的水生栖息地。

Newbury 和 Gaboury(1993)、Garcia(1995)采用以下步骤实现河流物理性栖息地的恢复:

（1）选择河段。优先选择的河段为：该河段鱼的实际养殖量（低）与潜在养殖量（高）之间的差别最大，具有很高的自然修复能力。

（2）评估鱼类种群及其栖息地。优先选择的河段为：具有特别关注的鱼种及其栖息地。检查存在的问题是生物问题、化学问题还是物理问题，如果是物理问题，则进行以下步骤。

（3）诊断物理性栖息地问题。①排水流域：在地形图和地质图上绘出流域分界线，标明样本流域和生态修复流域。②河道纵断面：绘出河流主要的干流和支流的纵断面，识别引起河流发生急剧变化的非连续点（跌水等）。③流量：整理修复河段的流量资料，如洪水频率、最小流量、历史累计曲线，可采用已有资料或附近河流的资料。④河道断面形状测量：选择并测量样本河段，建立河道断面形状、汇水面积与漫滩流量之间的关系，量化设计流量对应的水力参数。⑤修复河段测量：详细地测量修复河段，完成河道横断面以及建设图，建立测量参考点。⑥首选栖息地：利用区域参考河段和现场勘察，从生物学角度考虑，确定首选河道栖息地，并准备栖息地要素综述。对最为关注的物种及其生命周期各阶段，确定其多种限制要素。在有条件的地方，对参考河流开展河段勘测，确定当地水流条件、底质和避难场所等。

（4）设计栖息地改善计划。量化诸如水力变化、栖息地改善和种群增加等预期结果。结合河流流量要求，综合选择和量化修复工程。考虑河流形状及其动力学条件，选择合适的计划和结构。对设计进行最小和最大流量测试，从历史累计曲线上设定各种临界点目标流量。

（5）执行计划措施。安排定点位置和高程观测，提出完成河流生态修复的细节建议。

（6）监测和评估结果。对修复河段和参考河段进行定期测量，改进设计方案。

有证据表明，传统的护岸及河床稳定措施（如梯级混凝土控制结构、均匀抛石）的设计标准可略加改善，来更好地满足环境目标，增加栖息地多样性。不同河道内结构的特点不同，小型堰坝一般比折流结构更容易垮塌，而折流结构和随机抛石在一些情况下对环境效用最小，例如在较高流量时未形成足够的局部流速，在结构附近未产生冲刷坑。随机抛石用在沙质河床河道时，特别易于引起床面冲蚀和自身被掩埋。Rosgen（1996）给出了各种鱼类栖息地结构适宜性的指导，可用于评价多种类型的河流；Seehorn（1985）针对美国东部小河溪提出指导。此外，在设计中还必须考虑河流的相对稳定性，包括淤积和下切趋势。

设计流量下的河流应为栖息地提供良好的水力条件，同时还应该进行较大和较小流量的评估，避免河道过浅或高流量时床面竖直陡坎不能被淹没，阻碍水流流动。如果河道需要用于下泄洪水，则必须调查拟议结构对大流量阶段过流所造成的影响。在利用标准回水计算模型进行计算时，这些工程结构可以按照束水、低堰或增加水流阻力系数等方式处理。为避免冲刷坑引起较大的水头损失，还需考虑堰和丁坝下游河道上的冲刷坑情况，水力分析还应包括对这些结构所承受的流速或剪应力的计算。

如果水力分析表明修复河段中水位-流量关系发生变化，则水沙关系曲线也可能发生变化，从而引起淤积或侵蚀。对栖息地结构设计来说，可以根据设定漫滩流量时的流速和输沙量关系，对泥沙冲淤进行粗略分析，以发现可能存在的隐患。同时还应对局部冲淤的位置和幅度进行预测，对于可能发生明显冲淤的区域，在工程建成后要留意观测。

用于水生栖息地工程结构的材料应优先考虑选取自然条件下的当地材料，包括石块、栅网、立柱和倾倒的树木，也可采用河道修建或其他工程所遗留的石块或圆木。在长期淹没条件下，圆木的使用时间较长。若不能保证长期淹没，可选择抗朽的树种，也能达到几十年的使用期限。在修建时，圆木和木材必须用螺栓或钢筋锚固至河岸或河床上，以免漂流；石块的大小应根据设计流速或剪应力来选择，避免冲刷。

8.3 流域和滨河植被恢复

8.3.1 基本原理

植被是河流生态功能的一个基本控制因素，植被的数量、质量和生长条件对河流的生态功能有非常重要的影响，包括栖息地、传输带、过滤带/隔离带、源/汇等功能。生态修复设计必须在保护现存原生植物的同时，恢复植被结构，以形成不间断且相连的河流廊道。通过评估证明一些灌木和树木可用于生态修复，包括柳树、桤木、花楸、蔓越莓、藤枫、云杉、绿皮树、牧豆树等（Svejcar 等，1992；Anderson 等，1978；Flessner 等，1992；Java 和 Everett，1992），具体的植物种类可根据被关注物种所需的栖息地条件进行选择。

植物群落恢复：入侵植被会影响原生物种的生长，例如野葛入侵可引起种植在牧场草地外的森林树种死亡。因此，在开展生态修复工程时，应与参照植物群落进行对比来恢复植物群落分布的天然状态（Brinson 等，1981；Wharton 等，1982）。

在大规模的生态修复工程中或需要满足某些特定目的时，如建立濒危物种栖息地的基本组成部分，也应考虑林下层植物的种植。然而，林下层植物通常不能耐受阳光的完全照射，如果生态修复区域尚未被森林覆盖，这些林下层植物通常很难生长。因此，可以从邻近的林地引进林下层植物，或者在树木生长形成适宜的条件后再进行种植。在种植中，可使用特殊的罐车或罐船，安装泵和喷嘴，将种子、肥料和水混合在一起喷洒播种（图 8-18），也可以使用拖拉机安装条播机后开展大范围的播种（Haferkamp 等，1985），对于播种机械不能进入的区域，可通过手工播种或飞机播种来实现。

图 8-18 利用水力喷枪进行林下层植物播种（Fisrwg，1997）

考虑到某些外来植物物种具有生长速度快、固土性能好，可为野生动物提供丰富果实等优于原生物种的优势，因此它们在过去常被用于河流廊道的绿化工程。然而外来植物的引入有时会影响原生物种的生长，起到负面作用（Olson 和 Knopf，1986），因此，目前一般不鼓励或禁止在湿地内种植外来植物，禁止种植外来滨河缓冲带植被。若在生态修复工程中能够保证外来植物种子不扩散，不对原生植物造成影响，则可以考虑适当引入外来物种（Friedman 等，1995）。

8.3.2　植被恢复实例

案例一：20 世纪 40 年代，田纳西流域管理局（Tennessee Valley Authority）结合美国南部的水库建设工程，开展了大范围的森林生态修复，将公路和铁路迁至最高库水位影响以外的地方或者堤坝顶部，以避免在极端高水位时遭到波蚀。此外，为降低波蚀的可能性，田纳西流域管理局依据最大洪水承受力选择树种，在肯塔基水库（Kentucky Reservoir）和堤坝之间的农田上等间距种植了约 4 km^2 的树木。由于种树的目的是控制侵蚀，因此在植物群落组成及结构上，没有考虑植物自然形态的重建。

案例二：毛乌素沙漠位于我国黄河流域中游区域，面积约 32 100 km^2。据考证，古时候这片地区水草肥美，风光宜人，是很好的牧场。后来由于气候变迁、战乱和过度开发，地面植被丧失殆尽，就地起沙，形成沙漠，对黄河的河流生态造成很大损害。1959年以来，我国各级政府大力开展绿化工程，兴建防风林带，引水拉沙，引洪淤地，开展了改造沙漠的巨大工程。通过各种改造措施，毛乌素沙区东南部面貌已发生变化，水土流失得到控制，植被群落开始生长，一些动物的栖息地也得到恢复。图 8-19 为沙漠上的绿化工程。

图 8-19　黄河中游沙漠上的绿化工程

8.4　围填海区域生态修复

8.4.1　基本原理

滨海湿地处于海洋和陆地两大生态系统的过渡地区，周期性或间歇性地受海洋咸水体或半咸水体作用，是世界上生物生产力最为丰富的生态系统之一。它不仅具有净化水体、营养循环、食物生产等多种生态服务功能，而且具有较高的经济价值，对于河口海岸生态系统和社会经济发展有巨大影响。底栖生物是滨海湿地生态系统的重要组成部分，通过对食物网中的能量进行再加工和再分配，调节滨海湿地生态系统能量流通，直接或间接地参与滨海湿地物理、化学和生物过程。

在自然环境下，未受到围填海活动影响的滨海湿地在淡、咸水的交互作用下，由陆向海沉积物盐度呈现出先增高后降低的变化模式。大部分底栖生物生活周期短，在完成其变态后，终生栖息在固定场所或只能在有限的范围内进行活动。因此，在滨海湿地中，盐度梯度变化成为影响大型底栖动物群落结构、适应分布的重要影响因素。从海到陆的盐度梯度带上，分别分布着咸水种、半咸水种和低盐种等大型底栖动物。在围填海工程影响下引发一系列问题（如海水倒灌、地下水位下降等），导致滨海湿地生境和淡咸水交换能力受损，底栖生物群落结构和生态格局发生变化。

为了应对围填海活动引发的滨海湿地生态环境突变、生物群落结构失衡等问题，以水文调节为主的生态补水工程被广泛运用于滨海湿地生态修复。依据"水盐差异驱动—生物群落响应—生态适应机制"的修复思路，从个体和功能群响应及适应的角度，在明确大型底栖生物群落结构的时空变化特征及生态响应机制的基础上，生态补水工程以耦合圩堤修筑和淡水补给为主要修复方式，通过改变滨海湿地水文干湿交替周期，改善受损区域盐度空间分布，进而修复栖息地生境和底栖生物群落。

8.4.2 生态修复实例——黄河三角洲生态补水工程实施的生态效应

黄河三角洲（$37°40'N \sim 38°10'N$，$118°41'E \sim 119°16'E$）位于山东省东营市，北临渤海，东靠莱州湾，与辽东半岛隔海相望，是目前世界上最活跃的陆-海交互作用区之一。黄河三角洲湿地包括南部现行黄河入海区（黄河口自然保护区），及北部1976年改道后黄河故道入海区（一千二自然保护区）。它属温带季风性气候，雨热同期，多年平均气温12.1℃，多年平均降水量为552 mm，年平均蒸发量为1 962 mm，常年蒸发量大于降水量。

自1976年黄河改道后，1964—2010年黄河故道作为备用河道没有行水，缺乏淡水补给，故该区域湿地土壤盐渍化严重，生境退化显著。自2010年以来，黄河水利委员会开始对黄河刁口河故道区域进行生态补水，已连续开展7年，现已恢复湿地面积近2万亩。黄河故道淡水恢复工程从崔家护滩工程取水，途经罗家屋子输水渠、引黄闸，通过刁口河故道注入恢复区。生态补水工程于每年7月进行，为单脉冲补水，补水持续时间为20～30天，年淡水输入量约3 500万 m³。其中，区域Ⅰ、区域Ⅱ于2010年开展生态补水工程，区域Ⅲ于2012年开展生态补水工程，各区域之间以泥土堤坝为界。区域Ⅳ位于未受潮汐影响的潮间带，不开展淡水补给工程，与区域Ⅲ以泥土堤坝为界。

1. 沉积物盐度对生态补水工程的响应

生态补水工程实施后，生态补水恢复区域Ⅰ和区域Ⅲ的沉积物盐度均有显著性差异（$p < 0.05$），沉积物盐度在补水后显著降低。未实施生态补水工程的区域Ⅳ的沉积物浓度在生态补水前后（春季和秋季）没有显著性差异。如图8-20，在生态补水工程前期，区域Ⅲ的沉积物盐度均值最高（4.37‰±2.00‰），且在2014—2016年，区域Ⅲ各样点之间具

有较高的变异度。生态补水工程实施前，各区域沉积物盐度大小为：区域Ⅲ＞区域Ⅳ(2.35‰±0.79‰)＞区域Ⅱ(1.09‰±0.54‰)＞区域Ⅰ(1.02‰±0.43‰)。生态补水工程实施后，区域Ⅳ的沉积物盐度(2.91‰±1.77‰)显著高于生态补水区域，各区域沉积物盐度大小为：区域Ⅳ＞区域Ⅲ(1.25‰±0.50‰)＞区域Ⅱ(0.81‰±0.30‰)＞区域Ⅰ(0.56‰±0.21‰)。生态补水工程显著地改变了原有区域Ⅰ～Ⅳ(陆-海方向)的盐度梯度分布，降低了原高盐度带(区域Ⅲ)沉积物浓度，补水压盐效果显著。

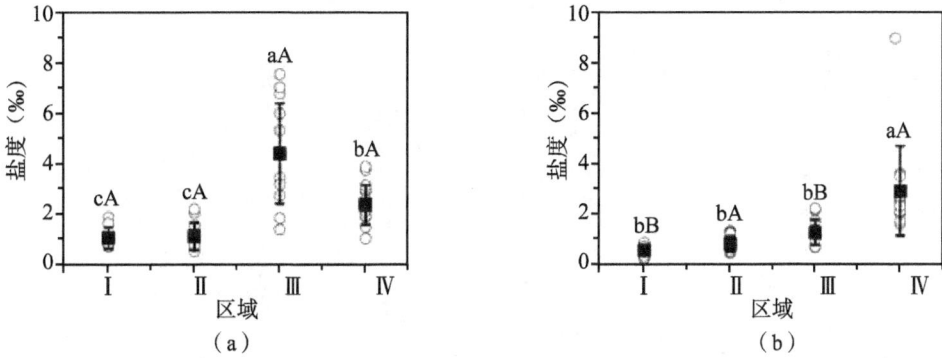

注：(a)生态补水前；(b)生态补水后。

图 8-20　生态补水工程实施前后，区域Ⅰ～Ⅳ的沉积物盐度特征

(a、b、c代表不同区域之间显著性差异，A、B代表同一区域在生态补水前、后的显著性差异)

2. 大型底栖动物群落结构对水盐变化的响应

大型底栖动物群落按照群落功能可以进一步划分为不同功能群，有利于认识生态系统结构和功能。黄河三角洲大型底栖动物群落基本可以划分为以下五个功能群：

(1)浮游生物食者(planktophagous group，Pl)。依靠各种过滤器官滤取水体中微小的浮游生物，如许多双壳类、甲壳类等。

(2)植食者(phytophagous group，Ph)。主要以维管束植物和海藻为饵料，如某些腹足纲、双壳纲和蟹类等。

(3)肉食者(carnivorous group，C)。捕食小型动物和动物幼体，如某些环节动物、十足类等。

(4)杂食者(omnivorous group，O)。依靠皮肤或鳃的表皮，直接吸收溶解在水中的有机物，也可取食植物腐叶和小型双壳类、甲壳类，如某些腹足纲、双壳纲和蟹类等。

(5)碎屑食者(detritivorous group，D)。摄食底表的有机碎屑，吞食沉积物，在消化道内摄取其中的有机物质，如某些线虫、双壳类等。

2014—2016年，每年生态补水工程实施前，各区域大型底栖动物群落组成结构的复杂程度为：潮间带(区域Ⅳ)＞生态恢复区(区域Ⅰ～Ⅲ)(图8-21)。潮间带底栖动物群落主要优势种为多毛纲、软体门和甲壳纲；生态恢复区底栖动物群落优势种为软体门、甲壳亚纲和昆虫纲。每年生态补水工程实施后，从陆(区域Ⅰ)向海(区域Ⅳ)，各区域底栖动物群落结构发生显著变化(图8-21和图8-22)。其中，区域Ⅰ在生态补水后底栖动物群落结构变化显著，优势种从补水前的昆虫纲转变为补水后软体动物门、甲壳亚纲，各样点昆虫纲减小比例为 0%～69%不等。区域Ⅱ的大型底栖动物群落结构保持相对的季相稳定，在生态补水前后主要的优势种均为昆虫纲与甲壳亚门，二者的变化幅度都维持在15%以内；年际变化较大的动物群落为甲壳亚门与昆虫纲，变化幅度均在70%以上。生态补水工程实施后，区域Ⅲ大型底栖动物群落经历了从无到有的过程，且在生态补水实施后，大型底栖动物群落表现出相对复杂的结构，优势种涵盖多毛纲、甲壳亚门、昆虫纲、脊索动物纲等多个门目。未开展生态补水工程的区域Ⅳ常年表现出典型潮间带底栖动物群落特征，底栖动物群落以多毛纲、甲壳亚门、软体动物门为主。

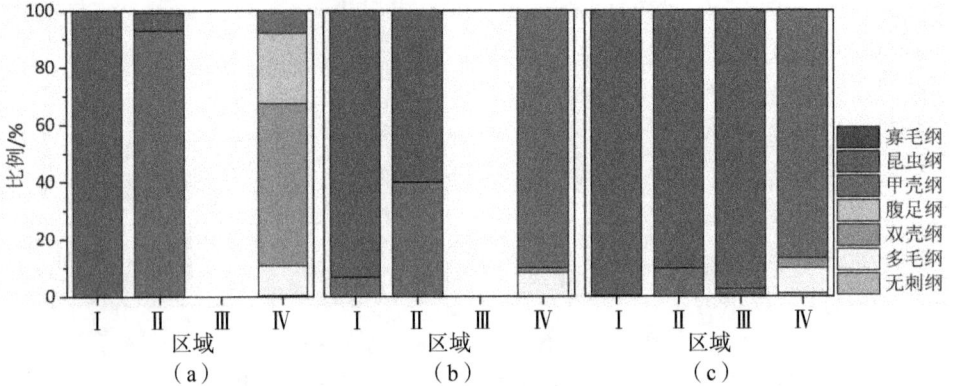

注：(a)2014 年；(b)2015 年；(c)2016 年

图 8-21　生态补水工程实施前，区域Ⅰ～Ⅳ的大型底栖动物群落结构

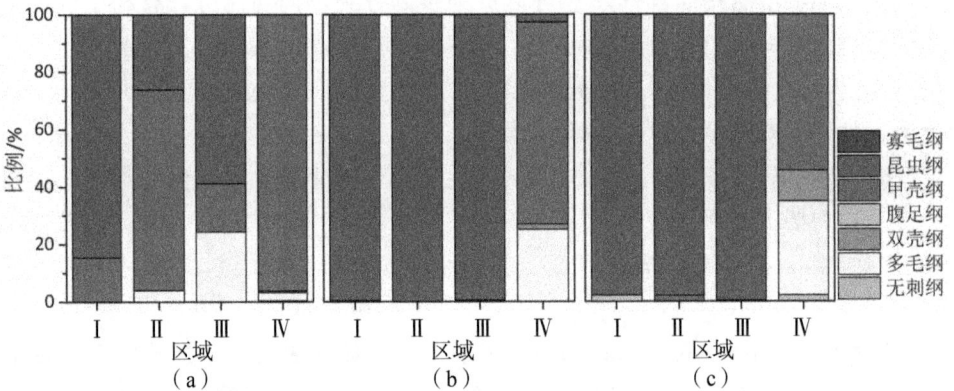

注：(a)2014 年；(b)2015 年；(c)2016 年

图 8-22　生态补水工程实施后，区域Ⅰ～Ⅳ的大型底栖动物群落结构

2014—2016 年生态补水工程实施前后，沉积物盐度与大型底栖动物丰度的相关性如图 8-23 和图 8-24 所示。生态补水工程实施前(图 8-23)，区域Ⅰ～Ⅳ各样点大型底栖动物丰度随着沉积物盐度增加表现为"U"形变化。在低盐度区域(0‰～2‰)和高盐度区域(6‰～8‰)，大型底栖动物丰度相对较高。生态补水工程实施后(图 8-24)，区域Ⅲ内高盐度带沉积物盐度显著降低，从陆到海的沉积物盐度梯度减小。大型底栖动物丰富度随沉积物盐度变化表现为先增加后降低的变化趋势。

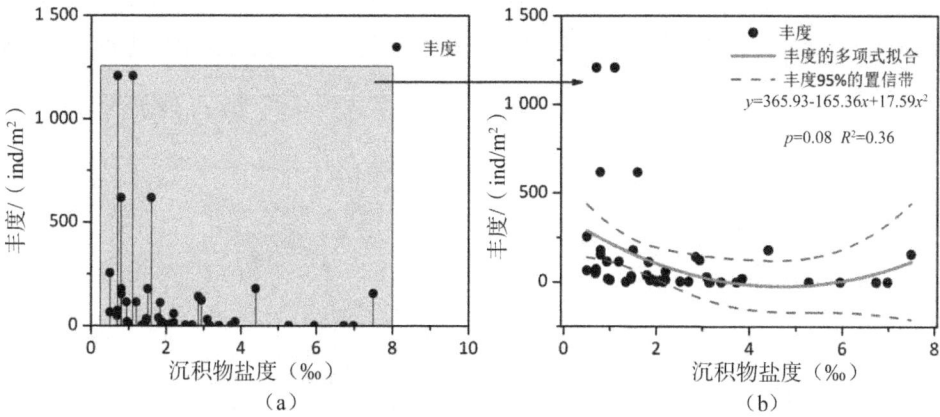

注：(a)沉积物盐度-大型底栖动物丰度关系；(b)多项式拟合

图 8-23　生态补水工程实施前，沉积物盐度与大型底栖动物丰度的相关性

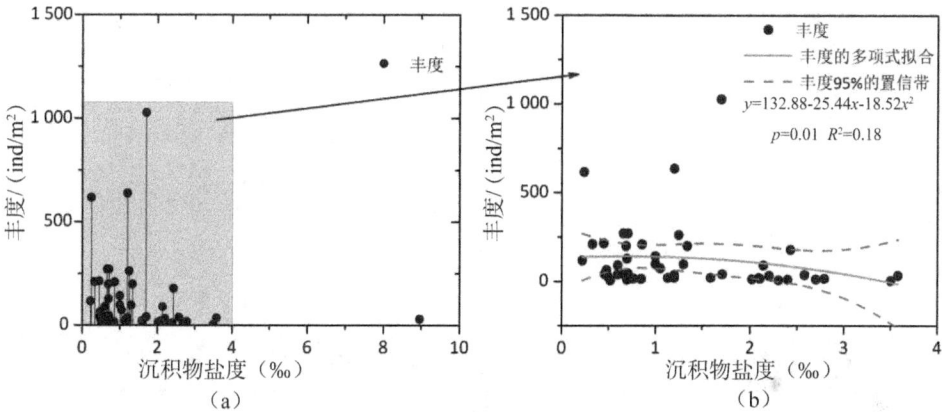

注：(a)沉积物盐度-大型底栖动物丰度关系；(b)多项式拟合

图 8-24　生态补水工程实施后，沉积物盐度与大型底栖动物丰度的相关性

在河口滨海湿地的盐度梯度上，分布有众多类型的大型底栖动物，分属广盐性种类、淡水种类、河口半咸水种类、混合高盐水种类等多个生态型。区域Ⅳ位于潮间带区域，受海水潮汐影响，广泛分布有琥珀刺沙蚕、渤海鸭嘴蛤等高盐度物种；生态补水恢复区域主要以秀丽白虾等河口半咸水物种及摇蚊幼虫等淡水物种为主。在淡水修复工程实施后，生态补水恢复区(区域Ⅰ～Ⅲ)不仅存在咸淡水交互作用，而且受淡水修复工程的周期影响，该区域水文和沉积物环境变化较为复杂。因此只有少数适应性较强的大型底栖动物存在，这也是生态补水区大型底栖动物物种种类数量较少的原因。补水后，低盐度区域(0‰～2‰)的大型底栖生物丰度较高主要是受恢复区域摇蚊幼虫(淡水种)及中华蜾蠃蜚(广盐种)的高密度分布影响。

2014—2016 年生态补水工程实施前后，沉积物盐度与大型底栖动物生物量的相关性如图 8-25 和图 8-26 所示。生态补水工程实施前(图 8-25)，区域Ⅰ～Ⅳ各样点大型底栖动物生物量随着沉积物盐度增加表现为倒"U"形变化。在低盐度区(0‰～3‰)，各点位间底栖动物生物量差异较大。在生态补水工程实施后，大型底栖动物生物量随沉积物盐度的增加而增加[图 8-26(b)]，在 1.5‰～3.5‰ 的盐度区间内，大型底栖动物生物量达到峰值。

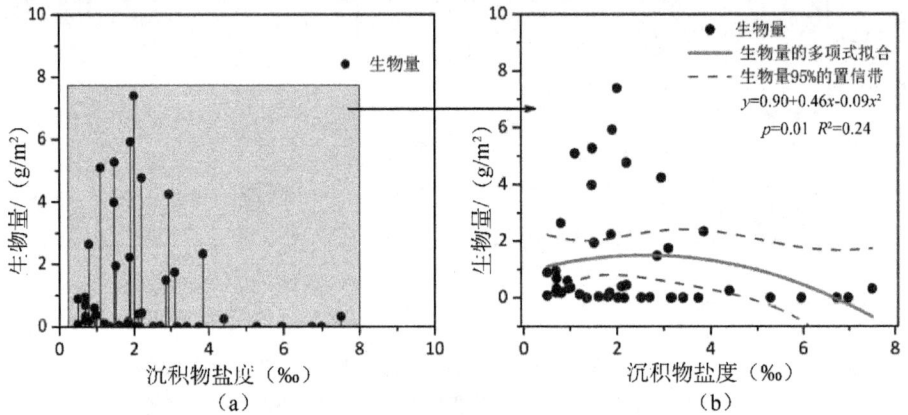

注：(a)沉积物盐度-大型底栖动物生物量关系；(b)多项式拟合

图 8-25　生态补水工程实施前，沉积物盐度与大型底栖动物生物量的相关性

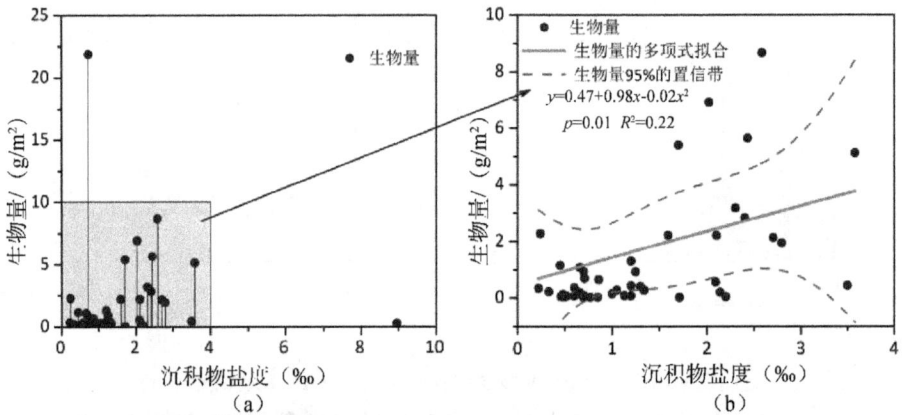

注：(a)沉积物盐度-大型底栖动物生物量关系；(b)多项式拟合

图 8-26　生态补水工程实施后，沉积物盐度与大型底栖动物生物量的相关性

生态补水工程实施前后，大型底栖生物的丰度、生物量与沉积物盐度均表现为非线性相关关系。大型底栖动物丰度和生物量与沉积物盐度关系相反。这是因为淡水物种如长附摇蚊、多足摇蚊、中华蜾蠃蜚等优势种通常具有极高的栖息密度，且物种个体较小、繁殖较快、对环境干扰的适应力较强，但生物量相对较低。与此相反，潮间带区域大型底栖动物一般由天津厚蟹、日本大眼蟹等甲壳类组成，物种个体较大，生物量相对较高，但栖息密度较低。这与 MacArthur 和 Wilson(1967)提出的 r/k 选择理论相符。生态补水工程实施后，生态补水恢复区具有高丰度、低生物量特征。r 选择物种的性状多倾向于个体较小、成熟较早、数量较多，个体的存活投资较小，在一定意义上属于"机会主义者"，很容易出现"突然的爆发和猛烈的灭绝"。这也与生态补水工程实施后，各区域昆虫纲占底栖动物比例迅速升高这一变化特征相符。

拓展阅读

多维度大型底栖生物多样性指标与湿地生态修复管理

近年来，以黄河三角洲淡水补给修复工程为代表的湿地生态修复项目，试图通过调节淡水补给来重建湿地水文与退化湿地生态系统中各生物和非生物要素之间的联系，进而恢复湿地生态系统健康。实施湿地生态修复工程的最终目标是系统地恢复湿地生态系统的生物多样性，改善湿地生态系统服务功能。以往的研究通过建立湿地水质、植被演替、大型底栖动物等各项指标，来评价生态恢复工程是否有效。在所有的指标中，大型底栖生物因对湿地环境条件反应灵敏，且具有一定的迁徙能力，从而成为评价湿地生态系统健康最为重要的一个指标。

根据以往许多研究基于底栖生物分类学所建立的底栖生物功能群指标的分析结果，长期的淡水修复工程可以有效地修复湿地生态系统，改善湿地生态系统的生物多样性。基于分类学的单一生物多样性指标对于只关注生态系统修复结果的管理人员更为直观。然而，生物多样性本质上是多维的，涉及多个尺度和维度，包括遗传、系统发育、分类学、功能和营养等维度。这些维度在不同底栖生物群落间具有显著差异。因此，仅靠分类学上的多样性来评价湿地生态修复效果，可能会产生错误判断。利用多维度生物多样性指标，一方面可以为大型底栖生物对快速变化环境的响应分析提供更全面的见解，另一方面也能更为全面地评价湿地生态修复效果。特别是当管理人员需要对不同底栖生物功能群进行修复和管理时，多维度生物多样性指标就更有用，有利于开展不同底栖生物功能群间修复的权衡。

例如，基于遗传多样性、分类学多样性和功能多样性所建立的三维整体生物多样性指标，其中的每一个维度都强调了底栖生物对不同规模生态恢复工程的响应关系。三维整体生物多样性指标可用线性或非线性回归的方法来识别各维度生物多样性与非生物环境的关系，以及整体生物多样性指标与非生物环境间的关系。所有这些关系都比单一维度指标更系统、更全面。然而，生物多样性的每个维度对环境变化的响应速率和响应方向可能不同，这会削弱生态系统功能与多维度整体指标间的关系强度。尽管如此，多维度整体生物多样性指标提供了一个良好的折中解决方案，因为它集成了生物多样性的多个维度及其重要性价值，代表了各维度之间的权衡结果。在未来湿地生态系统修复工作中，多维度大型底栖生物多样性指标将被广泛运用于指导湿地修复与管理工作。

复习思考题

1. 湿地由于具有丰富的资源、独特的生态结构和功能而享有"自然之肾"之称。为了更好地保护和开发利用湿地，世界各国都在积极采取措施阻止湿地的退化或消失，湿地的生态恢复与重建问题已成为生态学和环境科学的研究热点，并具有多学科交叉的特点。请从环境生态水力学的角度，谈谈你对湿地生态恢复问题的理解和认识。

2. 开展滨海湿地的生态补水工程需要考虑哪些主要因素的影响？

3. 水生态系统主要承受哪些压力？

4. 面向栖息地恢复的河道内结构设计有哪些类型？分别面向哪些对象？主要解决什么问题？

5. 滨河植被的恢复对河流生态系统有哪些功用？

第9章 基于生态水力模拟的生态需水核算和配置

区域生态环境与经济社会可持续协调发展需要保障自然生态系统的基本结构和功能所需要的水资源量，即生态系统的需水量，称为生态需水量。在全球气候变化和人类活动影响下，水资源量日益短缺，产生各类用水竞争和水资源供需矛盾。将水资源优化配置置于社会经济-生态环境复合系统的全局去考虑，建立基于生态需水的配置模式是实现水资源可持续利用的必然要求。本章在简述生态需水核算和配置基本概念和原理的基础上，着重介绍了基于水力学法的生态需水核算和配置方法，以便更好地理解基于生态需水的水资源配置内涵和过程。

9.1 生态需水的概念及特性

基于生态系统水需求进行水资源配置的首要关键环节是对生态需水进行合理的预测。因此，需要厘清生态需水的相关概念，选择合理的计算方法准确核算生态需水量，为基于生态需水的水资源配置提供科学依据。

对生态需水的研究始于 20 世纪 40 年代，美国渔业与野生动物保护局为缓解水库建设和水资源开发利用对渔业生产的影响，开展了一系列关于河流流量与鱼类生长繁殖及产量关系的研究（徐志侠等，2004；Growns，2016）。此后，关于河流生态需水的相关理论及计算方法开始蓬勃发展。20 世纪 70 年代后，欧洲、澳大利亚、南非、北美等国家和地区从多角度研究河流流量与水生动植物间的联系，并提出了许多河流基本生态流量的计算和评价方法（Petts，1996；Resh，1985），但对于"生态需水"，学界尚未提出统一的定义，而是普遍采用枯水流量、最小可接受流量等相近概念替代（徐志侠等，2004；王西琴等，2002）。

1993 年，Covich 提出在水资源管理中要保证恢复和维持生态系统健康发展所需的基本水量（崔瑛等，2010）。随后，国内外很多学者也指出要满足生态系统对水量的基本需求，维系生态系统的基本功能，从而实现水资源的可持续利用（Raskin 等，1996；刘昌明，2002）。Gleick(1998)明确提出"基本生态需水"概念，即为保护生态系统的物种多样性和生态完整性，需要提供给天然生境一定质量和数量的水资源。此后，诸多学者在此基础上逐渐拓展和完善了"生态需水"概念。钱正英和张光斗(2001)提出生态需水存在广义和狭义两个维度概念，其中广义的生态需水指维持全球生态系统水分平衡（包括水热平衡、水盐平衡和水沙平衡等）所需的水资源，狭义的生态需水指维护、改善生态环境质量所需要消耗的水资源。刘静玲和杨志峰(2002)、崔保山等(2005)认为生态需水是指在特定发展阶段维持生态系统结构、发挥其正常功能所必需的一定数量和质量的水资源，存在两个阈值，即最大生态需水量和最小生态需水量，超过最大生态需水量易引发洪涝灾害，低于最小生态需水量会造成生态系统结构和功能的不可逆损害。由此，我们认为生态需水是指在特定发展阶段和一定空间范围内，维持生态系统结构完整、功能正常，有助于资源循环和生物多样性保护，促进社会经济-生态环境复合系统协调可持续发展所需要的一定数量和质量的水资源。

基于以上定义可以看出，生态需水包括以下六个特性：

(1)质与量的统一性。生态需水作为水资源的一部分，应具有水资源的基本特性，即质量和数量两方面特性。其中，水量是维系生态系统存在的前提，水质是保障生态系统结构和功能正常的重要基础(舒安平等，2019)，仅有充足水量而水质不达标则无法保障用水的健康和安全，仅有水质达标而水量不足则无法满足基本用水需求。因此，生态需水的核算配置既要满足生态系统对水资源量的需求，也要满足对质的需求。

(2)时空性。从本质上讲，生态需水主要是由生态系统的自然属性决定的，而自然属性包括两类，一类是生态系统本身的内在组成和结构特征，如植被类型、种群空间结构、格局等；另一类是包括水资源条件在内的外界环境因子，如降水、土壤、日照、气温、风速、大气组成等。从横向区域空间看，不同地域(干旱区、半干旱区、半湿润区、湿润区等)的生态系统有其独特的自然属性和生态水文过程，会产生不同的水资源需求；从纵向立体空间看，水资源在不同立体空间上有不同的存在形式，如大气水、地表水、土壤水和地下水，所需要的基本水资源量也不尽相同。即便是同一区域、同一立体空间的生态系统，受生态系统本身物质、能量循环周期特征以及外界环境因子变化的综合作用，在不同的时间尺度(年内和年际间)里对水资源的需求也各有差异。例如，对于河道生态系统而言，一方面水生生物在不同生活时期对生境的要求是不同的，另一方面河道生态需水特性与河道径流特性密切相关，其时间特性包括确定性和随机性，确定性突出表现为在一年之内，丰水期和枯水期交替出现周而复始的周期性；随机性表现为生态需水年内和年际变化的不确定性。综上可知，生态需水具有一定的空间和时间特性，在不同的地区、不同的时段应具有不同的标准，对生态需水的核算和配置不仅要满足一定时间内生态需水的总量，还要保证其在横向区域空间和纵向立体空间上的合理分布。

(3)尺度多样性。水生态系统的分布具有尺度性，如河流可分为断面、河段、河区、河流等不同尺度，湖泊也可分为湖泊本身及各级流域等。由于不同尺度水体的物理、化学、生物性质各有差异，某一河段或某级流域的生态需水仅能满足该尺度生态系统的需求，若要推广至其他河段(流域)或全河流(流域)，则需要考虑尺度转换问题。

(4)动态性。生态需水是为了平衡某一发展阶段社会经济与生态环境间矛盾，维持生态系统的结构和功能完整，保障生态系统内部各要素(如动物、植物、微生物等)生长生活所需要的水资源，而由于社会经济处于不断发展中，生态系统各要素的生命特征也不断运动，这就使得生态需水量会随着时间推移、社会经济的发展及生态系统的演替演化而动态变化。

(5)目标性。从根源上讲，生态需水是在水资源开发利用活动挤占生态系统用水，并导致生态系统退化的背景下提出的，生态需水的评估与保障也主要是为水资源管理活动提出的命题。如果仅从生态系统的角度出发，强调维持生态系统结构与功能所需的水量，不考虑社会经济系统水循环及其对自然系统水循环的影响，这实质上是一种理想状态的生态需水，在实际水资源配置中很难实施。因此，生态需水不仅仅是简单的自然问题，而且具有显著的社会性。这意味着生态需水必须与人类社会的生活生产需水要求一体考虑，根据流域的社会经济发展目标和自然资源条件等具体情况，设定不同等级的生态保护目标，然后确定能够达到预期目标所对应的生态需水等级。每个地区有自己独特的生态环境特征和不同的社会经济发展目标，且生态系统本身也有多种服务功能，所以需要综合考虑研究区实际情况，确定主要生态保护对象和保护目标，以目标为导向对生态需水进行核算配置。

(6)阈值性和等级性。根据生态学的耐受性定律，每种环境因子都有生态上的适应范围，即存在最低点和最高点，二者之间为耐性限度(崔保山等，2005)。生态需水作为重要生态因子之一，同样也存在着高、低两个阈值，超过最大生态需水量会发生洪涝灾害，危害人民生命财产安全；低于最小生态需水量，不仅无法满足生产生活的需求，生态系统结构与功能将受到不可逆伤害。处于最高值与最低值之间的水资源量即为适宜生态需水量，根据生态系统健康状况可将其进一步划分为不同等级(图 9-1)。因此，需要研究生态系统健康状况与生态需水程度之间的相关性，确定生态系统健康状况发生突变或显著恶化的拐点，然后以各拐点为边界确定不同的需水等级，实现对生态需水的核算和配置。

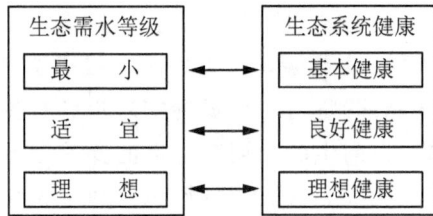

图 9-1　生态需水等级与生态系统健康状况对应关系

目前针对生态需水的核算方法很多，国际上主流的方法可分为以下四类，即水文学法、水力学法、栖息地法和综合分析法(崔瑛等，2010)。在此基础上，国内学者还结合国情提出了生态水力模拟法(王玉蓉等，2007)、生态目标法(孙涛和杨志峰，2005；冯夏清等，2010)、生态水力半径法(刘昌明等，2007)等方法。其中，生态水力模拟法将生物资料与河流流量研究相结合，不仅考虑了水力参数在全河段的变化，还考虑了生物要素的用水需求，较传统水力学法和水文学法更具有说服力，且所需的生物资料也少于栖息地，同时它还可结合水资源规划过程并直接应用于水资源配置框架中，具有一定的优势(李嘉等，2006)。

9.2　影响生态需水的水力学指标

维持生态系统健康是研究生态需水的最终目的，而生物群落处于良好状态是生态系统健康最直接的体现和最有力的证据。例如，对于河流生态系统来说，水流是生境的主要决定因素，而生境则是生物群落的主要决定因素，可描述为"流量→生境→生物群落"的决定关系。基于对"流量→生境"和"生境→生物群落"关系的认识，要保护河流中的生物群落，一个自然的想法就是考察河流生物群落对生境的需求，进而根据流量与生境之间的关系反推出流量的大小(杨志峰等，2012)。因此，生态水力模拟法的目的即在于为水生生物提供一个适宜的物理生境，其核心是基于水文水力-生态系统的响应关系，通过一定的水力生境指标体系将生境描述模块与水力模拟模块相结合，充分考虑水力参数对水生生物的影响，进行适宜生态需水量的核算和配置。因此，确定适宜的水力生境指标及表现形式对构建模拟模型、计算生态需水量非常重要，关系到模型的合理性和正确性。

水力生境指标及表现形式的确定应该遵循以下两点原则：一是立足于水生生物对生存环境的需求分析，指标体系应能够反映出水生生物对河道水力生境的适应程度；二是尽可能以最简单、直观的形式将河道内水力参数的计算结果表示出来。例如在利用水力学模型对减水河段进行水力模拟时，需要计算不同工况下水深、流速、水温等水力要素的沿程变化，由于不同月份研究河段区间汇入水量可能有较大变化，导致下泄流量相同时各月份河道水力参数值不同，那么一年对应 12 种工况；当进一步设定 5 个水平的下泄流量时，就对应 60 种计算工况。此外，如何将繁多的计算结果用最简单、直观的形式表示，以展现水生生物存在的河道中水力生境的变化，也是需要考虑的。由于水生生物在不同生活时期对生境的要求不同，需要根据季节变化和洪水规模的差异分别进行探讨。

1. 枯水期指标及表现形式

普遍认为，枯水期流量对于维持河流的自然温度状态、保持河流水质、保持河道内及边缘生境比例及丰富度、维持鱼类栖息地有重要意义，因此保证枯水期河道内水量对满足水生生态的基本需求非常重要。在枯水期，绝大多数鱼类处在非产卵期，鱼类活动较少，对水量需求相对较少，只需满足其最基本生存需求。枯水期指标表现形式如下。

(1)沿程水力生境参数：分析枯水期减水河段下泄不同流量情况下沿程水力生境参数（即最大水深、平均水深、平均流速、湿周、水面宽、过水断面面积等）的变化，并统计这些水力参数在不同区间段的河段长度及每个区间河段长度占整个河段长度的百分比，避免因计算的某一河段参数偏低，而该段在整个河段中所占比重非常小，单凭最低流量值进行判断产生的失误。

(2)水面面积：统计不同下泄流量情况下水面面积大小及占枯水期多年平均流量情况下水面面积的百分比。

(3)水力形态：在枯水期沿程水力生境参数的占比统计结果基础上，根据缓流、较缓流、较急流、急流的平均流速规定（视河流具体情况而定），对缓流型河道、急流型河道、浅滩及深潭的概念进行界定，并统计不同流量时缓流、较缓流、较急流、急流的段数，累积河段长度及每种形态河段长度占总河段长度百分比。然后，根据浅滩和深潭的统计结果，分析断面不同下泄流量情况下滩地及深潭的变化情况，因为浅滩水流速度小，物质丰富，是鱼类捕食、产卵、孵化的生存基地，而深潭是鱼类藏身、越冬的场所，保护好浅滩和深潭是保护水生生物生存的重要条件。通过上述枯水期指标表现形式，可综合确定枯水期最小生态下泄基流量。

2. 汛期指标及表现形式

与枯水季节相比，鱼类的产卵、孵化、繁衍等生活习性的要求，对水流量的需求提高。汛期支沟汇入水量增加较大，有些减水河段汛期支沟的汇入水量是枯水期的几倍，这对水生生物的繁衍是有利的水量补充，此时就需要考虑因支沟水量的增加对水力环境的改善。汛期指标表现形式如下：在支沟流量年内变化较大段选取典型断面，绘制不同流量时典型断面在枯水期及汛期过水断面变化图；按照和枯水期指标同样的形式，统计汛期减水河段下泄不同流量情况下最大水深、平均流速、水面宽、湿周率等水力参数在不同区间值时的河段长度，及占整个减水河段长度的百分比。通过比较汛期与枯水期各水力参数的区间变化情况，综合确定汛期最小生态下泄基流量。

3. 年内变化指标

水温对水生生物的生存是一个非常重要的影响因素，它直接影响到鱼类的产卵、孵化、繁衍。一般减水河段上游修建挡水建筑物之后，下泄水量的温度降低，但下泄水量的减小又会使河道内水温升高，故需要模拟减水河段内水温的年内变化，与自然状态进行对比。其分析方法如下：绘图表示各月份在不同下泄流量与天然状态时，年内各月份水温沿程的变化情况；在出现极端水温断面处，列出不同下泄流量下各月水温值。通过上述指标表现形式，可以判断水温的变化是否在正常水温范围内，以及该水温变化能否满足鱼类产卵的要求。

按照上述标准，《水电水利建设项目河道生态用水、低温水和过鱼设施环境影响评价技术指南(试行)》(环评函〔2006〕4号)给出了生态水力学法确定大型河流最小流量的部分水力生境参数，其指标体系和评价标准较为完整，如表9-1(王秀英等，2016)。研究表明，生境参数标准对计算结果的影响显著(程淑君等，2012)，而很多中型河流的生境参数无法达到设定标准，如何适当降低上述标准给生境分析带来了困难。由于河流差异、生物物种差异，河流生境条件往往差别很大，生态水力学法的应用需要紧密结合河流自身特征，将普适理论和方法落实到具体河流特征上，才能获得符合实际情况的生态需水量。

表 9-1　生态水力学法确定大型河流最小流量的部分水力生境参数

生境参数指标	最低标准	累积河段长度的百分比(%)
最大水深	鱼类体长的 2～3 倍	95
平均水深	≥0.3 m	95
平均流速	≥0.3 m/s	95
水面宽度	≥30 m	95
湿周率	≥50%	95
过水断面面积	≥30 m²	95
急流	平均流速≥1 m/s	段数无较大变化，急流、较急流段累积河段长度减少<20 m
较急流	平均流速 0.5～1 m/s	
较缓流	平均流速 0.3～0.5 m/s	
缓流	平均流速≤0.3 m/s	
深潭	最大水深≥10 m	个数无较大变化
浅滩	河岸边坡≤10°，5 m 围内水深≤0.5 m	

9.3　基于生态水力模拟的生态需水核算

9.3.1　生态水力模拟法的基本原理

生态水力模拟法的提出主要基于两点假设：水深、流速、湿周、水面宽、过水断面的面积、水面面积、水温是流量变化对物种数量和分布产生影响所涉及的主要水力生境参数；急流、缓流、浅滩及深潭是流量变化对物种变化产生影响所涉及的主要水力形态（董哲仁，2003）。基于这些假设，考虑仅利用一些关键的水力参数来简化替代生境的描述，通过研究水生生物的适宜水力生境，在摸清水生生物对水力生境参数、水力形态的基本生存要求的前提下，就可以利用水力学模型确定合适的流量。

生态水力模拟法的基本思路是：首先，确定研究河段的范围以及河段内用于指示生态系统健康状况的水生生物（如鱼类）。其次，对研究河段内指示水生生物的类型、分布、生活习性，及其对水深、流速等水力要素的偏好进行现场调查，分析水生生物对水深、流速等水力生境参数的最基本生存要求、水温变化对水生生物的影响，以及水生生物对急流等水力形态的基本要求，并对其进行定性或定量化的描述，确定生境适宜性标准。再次，厘清河段内在下泄不同流量时河道内水力参数的变化情况，利用水力学模型对整个河道及局部河道分别进行模拟。局部河道选取时主要考虑生境需求的变化，如鱼类生活的缓流处、急流处与深潭处，同时也要考虑河道地貌的变化。最后，将河道模拟结果与适宜生境标准相比较，结合河道的来水过程、当地的社会经济发展状况及政策综合确定较为合理的生态需水量。

与之相对应，生态水力模型主要分为三大模块（图9-2），一是河道水生生境描述；二是河道水力模拟，需要将一定的水力生境指标体系与生境描述模块有机结合起来；三是基于水力生境指标体系及标准的河道水生生态基流量决策。

生态水力模拟法将生物资料与河流流量研究相结合，能够较好地将水生生物长期适应的水体环境总结提炼并反映到流量

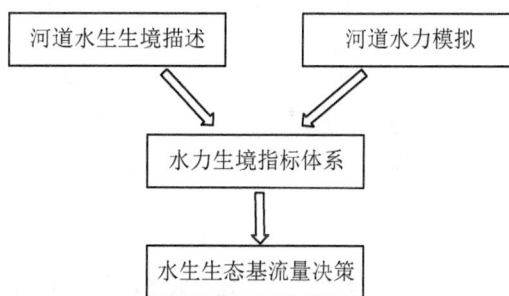

图9-2　生态水力模拟法示意图

参数上，不需要建立种群与生境之间的联系，也不似水文-生物分析法需要大量生物数据，相对应用简单和容易推广。同时，使用该法时要考虑到指示生物在不同生活时期对生境要求的变化，这种变化在河流流量上表现为对季节变化和适当的洪水规模的要求，对指导生态需水量的确定以及保护水生生物栖息环境具有重要意义。

此外，生态水力模拟法也存在一定的缺点：它不适用于无脊椎动物和植物物种；不能预测生物量或者种群变化，仅用生境指标进行代替；与其他模型缺乏紧密结合，不能明确考虑泥沙运输和河道形状变化；结果比较复杂，实施需要大量人力物力，不适合快速使用。另外，由于该方法将重点放在一些河流生物物种的保护，而没有考虑包括河流两岸在内的整个河流生态系统，因此推荐的流量范围有时与整个河流的管理要求不完全相符。

9.3.2 生态需水核算实例——锦屏二级水电站减水河段枯水期最小生态需水量计算

锦屏二级水电站位于四川省凉山彝族自治州境内，闸址位于雅砻江大河湾西端的猫猫滩，电站通过四条引水隧洞截弯取直引水发电，导致从猫猫滩闸址至大水沟厂址长约119 km 的河段水面缩窄、水深变浅、流速趋小，威胁水生生物（尤其是鱼类）的生存空间和生存环境。为保证水生生物的生存及繁衍，需要计算满足减水河段水生生物系统稳定的最小生态需水量。下面以此为例进行生态需水核算分析（王玉蓉等，2007）。

1. 河道水生生境描述

选取流速、水深、水面宽、过水断面面积、湿周、水温等水力参数及急流、缓流、深潭、浅滩等水力形态为影响雅砻江大河湾段鱼类生境质量的因素指标，其生境适宜的水力参数低限值见表 9-2。

表 9-2　减水河段鱼类生境适宜水力参数最低限制

水力指标	最低标准	水力指标	最低标准
平均流速/(m·s^{-1})	0.3	湿周率(%)	50
平均水深/m	0.5	过水断面面积/m^2	>30
最大水深/m	1	水温	满足产卵
水面宽/m	30	水力形态	无较大变化

2. 河道水力模拟

通过实测减水河段的水面线，收集减水河段的相关水文资料，采用一维明渠恒定非均匀渐变流模型分析确定减水河段在不同下泄流量时水深、流速、水面宽、湿周、过水断面面积等水力参数；采用一维温度对流模型确定水温参数，对鱼类影响较大的急流、缓流、深潭等处三维局部减水河段采用 k-ε 模型进行水力模拟。

3. 生态需水量确定

由于锦屏二级水电站猫猫滩闸址处最枯月多年平均流量为 315 m^3/s，故选择 20 m^3/s、30 m^3/s、45 m^3/s、60 m^3/s、315 m^3/s 下泄流量进行一维水力模拟，计算减水河段的水力参数变化，结果如表 9-3 所示。

表 9-3　不同流量时满足各水力参数河道长度占总减水河段长度百分比(%)

水力参数	20 m^3/s	30 m^3/s	45 m^3/s	60 m^3/s	315 m^3/s
最大水深>1 m	97.22	98.96	99.75	99.99	100.00
平均水深>0.5 m	99.17	99.80	100.00	100.00	100.00
平均流速>0.3 m/s	86.11	88.73	91.09	93.00	99.73
水面宽度>30 m	86.78	90.54	93.78	96.36	99.72
湿周率>50%	85.14	90.40	96.30	98.55	100.00
过水断面面积>30 m^2	91.14	94.84	97.06	98.96	100.00
水温满足产卵需求	100.00	100.00	100.00	100.00	100.00
水力形态多样性保持	100.00	100.00	100.00	100.00	100.00

由表 9-3 看出：当流量为 20 m³/s 时，15％河段的平均流速、水面宽、湿周率不能满足要求；当流量为 30 m³/s 时，10％河段的平均流速、水面宽、湿周率不能满足要求；当流量为 45 m³/s 时，9％河段流速小于 0.3 m/s，虽会对鱼类生存造成一定的影响，但影响范围相对整条河流比例较小；当流量超过 45 m³/s 时，仅平均速度是制约参数，其他参数均满足要求。

综上可知，45 m³/s 的水量为减水河段鱼类枯水季节的适宜生态需水量，也是满足减水河段水生生物系统稳定的最小生态需水量(王玉蓉等，2007)。

9.4　生态需水配置

9.4.1　生态需水配置的原理和方法

生态需水配置是在掌握生态需水机理、摸清生态需水规律和量化生态需水的前提下，通过科学的需水调控管理和必要的工程措施对水资源进行合理配置，使生态系统与经济社会发展格局相适应，形成人水和谐、社会经济与水环境和谐的局面。它一方面强调通过在一定时期内给生态系统分配一定的水量来保障生态系统健康状况的改善和可持续发展，另一方面也需要从流域或区域的尺度综合考虑生产、生活及生态用水的要求，实现水资源的合理配置。因此，这里将生态水量配置定义为：在一定水资源总量条件下，最大限度地满足生态系统和社会经济系统协调发展而对生态水量的科学调配。

生态需水配置的主要任务是在特定的流域或区域内，遵循全面系统性、区域分异性、用水公平性、过程透明性、可持续发展和可操作性的原则，研究生态用水配置的实施技术和手段，探讨在"什么时间"进行配置、从"什么地方"调配和补给以及"如何产生"生态用水的合理配置策略，从而协调和处理发展社会经济和维持水环境健康循环的矛盾关系，使整体达到一个最优的结果。所谓最优，就是使水资源系统在其整个生命周期内发挥最大的社会-经济-生态综合效益，即生态效益和社会经济效益的总量最大化、生态风险和社会经济风险总和最小化。然而这些效益之间往往是不可公度以及相互竞争的，例如，增加社会经济效益可能会相应地降低生态效益，而一味以生态效益至上时则可能会扰乱社会秩序，阻碍经济发展。尤其是对于水资源短缺地区，这种竞争性就显得尤为突出。因此，生态水量配置问题，本质上是一个涉及多学科、多层次和复杂理论结构的大系统多目标优化决策问题。

1. 生态水量优化配置数学模型构建

多目标优化问题的一般数学形式为

$$\max\{[f_1(x), f_2(x), \cdots, f_n(x)]\} \tag{9-1}$$
$$\text{s. t. } x \in X$$

式中：$x = [x_1, x_2, \cdots, x_n]^T$，$X = \{x \mid g_k(x) \leqslant 0, k = 1, 2, \cdots, m\}$。

生态水量优化配置，首先要确定优化目标与决策变量。优化目标的选择需要具体问题具体分析，通常涉及经济发展目标、资源环境目标保护和生态管理目标等。

经济发展目标通常以国内生产总值(Gross Domestic Product，GDP)为指标，因为GDP 的总量可以衡量一个地区的发达水平，体现积累与消费的总体规模，其人均值可更真实地反映区域内经济发展的不平衡。资源环境目标可选择社会经济供水量、供水短缺率等指标。供水指标可直接地反映满足整个区域社会经济发展的水资源供需状况，较高水平的供水保证率是社会稳定发展的必要条件。

对于生态管理目标而言，目前生态质量与水资源量之间虽没有得到统一、明确的定量关系，但适宜的水资源配置量能起到改善和保护生态系统的作用已普遍达成共识。因此，对于不同类型生态系统可以选择不同的生态用水指标。例如，对于河流湿地，可选择流量指标；对于湖泊湿地，可选择水位或水面面积指标；对于沼泽湿地，可选择补水量指标。此外，同一生态系统在不同时期的生态目标也可能是不同的。对生态系统配置的水量更多地取决于未来生态系统特点和流域内提供环境流量的可行性，由于可以定期得到新的信息，而且生态系统的状态也将发生变化，因此需要适时对生态需水保障措施进行调整，以适应新的环境条件。

除了考虑可量化的决策目标外，还应根据具体问题检查并找出可行方案的受限制条件，即约束条件，如经济制约因素、资源制约因素、环境制约因素等。在湿地生态用水配置中，通常需要考虑的前提条件包括水资源量约束、湿地系统生态用水的适宜性约束、非负性约束及其他约束等。

2. 生态水量优化配置模型的决策解方法

求解多目标规划问题时，需要根据多个目标对决策者所产生的综合效用去评估它们的价值，而其中某一目标的完善往往会损害其他目标的实现，也就是说，某一目标的最优并不是整个系统的最优。因此在多目标规划问题中通常没有一个方案能使各个目标同时达到其最优值，但却有它们的非劣解，所谓非劣解通常是指存在这样的一个方案，在所有的可行方案集中没有一个方案优于它。多目标决策除了需辨优以确定哪些方案是劣解或非劣解外，还需要通过权衡的方法求得决策者认为比较满意的解。

由于多个目标的相互冲突与矛盾，多目标问题往往不能直接求解，需要经处理或数学变换，将其转变成单目标函数，而这些主要是通过算法来实现的。一直以来很多专家学者采用不同算法解决多目标优化问题，除了运筹学中的优化技术，如线性规划/非线性规划、动态规划等外，还有集结法、大系统递阶分析法，包括多目标分解协调方法、多目标分解聚合法等（冯尚友，1990）。随着系统科学的新原理和新方法的发展，非线性理论、人工神经网络技术等在水资源优化配置研究中也逐渐得到了广泛应用（崔远来等，1996；金菊良等，2000；沈军和刘勇健，2002；刘满凤和刘玉凤，2017）。

交互式决策是近些年发展起来的求解多目标优化的有效方法，它能够充分体现决策者的主观愿望并实现决策者与系统之间信息的反复交换，已经成为一种较活跃且实用性较强的目标决策方法（Singh等，2007；Deep等，2009）。该方法首先由决策者根据实际情况，依照一定的科学依据和期望，提出各个目标的希望水平，然后构造辅助模型产生在给定目标希望水平下的非劣解；否则根据模型解及其决策者偏好调整某些目标的偏离容忍水平后，继续求解经过反复的交互过程，得到不同偏好结构下的满意解。因此，目标希望水平的确定对于多目标规划问题的求解是非常重要的（邹锐和郭怀成，1998），如果希望水平定得过低，则模型解的满意度常常得不到优化，这无疑将违背决策者本意；如果定得太高，则可能无解。

9.4.2 生态需水配置实例——大庆市黎明河生态用水配置

大庆市黎明河是一条人工河道,起自春雷泵站,流经大庆萨尔图和龙凤等城区,最终进入省级湿地——龙凤湿地自然保护区,全长 37 km,是大庆市主城区的重要水系,规划中的城市建设重要景观带。优化水资源配置、保障生态用水对改善河道水质、提升城市环境质量十分重要。下面以此为例进行生态需水配置分析(杨薇,2007)。

1. 流域水环境状况

黎明河流域主要汇集流域上游排放的含油污水、上游分散居民的生活污水及沿线的雨水。其中,年排放含油污水及工业废水 840×10^4 m^3,年排放生活污水 610×10^4 m,地表径流水 130×10^4 m^3。各主要排放口的污染物排放情况见表 9-4。

表 9-4 各排污口的污染物排放量

排污口名称	污水排放量/(10^4 m^3/a)	COD 排放量/(mg/L)
星火泡出口	630	334.7
春雷泵站	240	129
上游南岗泡	360	111
三环渔场排放口	75	297.8
蓝得渔场排放口	95	224
万宝屯排水口	80	323.2

黎明河上游基本无天然来水,且水库向下游排放的新鲜水量很小,使得河道中缺少清洁补给水,水体的流动性差,流域水资源得不到充分利用和合理配置。在较大暴雨条件下,有时会外溢形成径流;小雨量的降水全部因入渗蒸发而消耗掉;在干旱少雨的季节,几乎为 100% 的污水。水体的流动性差加剧了水环境质量的恶化,河道水质状况较差,只能达到劣Ⅴ类标准,见表 9-5。

表 9-5 黎明河流域水质状况

监测指标	COD	BOD$_5$	溶解氧	非离子氨	石油
丰水期/(mg/L)	130	9.32	6.74	0.093	0.41
平水期/(mg/L)	95.5	10.83	5.69	0.392	0.81
年平均/(mg/L)	112.7	10.08	6.28	0.242	0.61
Ⅳ类超标率(%)	276	68	0	21	22
Ⅴ类超标率(%)	182	0.3	0	21	0

为了改善黎明河水质,使其水体主要水质指标由劣Ⅴ类达到地面水体Ⅴ类标准,水质满足湿地补水与一般景观用水要求,示范区景观得到显著改善,要求确定河流不同时间的生态需水量,并对其进行必要的生态补水。流域内可利用的水库和泡沼有环境水库、北湖水库、东湖水库、黎明湖以及三永湖等,其设计水位、库容以及水质见表 9-6,相应的位置见流域水系概图(图 9-3)。整个河流概化为 5 个主要排污口、5 个调水口和 5 个河段。

表 9-6　各水源参数值

水源	设计水位/m	库容/(10^4 m^3)	COD 浓度/(mg/L)
环境水库	149.52	9 400	10
北湖	148	815	15
东湖	146.8	880	10
黎明湖	146	160	15
三永湖	145.5	500	18

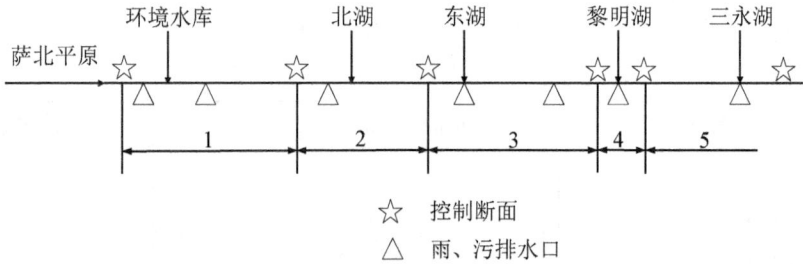

图 9-3　大庆市黎明河流域水系概图

2. 构建生态水量优化配置模型

(1)模型形式。

以配置水量为决策变量,在保证河流湿地生态需求的基础上,建立生态水量优化配置模型,实现调水成本的最小化、水体承载能力最大化和水量的最大节约,并保持系统的协调发展。其模型的形式为

$$\min\{[u_1^r - u(Z_1(q))] \times [u_2^r - u(Z_2(q))] \times [u_3^r - u(Z_3(q))]\}$$
$$G(q) \leqslant 0, \quad q \geqslant 0 \tag{9-2}$$

式中:q 为决策变量,即配置水量(10^3 m^3/d);u_i^r($i=1$,2,3)为决策者关于各目标函数的参考期望水平;$u(Z_1(q))$、$u(Z_2(q))$、$u(Z_3(q))$分别为资源目标、经济目标和生态目标。为了消除各目标之间的不可公度性和决策者偏好的影响,采用各目标期望水平与决策者参考期望水平之差的乘积形式作为综合目标函数,以保证各目标之间的协调程度尽可能最优;$G(q)$ 为约束条件集。

(2)模型目标。

① 资源目标。使生态配水量最小,即

$$\min\left\{Z_1 = \sum_{i=1}^{n} q_i\right\} \tag{9-3}$$

式中:Z_1 为总生态配水量,q_i 为第 i 个调水水源的调水量(10^3 m^3/d);i 为各调水水源的编号;n 为调水水源总数。

② 经济目标。使水源调水成本最小化,调水工程最经济化,即

$$\min\left\{Z_2 = \sum_{i=1}^{n} a_i q_i^{b_i}\right\} \tag{9-4}$$

式中:Z_2 为生态配水的总费用;a_i、b_i 为第 i 个调水水源的调水经济系数,$a_i > 0$,$b_i > 1$。

③ 生态环境目标。使整个河道污染负荷的同化容量最大化，即

$$\max\left\{Z_3 = \sum_{j=1}^{m} A_j\right\} \tag{9-5}$$

式中：Z_3 为整个河流的环境承载能力（kg COD/d）；A_j 为第 j 个河流的环境承载能力（kg COD/d）；m 为河流的河段数；j 为河段的编号。

（3）约束条件。

① 水质模型约束。

第一河段：

$$(Q_0 C_0 + q_1 C_1^0 + Q_1^* C_1^*)10^{-k_1 x_1} = Q_1 C_1 \tag{9-6}$$

其余河段：

$$(Q_{j-1} C_{j-1} + q_i C_i^0 + Q_j^* C_j^*)10^{-k_j x_j} = Q_j C_j \tag{9-7}$$

式中：C_i^0 为各水源的 COD 浓度（mg/L）；C_j 为河段 j 的末端的 COD 浓度（mg/L）；C_j^* 为河段 j 点污染源的 COD 浓度（mg/L）；C_0 为第一河段上游的 COD 浓度（mg/L）；Q_j 为河段 j 的末端的河流流量（10^3 m³/d）；Q_j^* 为河段 j 点污染源的流量（10^3 m³/d）；k_j 为河段 j 起始点处的 COD 降解系数（km^{-1}）；x_j 为河段 j 自起点的距离（km）。

② 水质控制约束。

$$C_j \leqslant C_{j,s} \tag{9-8}$$

式中：$C_{j,s}$ 为河段 j 的 COD 标准（mg/L）。

③ 河流水量与环境承载力关系约束。

$$A_j = Q_{j-1}(C_{j,s} - C_{j-1}) + k_j V_j v_j C_{j,s} + \left(Q_j^* + \sum_{j-1}^{j} q_i\right)C_{j,s}$$

$$i = 1, 2, \cdots, n; \quad j = 1, 2, \cdots, m \tag{9-9}$$

式中：A_j 为第 j 河段的环境承载力（kg COD/d）；v_j 为第 j 河段 j 的平均流速（km/d）；V_j 为河段 j 的容积（10^3 m³/d）。

④ 各水源允许调水量。

$$0 \leqslant q_i \leqslant q_{i,\max}, \quad i = 1, 2, \cdots, n \tag{9-10}$$

式中：$q_{i,\max}$ 为第 i 个水源的最大可供水量（10^3 m³/d）。

⑤ 连续流方程。

$$Q_j = Q_{j-1} + \sum_{j-1}^{j} q_i - Q_j^* \tag{9-11}$$

⑥ 基流流量约束。

$$Q_{j,\text{base}} \leqslant Q_j \leqslant Q_{j,\max} \tag{9-12}$$

式中：$Q_{j,\text{base}}$ 为第 j 河段的基流流量（10^3 m³/d）；$Q_{j,\max}$ 为第 j 河段的最大设计流量（10^3 m³/d）。

⑦ 非负约束。

$$A_j \geqslant 0, \quad j = 1, 2, \cdots, m \tag{9-13}$$

$$C_j \geqslant 0, \quad j = 1, 2, \cdots, m \tag{9-14}$$

（4）模型参数。

模型中的水体基本参数如表 9-7 所示。

表 9-7　河流基本参数

河段编号	河长/km	原有负荷量/(kg COD/d)	污染物降解系数/km^{-1}	水质标准/(mg/L)
1	14.22	590	0.016	COD≤20
2	5.38	1 632	0.017	COD≤20
3	11.38	946	0.026	COD≤20
4	0.95	993	0.023	COD≤20
5	5.06	1 293	0.067	COD≤15
总计	37.00	5 472	0.030	—

(5)模型结果。

运行模糊多目标规划模型求解得到优化结果。当决策者的初始期望水平为 1.0、1.0、1.0 时，以遗传算法为模型的求解工具，得出以天为时间步长的 5 个水源的防水策略，见表 9-8。优化的 3 个目标函数值分别为 $Z_1 = 264.75 \times 10^3$ m^3/d，$Z_2 = 0.435$ 万元/d，$Z_3 = 8\,101$ kg COD/d，而期望水平分别为 0.491、0.511、0.509 时，相互冲突的资源、生态环境和经济 3 个目标在一定程度上达到平衡。

若改变决策者的偏好程度，只需改变目标函数中的初始值，重新运行模糊多目标规划的河流生态环境用水优化配置数学模型，即可得到相应的调水策略，直到得出满意的解为止(杨薇，2007)。

表 9-8　优化规划的结果

水源名称	调配水量/(10^3 m^3/d)	调水费用/(万元/d)	所在河段承受能力/(kg COD/d)
环境水库	17.1	0.051	761
北湖	68.25	0.125	2 314
东湖	42.8	0.102	1 374
黎明湖	50.2	0.075	1 495
三永湖	96.4	0.082	2 157

注：总的调配水量＝264.75×10^3 m^3/d，期望水平＝0.491；
　　总的调水费用＝0.435 万元/d，期望水平＝0.511；
　　总的承载能力＝8 101 kg COD/d，期望水平＝0.509。

拓展阅读

基于多 Agent 技术的三生用水配置

传统的水资源配置的思路是根据目标函数和约束条件，利用线性规划、非线性规划、动态规划、博弈论等方法，获取最优解。但是如果考虑以水资源所产生的效益为目标，那么既要考虑水资源合理配置所产生的社会效益、经济效益，又要考虑生态、环境效益最大化。到目前为止，只有几种水资源配置方法考虑了水资源在人类和生态系统之间的平衡(Syme 等，1999；Lankford 等，2004；Doupé 和 Pettit，2010)，在其余的水资源配置方法中，生态用水只是被视为一个约束条件，大多数仅仅限定了一个最小的生态用水量。然而生态系统的复杂性决定了一个固定的生态环境用水量不能满足生态系统的需求

(Thoms 和 Sheldon，2002；Ladson 和 Finlayson，2002)，甚至模型中有些指标是难以量化的(如生态效益)，而且不同的量之间往往不可公度。因此，以总经济效益或净效益最大为目标求解有很大困难，多数情况下是把不能定量、不可公度的量以约束条件的形式引入模型，这样就缩减了原问题的可行域，得到的解往往并不是实际问题的最优解。

对此，可以考虑转变传统的水资源配置思路，利用多 Agent 技术，建立代表相关因素的 Agent(生活、生产和生态)，从底层出发，通过优化 Agent 的用水行为间接配置水资源，然后再从高层进行水资源配置评价，进而通过蚁群算法求解用水参数，进行情景分析，最终求得在一定社会结构模式下具有最高适用性的解。

以目前水资源配置状态为基础，评价水资源配置的合理性，调整用水行为，减少不合理用水，增加合理而缺少的用水，不断重复这一过程，可使水资源逐步向合理方向配置，形成情景数据库，为实际的水资源管理提供方向性决策和技术支撑。

基于多 Agent 技术的水资源配置流程如图 9-4，具体步骤如下：①以现有水资源分配量为基础，分析现有水资源分配的各项相关因素，计算生活、生产和生态用水的相关参数。②在分析现有水资源分配参数的基础上，利用各 Agent 之间的协同关系，寻求水资源配置的目标状态，进而设定目标状态下各个 Agent 所代表要素的行为参数。③改变各 Agent 所代表的相关用水个体的行为参数，并逐渐向目标参数靠近，进一步分析生活、生产和生态用水的相关参数，计算水资源在各个环节的分配量。④在可行的区间内，重复第③步。

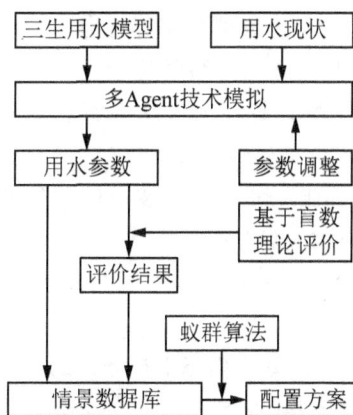

图 9-4 基于多 Agent 技术的水资源配置流程

复习思考题

1. 简要论述生态水力模拟法的基本原理及其优缺点。
2. 分析讨论生态需水的时间特性和等级特性。
3. 结合实例，阐述生态需水配置的基本步骤。

参考文献

[1]陈金焕. 滴水湖水生植物原位生态修复技术研究[D]. 上海：华东师范大学，2020.

[2]陈求稳. 生态水力学及其在水利工程生态环境效应模拟调控中的应用[J]. 水利学报，2016，47(3)：413-423.

[3]陈永灿，刘昭伟，朱德军. 水动力及水环境模拟方法与应用[M]. 北京：科学出版社，2012.

[4]程淑君，田儒俊，王安. 生态-水力学法在山区小型引水电站最小下泄流量计算中的应用[J]. 资源开发与市场，2012，28(4)：355-357.

[5]崔保山，赵翔，杨志峰. 基于生态水文学原理的湖泊最小生态需水量计算[J]. 生态学报，2005，25(7)：1788-1795.

[6]崔瑛，张强，陈晓宏，等. 生态需水理论与方法研究进展[J]. 湖泊科学，2010，22(4)：465-480.

[7]崔远来，雷声隆，白宪台，等. 自优化模拟技术在多目标水库优化调度中的应用[J]. 水电能源科学，1996，14(4)：245-251.

[8]董哲仁. 河流形态多样性与生物群落多样性[J]. 水利学报，2003(11)：1-6.

[9]董志勇. 环境水力学[M]. 北京：科学出版社，2006.

[10]段辛斌，陈大庆，李志华，等. 三峡水库蓄水后长江中游产漂流性卵鱼类产卵场现状[J]. 中国水产科学，2008，15(4)：523-532.

[11]方雨博，王趁义，汤唯唯，等. 除藻技术的优缺点比较、应用现状与新技术进展[J]. 工业水处理，2020，40(9)：1-6.

[12]冯尚友. 水资源系统分析应用的目前动态与发展趋势[J]. 系统工程理论与实践，1990(5)：43-48+29.

[13]冯夏清，章光新，尹雄锐. 基于生态水权分配的太子河河道内生态需水量计算[J]. 生态学杂志，2010，29(7)：1398-1402.

[14]高宝，傅泽强，杨俊峰. 水生态承载力评估技术指南初探[J]. 生态经济，2017，33(9)：146-151.

[15]龚政，吕亭豫，耿亮，等. 开敞式潮滩-潮沟系统发育演变动力机制——Ⅰ. 物理模型设计及潮沟形态[J]. 水科学进展，2017，28(1)：86-95.

[16]郭楠楠，齐延凯，孟顺龙，等. 富营养化湖泊修复技术研究进展[J]. 中国农学通报，2019，35(36)：72-79.

[17]H.B. 费希尔，等. 内陆及近海水域中的混合[M]. 余常昭，等，译. 北京：水利电力出版社，1987.

[18]H. 科巴斯. 水力模拟[M]. 清华大学水利系泥沙教研室，译. 北京：清华大学出版社，1988.

[19]韩建，陈婷．浅析鄱阳湖湖泊面积缩小成因及对策[J]．江西化工，2012(2)：87-90.

[20]贺勇，明杰秀．概率论与数理统计[M]．武汉：武汉大学出版社，2012.

[21]华祖林．环境水力学基础[M]．北京：科学出版社，2016.

[22]槐文信，杨中华，曾玉红．环境水力学基础[M]．武汉：武汉大学出版社，2014.

[23]槐文信，徐孝平．蜿蜒河道中纵向分散系数的水力估测[J]．武汉大学学报(工学版)，2002，35(4)：9-12.

[24]黄海，张红武，张磊，等．水沙两相浑水模型的紊流封闭及初步验证[J]．水利学报，2020，51(1)：69-80.

[25]黄克中．环境水力学[M]．广州：中山大学出版社，1997.

[26]冀前锋，王远铭，梁瑞峰，等．总溶解气体渐变饱和度下齐口裂腹鱼的耐受特征[J]．工程科学与技术，2019，51(3)：130-137.

[27]江守一郎．模型实验的理论和应用[M]．北京：科学出版社，1984.

[28]金德生，刘书楼，郭庆伍．应用河流地貌实验与模拟研究[M]．北京：地震出版社，1992.

[29]金菊良，张欣莉，丁晶．解水资源最优分配问题的遗传算法[J]．水利水运科学研究，2000(4)：65-68.

[30]金忠青．N-S方程的数值解和紊流模型[M]．南京：河海大学出版社，1989.

[31]李大美，黄克中．环境水力学[M]．武汉：武汉大学出版社，2007.

[32]李怀恩．分层型水库的垂向水温分布公式[J]．水利学报，1993(2)：43-49＋56.

[33]李家星，赵振兴．水力学[M]．南京：河海大学出版社，2001.

[34]李嘉，王玉蓉，李克锋，等．计算河段最小生态需水的生态水力学法[J]．水利学报，2006，37(10)：1169-1174.

[35]李涛，张义文，申海鹏，等．白洋淀水域面积变化的灰色关联度分析[J]．湖北农业科学，2013，52(19)：4638-4641＋4647.

[36]李炜．环境水力学进展[M]．武汉：武汉大学出版社，1999.

[37]李兴平．城市景观水体的生态修复技术研究[J]．四川环境，2015，34(1)：133-137.

[38]梁志成．用分离涡方法对梢涡流动的数值模拟[D]．上海：上海交通大学，2012.

[39]刘昌明，门宝辉，宋进喜．河道内生态需水量估算的生态水力半径法[J]．自然科学进展，2007，17(1)：42-48.

[40]刘昌明．21世纪中国水资源若干问题的讨论[J]．水利规划设计，2002(1)：14-20.

[41]刘静玲，杨志峰．湖泊生态环境需水量计算方法研究[J]．自然资源学报，2002，17(5)：605-609.

[42]刘满凤，刘玉凤．基于多目标规划的鄱阳湖生态经济区资源环境与社会经济协调发展研究[J]．生态经济(中文版)，2017，33(5)：100-105＋159.

[43]刘冉，兰汝佳，赵海燕，等．人工湿地中生物修复污水的应用与研究进展[J]．江苏农业科学，2019，47(22)：30-37.

[44]龙小菊. 浅析我国水资源污染状况及处理技术的应用[J]. 能源与环境,2011(3):69-70+88.

[45]马欣,邱勇,焦萱,等. 峡谷型水库溢洪道迷宫堰过流能力数值模拟[J]. 水电能源科学,2018,36(9):107-109+166.

[46]念宇. 淡水生态系统退化机制与恢复研究[D]. 上海:东华大学,2010.

[47]钱正英,张光斗. 中国可持续发展水资源战略研究综合报告及各专题报告[M]. 北京:中国水利水电出版社,2001.

[48]邱顺林,刘绍平,黄木桂,等. 长江中游江段四大家鱼资源调查[J]. 水生生物学报,2002,26(6):716-718.

[49]沈军,刘勇健. 水资源优化配置模型参数识别的遗传算法[J]. 武汉大学学报(工学版),2002,35(3):13-16.

[50]沈雪. 沈阳经济区典型小流域水生态承载力及驱动力分析[D]. 沈阳:辽宁大学,2014.

[51]史为良. 谈鱼类气泡病[J]. 科学养鱼,1998(6):23-24.

[52]舒安平,张浩,李春晖. 生态河流动力学[M]. 北京:北京师范大学出版社,2019.

[53]孙涛,杨志峰. 基于生态目标的河道生态环境需水量计算[J]. 环境科学,2005,26(5):43-48.

[54]谭德彩,倪朝辉,郑永华,等. 高坝导致的河流气体过饱和及其对鱼类的影响[J]. 淡水渔业,2006,36(3):56-59.

[55]王西琴,刘昌明,杨志峰. 生态及环境需水量研究进展与前瞻[J]. 水科学进展,2002,13(4):507-514.

[56]王秀英,白音包力皋,许凤冉. 基于水生态保护目标的河道内生态需水量研究[J]. 水利水电技术,2016,47(2):63-68+72.

[57]王烜,孙涛,郝芳华,等. 环境水力学原理[M]. 北京:北京师范大学出版社,2006.

[58]王玉蓉,李嘉,李克锋,等. 生态水力学法在河段最小生态需水量计算中的应用[J]. 四川大学学报(工程科学版),2007,39(5):1-6.

[59]王源意,卢晗,李薇. 城市景观河流水质污染防治进展研究[J]. 环境科学与管理,2016,41(6):86-91.

[60]王智勇,陈永灿,朱德军,等. 一维-二维耦合的河湖系统整体水动力模型[J]. 水科学进展,2011,22(4):516-522.

[61]魏文礼,洪云飞,吕彬,等. 复式断面明渠弯道水流三维雷诺应力模型数值模拟[J]. 应用力学学报,2015,32(4):604-610+705.

[62]温静,黄大庄. 白洋淀流域景观结构和格局时空变化规律及其与地形因子关系[J]. 河北农业大学学报,2020,43(3):86-95.

[63]闻德苏. 工程流体力学(水力学)[M]. 3版. 北京:高等教育出版社,2010.

[64]吴霞,谢悦波. 直接投菌法在城市重污染河流治理中的应用研究[J]. 环境工程学报,2014,8(8):3331-3336.

[65]吴湘香，李云峰，张燕，等．溶解气体过饱和水体对胭脂鱼血气平衡影响初步研究[J]．淡水渔业，2014，44(6)：55-57＋64.

[66]武玉涛，任华堂，夏建新．典型紊流模型对于圆柱绕流模拟的适用性研究[J]．水力发电学报，2017，36(2)：50-58.

[67]夏军，李原园，等．气候变化影响下中国水资源的脆弱性与适应对策[M]．北京：科学出版社，2016.

[68]夏栩，肖代，吴勇，等．城市水环境治理生物修复技术研究[J]．工程技术研究，2019，4(21)：81-82.

[69]徐明德．黄海南部近岸海域水动力特性及污染物输移扩散规律研究[D]．上海：同济大学，2006.

[70]徐体兵，孙双科．竖缝式鱼道水流结构的数值模拟[J]．水利学报，2009，40(11)：1386-1391.

[71]徐孝平．环境水力学[M]．北京：水利电力出版社，1991.

[72]徐志侠，陈敏建，董增川．河流生态需水计算方法评述[J]．河海大学学报（自然科学版），2004，32(1)：5-9.

[73]杨国录．河流数学模型[M]．北京：海洋出版社，1993.

[74]杨薇．城市河流生态环境需水优化配置理论及应用研究[D]．哈尔滨：哈尔滨工业大学，2007.

[75]杨志峰，崔保山，孙涛，等．湿地生态需水机理、模型和配置[M]．北京：科学出版社，2012.

[76]姚海雷．流域水生态承载力研究及应用实例[D]．西安：西安建筑科技大学，2015.

[77]余常昭．环境流体力学导论[M]．北京：清华大学出版社，1992.

[78]张莉莉，王峰，等．水力学[M]．北京：清华大学出版社，2015.

[79]张书农．环境水力学[M]．南京：河海大学出版社，1988.

[80]张婉．以生态修复技术为基础的城市人工湖景观设计研究[D]．雅安：四川农业大学，2015.

[81]张远，周凯文，杨中文，等．水生态承载力概念辨析与指标体系构建研究[J]．西北大学学报（自然科学版），2019，49(1)：42-53.

[82]章家恩，徐琪．生态退化研究的基本内容与框架[J]．水土保持通报，1997(6)：46-53.

[83]章家恩，徐琪．恢复生态学研究的一些基本问题探讨[J]．应用生态学报，1999，10(1)：109-113.

[84]长江流域水资源保护局．葛洲坝工程泄水与鱼苗气泡病调查[R]．1983.

[85]赵文谦．环境水力学[M]．成都：成都科技大学出版社，1986.

[86]赵雪峰，茅泽育．紊流数值模拟方法研究进展：第17届全国结构工程学术会议论文集（第Ⅲ册）[C]．北京：工程力学杂志社，2008：604-607.

[87]赵振兴，何建京. 水力学[M]. 北京：清华大学出版社，2010.

[88]中华人民共和国环境保护部. 2020年全国生态环境质量简况[R]. 2021.

[89]周济福，刘青泉，李家春. 河口混合过程的研究[J]. 中国科学，1999，29(9)：835-843.

[90]朱伯芳. 库水温度估算[J]. 水利学报，1985(2)：14-23.

[91]邹高万，贺征，顾璇. 黏性流体力学[M]. 北京：国防工业出版社，2013：432-435.

[92]邹锐，郭怀成，刘磊. 基于目标偏离容忍水平的多目标交互式决策方法[J]. 系统工程学报，1998，13(3)：41-47.

[93]ABBE T B，MONTGOMERY D R，PETROFF C. Design of stable in channel wood debris structures for bank protection and habitat restoration-an example from the Cowlitz River，WA：Proceedings of the Conference on Management of Landscape Disturbed by Channel Incision[C]. Oxford，MS：The University of Mississippi，1997.

[94]AHMADI-NEDUSHAN B，ST-HILAIRE A，BéRUBé M，et al. A review of statistical methods for the evaluation of aquatic habitat suitability for instream flow assessment[J]. River research and applications，2006，22(5)：503-523.

[95]ANDERSON B W，OHMART R D，DISANO J. Revegetating the riparian floodplain for wildlife：Symposium on strategies for protection and management of floodplain wetlands and other riparian ecosystems[C]. Ogden，UT：USDA forest service general technical report WO-12 B-2 stream corridor，1978(12)：318-331.

[96]ARANGUIZ R，VILLAGRAN M，EYZAGUIRRE G. Use of trees as a tsunami natural barrier for Concepcion，Chile-11th International Coastal Symposium[J]. Journal of coastal research，2011(SI64)：450-454.

[97]AUGUSTIN L N，IRISH J L，LYNETT P. Laboratory and numerical studies of wave damping by emergent and near-emergent wetland vegetation[J]. Coastal engineering，2009，56(3)：332-340.

[98]BATES P D，LANE S N，FERGUSON R I. Computational fluid dynamics (applications in environmental hydraulics)[M]. Chichester，UK：Wiley，2005：534.

[99]BEININGEN K T，EBEL W J. Effect of John Day Dam on dissolved nitrogen concentrations and salmon in the Columbia River，1968[J]. Transactions of the American fisheries society，1970，99(4)：664-671.

[100]BOGLE G V. Stream velocity profiles and longitudinal dispersion[J]. Journal of hydraulic engineering-ASCE，1997，123(9)：816-820.

[101]BOUMA T J，DE VRIES M B，HERMAN P M J. Comparing ecosystem engineering efficiency of two plant species with contrasting growth strategies[J]. Ecology，2010，91(9)：2696-2704.

[102]BOVEE K D，LAMB B L，BARTHOLOW J M，et al. Stream habitat analysis using the instream flow incremental methodology[R]. Washington，DC：USGS

information and technology report 1998: 1-130.

[103] BOVEE K D. A guide to stream habitat analysis using the instream flow incremental methodology[M]. Washington, DC: U. S. Fish and Wildlife Service, 1982: 19-28.

[104]BOVEE K D. Probability-of-use criteria for the family Salmonidae. IFIP No. 4 [M]. Washington, DC: U. S. Fish and Wildlife Service, 1978.

[105] BOWDEN K F. Stability effects on turbulent mixing in tidal currents[J]. Physics of fluids supplement, 1967, 10: 278-280.

[106]BRADLEY K, HOUSER C. Relative velocity of seagrass blades: Implications for wave attenuation in low energy environments[J]. Journal of geophysical research-earth surface, 2009, 114(1): 4-16.

[107]BRINSON M M, SWIFT B L, PLANTICO R C, et al. Riparian ecosystems: their ecology and status[M]. Washington, DC: U. S. Fish and Wildlife Service, 1981.

[108]BROWN P T, CALDEIRA K. Greater future global warming inferred from Earth's recent energy budget[J]. Nature, 2017, 552(7683): 45-50.

[109]CASILLAS E, MILLER S E, SMITH L S, et al. Changes in hemostatic parameters in fish following rapid decompression[J]. Undersea biomedical research, 1975, 2(4): 267-276.

[110]CEA L, PENA L, PUERTAS J, et al. Application of several depth-averaged turbulence models to simulate flow in vertical slot fish ways[J]. Journal of hydraulic engineering-ASCE, 2007, 133(2): 160-172.

[111]CHANG Y Y, CUI H, HUANG M S, et al. Artificial floating islands for water quality improvement[J]. Environment reviews, 2017, 25(3): 350-357.

[112] CHANSON H. An experimental study of Roman dropshaft hydraulics[J]. Journal of hydraulic research, 2002, 40(1): 3-12.

[113]CHANSON H. Environmental Hydraulics of Open Channel Flows[M]. Oxford, UK: Elsevier Butterworth-Heinemann, 2004: 430.

[114]CHAPRA S C, CANALE R P, AMY G L. Empirical models for disinfection by-products in lakes and reservoirs[J]. Journal of environmental engineering-ASCE, 1997, 123(7): 714-715.

[115] CHEN C J, RODI W. A review of experimental data of vertical turbulent buoyant jets[R]. Iowa Institute of Hydraulic Research Report, 1976.

[116]CHEN S C, KUO Y M, LI Y H. Flow characteristics within different configurations of submerged flexible vegetation[J]. Journal of hydrology, 2011, 398(1-2): 124-134.

[117]CHEUNG S K B, LEUNG D Y L, WANG W, et al. VISJET-a computer ocean outfall modelling system: Proceedings Computer Graphics International 2000[C]. Geneva, Switzerland: IEEE Press, 2000: 75-80.

[118]CHOI S U, KANG H S. Reynolds stress modeling of vegetated open-channel flows[J]. Journal of hydraulic research, 2004, 42(1): 3-11.

[119]CIRAOLO G，FERRERI G B，LA LOGGIA G，et al. Flow resistance of Posidonia oceanica in shallow water[J]. Journal of hydraulic research，2006，44(2)：189-202.

[120]COOPER C M，KNIGHT S S. Fisheries in man-made pools below grade-control structures and in naturally occurring scour holes of unstable streams[J]. Journal of soil water conservancy，1987，42(5)：370-373.

[121]COOPER C M，WELSCH T A. Stream channel modification to enhance trout habitat under lowflow conditions[R]. Laramie：University of Wyoming，1976.

[122]COSTA R M S，MARTíNEZ-CAPEL F，MUñOZ-MAS R，et al. Habitat suitability modelling at mesohabitat scale and effects of dam operation on the endangered Júcar nase，Parachondrostoma arrigonis(River Cabriel，Spain)[J]. River research and applications，2012，28(6)：740-752.

[123]DA VINCI L. Paris Manuscript F[EB/OL]. [2022－08－16]. https://www.photo. rmn. fr/archive/19－548299－2C6NU0AHNMQXA. html.

[124]DEEP K，SINGH K P，KANSAL M L，et al. Management of Multipurpose Multireservoir Using Fuzzy Interactive Method[J]. Water resources management，2009，23(14)：2987-3003.

[125]DE FEO G，ANTONIOU G，FARDIN H F，et al. The historical development of sewers worldwide[J]. Sustainability，2014，6(6)：3936-3974.

[126]DENNY M，GAYLORD B，HELMUTH B，et al. The menace of momentum：dynamic forces on flexible organisms[J]. Limnology & oceanography，1998，43(5)：955-968.

[127]DENNY M，GAYLORD G. The mechanics of wave-swept algae[J]. Journal of experimental biology，2002，205(10)：1355-1362.

[128]DOUPé R G，PETTIT N E. Ecological perspectives on regulation and water allocation for the Ord River，western Australia[J]. River research & applications，2002，18(3)：307-320.

[129]DUNN C，LOPEZ F，GARCIA M H. Mean flow and turbulence in a laboratory channel with simulated vegetation：Civil engineering studies report (HES 51) [R]. Urbana，IL，USA：University of Illinois at Urbana-Champaign，1996.

[130]ECKMAN J E. Flow perturbation by a protruding animal tube affects rates of sediment microbial colonization[J]. Eos.，1983，64：1042-1065.

[131]ELDER J W. The dispersion of a marked fluid in turbulent shear flow[J]. Journal of fluid mechanics，1959，5(4)：544-560.

[132]EVERHART W H，EIPPER A W，YOUNGS W D. Principles of fishery science [M]. New York：Cornell University Press，1975.

[133]FEAGIN R A，IRISH J L，MÖLLER I，et al. Short communication：engineering properties of wetland plants with application to wave attenuation[J]. Coastal engineering，2011，58(3)：251-255.

[134]Federal Interagency Stream Restoration Working Group(FISRWG). Stream corridor restoration[M]. Washington, DC: The National Technical Information Service, 1997.

[135]FINDIKAKIS A N, LAW A W K. Wind mixing in temperature simulations for lakes and reservoirs[J]. Journal of environmental engineering-ASCE, 1999, 125(5): 420-428.

[136]FISCHER H B, LIST E J, KOH R C Y, et al. Mixing in inland and coastal waters[M]. New York: Academic Press, 1979.

[137] FISCHER H B. Discussion of simple method for predicting dispersion in streams by Raul S McQuivey and Thomas N Keefer[J]. Journal of the hydraulics division-ASCE, 1975, 101(EE3): 453-455.

[138] FISCHER H B. Longitudinal dispersion in laboratory and natural streams: Technical Report KH-R-12[R]. Pasadena, California: California Institute of Technology, 1966.

[139]FISCHER H B. On the tensor form of the bulk dispersion coefficient in a bounded skewed shear flow [J]. Journal of geophysical research, 1978, 83(NC5): 2373-2375.

[140]FISCHER H B. The mechanics of dispersion in natural streams[J]. Journal of the hydraulics division-ASCE, 1967, 93(6): 187-216.

[141] FISRWG. Stream corridor restoration[M]. Washington, DC: The National Technical Information Service, 1997.

[142]FLESSNER T R, DARRIS D C, LAMBERT S M. Seed source evaluation of four native riparian shrubs for streambank rehabilitation in the Pacific Northwest: Symposium on ecology and management of riparian shrub communities[C]. Ogden, UT: US Department of Agriculture, Forest Service, Intermountain Research Station, 1992.

[143]FOLKARD A M, GASCOIGNE J C. Hydrodynamics of discontinuous mussel beds: laboratory flume simulations[J]. Journal of sea research, 2009, 62(4): 250-257.

[144]FONSECA M S, KOEHL M A R. Flow in seagrass canopies: the influence of patch width[J]. Estuarine, coastal and shelf science, 2006, 67(1-2): 1-9.

[145]FORD D E, STEFAN H G. Thermal predictions using integral energy-model[J]. Journal of the hydraulics division-ASCE, 1980, 106(1): 39-55.

[146]FRICK W E. Visual plumes mixing zone modeling software[J]. Environmental modelling & software, 2004, 19(7-8): 645-654.

[147]FRIEDMAN J M, SCOTT M L, LEWIS W M. Restoration of riparian forest using irrigation, artificial disturbance, and natural seedfall [J]. Environmental management, 1995, 19(4): 547-557.

[148]FUKUOKA S, SAYRE W. Longitudinal dispersion in sinuous channels[J]. American society of civil engineers, 1973, 99(1): 195-217.

[149] GAD-EL-HAK M. Flow control: passive, active, and reactive flow management [M]. Cambridge, UK: Cambridge University Press, 2007.

[150]GARCIA DE J D. Management of physical habitat for fish stocks//HARPER D M, FERGUSON A J D. The ecological basis for river management[M]. Chichester, UK: John Wiley and Sons Inc. , 1995: 363-374.

[151]GENG L, GONG Z, ZHOU Z, et al. Assessing the relative contributions of the flood tide and the ebb tide to tidal channel network dynamics[J]. Earth surface processes and landforms, 2020, 45(1): 237-250.

[152]GILL L W, RING P, CASEY B, et al. Long term heavy metal removal by a constructed wetland treating rainfall runoff from a motorway[J]. Science of the total environment, 2017, 601-602: 32-44.

[153]GIPPEL C J. Environmental hydraulics of large woody debris in streams and rivers[J]. Journal of environmental engineering-ASCE, 1995, 121(5): 388-395.

[154]GLEICK P H. Water in crisis: paths to sustainable water use[J]. Ecological applications, 1998, 8(3): 571-579.

[155]GRAHAM G W, MANNING A J. Floc size and settling velocity within a Spartina anglica canopy[J]. Continental shelf research, 2007, 27(8): 1060-1079.

[156]GRAN K, PAOLA C. Riparian vegetation controls on braided stream dynamics[J]. Water resources research, 2001, 37(12): 3275-3283.

[157]GRANT A J. A numerical model of instability in axisymmetric jets[J]. Journal of fluid mechanics, 1974, 66(4): 707-724.

[158]GREEN J C. Modelling flow resistance in vegetated streams: Review and development of new theory[J]. Hydrological processes: an international journal, 2005, 19(6): 1245-1259.

[159]GROWNS I. The implementation of an environmental flow regime results in ecological recovery of regulated rivers[J]. Restoration ecology, 2016, 24(3): 406-414.

[160]GUALTIERI C, CHANSON H. Interparticle arrival time analysis of bubble distributions in a dropshaft and hydraulic jump[J]. Journal of hydraulic research, 2013, 51(3): 253-264.

[161]GUALTIERI C, DORIA G P. Gas-transfer at unsheared free surfaces//GUALTIERI C, MIHAILOVIĆ DT. Fluid mechanics of environmental interfaces[M]. Boca Raton, FL, USA: CRC Press. 2012: 143-177.

[162] GUALTIERI C, MIHAILOVIC D T. Fluid mechanics of environmental interfaces, second edition[M]. The Netherlands: CRC Press/Balkema, Leiden, 2012.

[163]GUALTIERI C. Contaminants modeling with TOXI5[J]. Hydrological science technology journal, 1999, 15(1-4): 87-95.

[164]HAAPALEHTO T, JUUTINEN R, KAREKSELA S, et al. Recovery of plant communities after ecological restoration of forestry-drained peatlands[J]. Ecology and evolution, 2017, 7(19): 7848-7858.

[165]HAFERKAMP M R, MILLER R F, SNEVA F A. Seeding rangelands with a land

imprinter and rangeland drill in the Palouse prairie and sage brush bunch grass zone[C]. Vegetative rehabilitation & equipment workshop, 39th Annual Report. UT: USDA Forest Service, 1985(12): 10-11.

[166]HARLEMAN D R F. Hydrothermal analysis of lakes and reservoirs[J]. Journal of the hydraulics division-ASCE, 1982, 108(3): 302-325.

[167] HASTIE T J, TIBSHIRANI R J. Generalized additive models[M]. New York: Chapman Hall, 1990.

[168]HETLING L J, O'CONNELL R L. A study of tidal dispersion in the Potomac river[J]. Water resource research, 1966, 2: 825-841.

[169]HUNT W A. Management of riprap zones and stream channels to benefit fisheries: Integrating forest management for wildlife and fish, General Technical Report[C]. Saint Paul, MN: US Department of Agriculture, Forest Service, North Central Forest Experiment Station, 1988.

[170]HUSRIN S, OUMERACI H. Parameterization of coastal forest vegetation and hydraulic resistance coefficients for tsunami modelling, Proceedings of 4th Annual International Workshop and Expo on Sumatra Tsunami Disaster and Recovery [C]. Banda Aceh, Indonesia: Tsunami and Disaster Mitigation Research center (TDMRC), 2009: 78-86.

[171]JAVA B J, EVERETT R L. Rooting hardwood cuttings of Sitka and thinleaf alder: Symposium on ecology and management of riparian shrub communities[C]. Ogden, UT: US Department of Agriculture, Forest Service, 1992.

[172]JIRKA G H, DONEKER R L, HINTON S W. User's manual for CORMIX: A hydrodynamic mixing zone model and decision support system for pollutant discharges into surface waters[Z]. US Environmental Protection Agency, Office of Science and Technology, 1996.

[173]JOHNSON W C. Woodland expansion in the Platte River, Nebraska: patterns and causes[J]. Ecological monographs, 1994, 64(1): 45-84.

[174] KARR J R. Biological integrity: A long-neglected aspect of water resource management[J]. Ecological application, 1991, 1(1): 66-84.

[175]KLEINHANS M G, VEGT M, SCHELTINGA R, et al. Turning the tide: experimental creation of tidal channel networks and ebb deltas: AGU Fall Meeting Abstracts[C]. San Francisco, California: American Geophysical union, 2012.

[176]KOBAYASHI N, RAICHLE A W, ASANO T. Wave attenuation by vegetation[J]. Journal of waterway, port, coastal, and ocean engineering, 1993, 119(1): 30-48.

[177]KURUP G R, HAMILTON D P, PATTERSON J C. Modelling the effect of seasonal flow variations on the position of salt wedge in a microtidal estuary[J]. Estuarine coastal & shelf science, 1998, 47(2): 191-208.

[178]LABONNE J, ALLOUCHE S, GAUDIN P. Use of a generalised linear model to test habitat preferences: the example of Zingel asper, an endemic endangered percid of

the River Rhone[J]. Freshwater biology, 2003, 48: 687-697.

[179]LABUS T L, SYMONS E P. Experimental investigation of an axisymmetric free jet with an initially uniform velocity profile[R]. NASA-TN-D-6783, 1972.

[180]LADSON A, FINLAYSON B. Rhetoric and reality in the allocation of water to the environment: A case study of the Goulburn River, Victoria, Australia[J]. River research & applications, 2002, 18(6): 555-568.

[181]LANKFORD B, van KOPPEN B, FRANKS T, et al. Entrenched views or insufficient science? Contested causes and solutions of water allocation: insights from the Great Ruaha River Basin, Tanzania[J]. Agricultural water management, 2004, 69(2): 135-153.

[182]LAZURE P, GARNIER V, DUMAS F, et al. Development of a hydrodynamic model of the Bay of Biscay. Validation of hydrology[J]. Continental shelf research, 2009, 29(8): 985-997.

[183]LI C W, YAN K. Numerical investigation of wave-current-vegetation interaction[J]. Journal of hydraulic engineering-ASCE, 2007, 133(7): 794-803.

[184]LIM J L, DEMONT M E. Kinematics, hydrodynamics and force production of pleopods suggest jet-assisted walking in the American lobster(Homarus americanus)[J]. Journal of experimental biology, 2009, 212(17): 2731-2745.

[185]LIU H. Predicting dispersion coefficient of stream[J]. Journal of environmental engineering division-ASCE, 1977, 103(1): 59-69.

[186]LóPEZ F, GARCíA M H. Mean flow and turbulence structure of open-channel flow through non-emergent vegetation[J]. Journal of hydraulic engineering-ASCE, 2001, 127(5): 392-402.

[187]LUHAR M, NEPF H M. Flow-induced reconfiguration of buoyant and flexible aquatic vegetation[J]. Limnology and oceanography, 2011, 56(6): 2003-2017.

[188]LV T, SU B, WANG J Y, et al. The hydrodynamic environment variability of Laizhou bay response to the marine engineering[J]. Marine environmental science, 2017, 36(4): 571-577.

[189]MACARTHUR R H, WILSON E O. The theory of island biogeography[M]. Princeton, New Jersey: Princeton University Press, 1967.

[190]MACHATA-WENNINGER C, JANAUER G A. The measurement of current velocities in macrophyte beds[J]. Aquatic botany, 1991, 39(1-2): 221-230.

[191]MADDOCK I, HARBY A, KEMP P, et al. Ecohydraulics: An integrated approach[M]. Chichester, UK: John Wiley & Sons Inc., 2013.

[192]MAMDANI E H, ASSILIAN S. An experiment in linguistic synthesis with a fuzzy logic controller[J]. International journal of human-computer studies, 1999, 51(2): 135-147.

[193]MARCHINI A, FACCHINETTI T, MISTRI M. F-IND: A framework to design fuzzy indices of environmental conditions[J]. Ecological indicators, 2009, 9(3):

485-496.

[194] MARTINEZ-JAUREGUI M, DÍAZ M, SANCHEZ DE RON D, et al. Plantation or natural recovery? Relative contribution of planted and natural pine forests to the maintenance of regional bird diversity along ecological gradients in Southern Europe[J]. Forest ecology and management, 2016, 376: 183-192.

[195] MARUSIC I, BROOMHALL S. Leonardo da Vinci and Fluid Mechanics[J]. Annual review of fluid mechanics, 2021, 53: 1-25.

[196] MAYS L W. A brief history of Roman water technology//MAYS LW. Ancient water technologies[M]. Dordrecht, The Netherlands: Springer, 2010a: 115-137.

[197] MAYS L W. A brief history of water technology during antiquity: Before the Romans//MAYS LW. Ancient water technologies[M]. Dordrecht, The Netherlands: Springer, 2010b: 1-28.

[198] MCQUIVEY R S, KEEFER T N. Simple method for predicting dispersion in streams[J]. Journal of the environmental engineering division-ASCE, 1974, 100(NEE 4): 997-1011.

[199] MIHAILOVIC D T, GUALTIERI C. Advances in environmental fluid mechanics[M]. Singapore: World Scientific, 2010: 348.

[200] MéNDEZ F J, LOSADA I J, LOSADA M A. Hydrodynamics induced by wind waves in a vegetation field [J]. Journal of geophysical research, 1999, 104 (C8): 18383-18396.

[201] MéNDEZ F J, LOSADA I J. An empirical model to estimate the propagation of random breaking and nonbreaking waves over vegetation fields[J]. Coastal engineering, 2004, 51(2): 103-118.

[202] MOSSA M. The recent 500th anniversary of Leonardo da Vinci's death: a reminder of his contribution in the field of fluid mechanics [J]. Environmental fluid mechanics, 2021, 21(1): 1-10.

[203] MUNK W, ANDERSON E R. A notes on a theory of the thermocline[J]. Journal of marine research, 1948, 7(3): 276-295.

[204] MURTHY C R. Horizontal diffusion characteristics in Lake Ontario [J]. Journal of physical oceanography, 1976, 6(1): 76-84.

[205] MYERS R H, MONTGOMERY D C, VINING G G, et al. Generalized linear models[M]. New Jersey: John Wiley & Sons Inc. , 2012.

[206] MYRHAUG D, HOLMEDAL L E, ONG M C. Nonlinear random wave-induced drag force on a vegetation field[J]. Coastal engineering, 2009, 56(3): 371-376.

[207] NAOT D, NEZU I, NAKAGAWA H. Hydrodynamic behavior of partly vegetated open channels[J]. Journal of hydraulic engineering-ASCE, 1996, 122(11): 625-633.

[208] NEPF H M, VIVONI E R. Flow structure in depth-limited, vegetated flow[J]. Journal of geophysical research-oceans, 2000, 105(C12): 28547-28557.

［209］NEPF H M. Flow and Transport in Regions with Aquatic Vegetation［J］. Annual review of fluid mechanics，2012，44：123-142.

［210］NEUMEIER U，AMOS C L. Turbulence reduction by the canopy of coastal Spartina salt-marshes［J］. Journal of coastal research，2006，S39：433-439.

［211］NEUMEIER U，CIAVOLA P. Flow resistance and associated sedimentary processes in a Spartina maritima salt-marsh［J］. Journal of coastal research，2004，20(2)：435-447.

［212］NEUMEIER U. Velocity and turbulence variations at the edge of salt marshes［J］. Continental shelf research，2007，27(8)：1046-1059.

［213］NEWBURY R W，GABOURY M N. Stream analysis and fish habitat design：a field manual［M］. Gibsons BC，Canada：Newbury Hydraulics，1993.

［214］NEWCOMB T W. Changes in blood chemistry of juvenile steelhead trout，salmo gairdneri，following sublethal exposure to nitrogen supersaturation［J］. Journal of the fisheries research board of Canada，1974，31(12)：1953-1957.

［215］NEZU I，SANJOU M. Turbulence structure and coherent motion in vegetated canopy open-channel flows［J］. Journal of hydro-environment research，2008，2(2)：62-90.

［216］NIELD D A，BEJAN A. Convection in porous media［M］. New York：Springer，2006.

［217］NIKORA V，GORING D，MCEWAN I，et al. Spatially averaged open-channel flow over rough bed［J］. Journal of hydraulic engineering-ASCE，2001，127(2)：123-133.

［218］NIKORA V，MCLEAN S R，COLEMAN S，et al. Double-averaging concept for rough-bed open-channel and overland flows：theoretical background［J］. Journal of hydraulic engineering-ASCE，2007，133(8)：873-883.

［219］NIKORA V. Hydrodynamics of aquatic ecosystems：an interface between ecology，biomechanics and environmental fluid mechanics［J］. River research and applications，2010，26(4)：367-384.

［220］NOWELL A R M，JUMARS P A. Flumes：theoretical and experimental considerations for simulation of benthic environments［J］. Oceanography & marine biology，1987，25：91-112.

［221］O'CONNOR D J. Oxygen balance of an estuary［J］. Transactions of the American society of civil engineers，1960，126(3)：556-575.

［222］O'CONNOR D J. The temporal and spatial distribution of dissolved oxygen in streams［J］. Water resources research，1967，3(1)：65-79.

［223］OKUBO A. Effect of shoreline irregularities on streamwise dispersion in estuaries and other embayments［J］. Netherlands journal of sea research，1973，6(1-2)：213-224.

［224］OLSON T E，KNOPF F L. Agency subsidization of a rapidly spreading exotic［J］. Wildlife society bulletin，1986，14：492-493.

［225］PANAYOTIS P，VICKY S，INIGO L，et al. Wave propagation over posidonia oceanica: Large scale experiments//GRUENE J, KLEIN B M. Proceedings of the HYDRALAB III Joint Transnational Access User Meeting [C]. Hannover, Germany: Coastal Research Centre FZK, 2010.

[226]PETTS G E. Water allocation to protect river ecosystems[J]. Regulated rivers: research & management, 1996, 12(4-5): 353-365.

[227]PILIOURAS A, KIM W, CARLSON B. Balancing aggradation and progradation on a vegetated delta: the importance of fluctuating discharge in depositional systems[J]. Journal of geophysical research earth surface, 2017, 122(10): 1882-1900.

[228]PITLO R H, DAWSON F H. Flow resistance of aquatic weeds[M]. Oxford: Oxford University Press, 1990: 74-84.

[229] POLLEN-BANKHEAD N, THOMAS R E, GURNELL A M, et al. Quantifying the potential for flow to remove the emergent aquatic macrophyte Sparganium erectum from the margins of low-energy rivers[J]. Ecological engineering, 2011, 37 (11): 1779-1788.

[230] POPE S B. Turbulent flows [M]. Cambridge, UK: Cambridge University Press, 2000.

[231] PRITCHARD D W. Observations of circulation in coastal plain estuaries// LAUFF G H. Estuaries[R]. Washington, DC: AAAS Publication, 1967: 37-44.

[232] RASKIN P D, HANSEN E, MARGOLIS R M. Water and sustainability: Global patterns and long-range problems[J]. Natural resources forum, 1996, 20(1): 1-15.

[233] RAUPACH M R, SHAW R H. Averaging procedures for flow within vegetation canopies[J]. Boundary-layer meteorology, 1982, 22(1): 79-90.

[234]RESH V H. Periodical citations in aquatic entomology and freshwater benthic biology[J]. Freshwater biology, 1985, 15(6): 757-766.

[235]RODI W, CONSTANTINESCU G, STOESSER T. Large-eddy simulation in hydraulics[M]. New York, USA: CRC Press, 2013.

[236]ROSGEN D L. Applied river morphology: wildland hydrology[M]. Colorado: Pagosa Springs, 1996: 248-250.

[237]ROUSE H, YIH C S, HUMPHREYS H W. Gravitational convection from a boundary source[J]. Tellus, 1952, 4(3): 201-210.

[238] SCHIEWE M H. Influence of dissolved atmospheric gas on swimming performance of juvenile chinook salmon [J]. Transactions of the American fisheries society, 1974, 103(4): 717-721.

[239]SEEHORN M E. Fish habitat improvement handbook[M]. Southern Region Atlanta: U. S. Forest Service, 1985.

[240]SEO I W, CHEONG T S. Predicting of longitudinal dispersion coefficient in natural streams[J]. Journal of hydraulic engineering-ASCE, 1998, 124(1): 25-32.

[241] SHIELDS F D, COOPER C M, KNIGHT S S. Experiment in stream restoration[J]. Journal of hydraulic engineering-ASCE, 1995, 121(6): 494-502.

[242]SHIELDS F D, SMITH R H. Effects of large woody debris removal on physical characteristics of a sand-bed river[J]. Aquatic conservation: marine and freshwater ecosysystems, 1992, 2(2): 145-163.

[243]SHIMIZU Y, TSUJIMOTO T. Numerical analysis of turbulent open-channel flow over a vegetation layer using a κ-ε turbulence model[J]. Journal of hydroscience and hydraulic engineering-JSCE, 1994, 11(2): 57-67.

[244]SIMMONS H B, BROWN F R. Salinity effects on estuarine hydraulics and sedimentation[A]. International Association for Hydraulics Research Proceedings of the 13th Congress, 1969, 3: 311-325.

[245]SINGH A P, GHOSH S K, SHARMA P. Water quality management of a stretch of river Yamuna: An interactive fuzzy multi-objective approach[J]. Water resources management, 2007, 21(2): 515-532.

[246]SOOKY A A. Longitudinal dispersion in open channels[J]. Journal of the hydraulics division-ASCE, 1969, 95(4): 1327-1346.

[247]SPALART P R. Detached-Eddy Simulation[J]. Annual review of fluid mechanics, 2009, 41: 181-202.

[248]STEVENS D G, NEBEKER A V, BAKER R J. Avoidance responses of salmon and trout to air-supersaturated water[J]. Transactions of the American fisheries society, 1980, 109(6): 751-754.

[249]STREETER H W, PHELPS E B. A study of the pollution and natural purification of Ohio River[J]. Health bulletin department of health education & welfare, 1958, 146(3): 1436-1439.

[250]SVEJCAR T J, RIEGEL G M, CONROY S D, et al. Establishment and growth potential of riparian shrubs in the northern Sierra Nevada: Symposium on ecology and management of riparian shrub communities[C]. Ogden, UT: US Department of Agriculture, Forest Service, Intermountain Research Station, 1992.

[251]SYME G J, NANCARROW B E, MCCREDDIN J A. Defining the components of fairness in the allocation of water to environmental and human uses[J]. Journal of environmental management, 1999, 57(1): 51-70.

[252]TAL M, PAOLA C. Dynamic single-thread channels maintained by the interaction of flow and vegetation[J]. Geology, 2007, 35(4): 347-350.

[253]TAL M, PAOLA C. Effects of vegetation on channel morphodynamics: results and insights from laboratory experiments[J]. Earth surface processes and landforms, 2010, 35(9): 1014-1028.

[254]TANINO Y, NEPF H M. Laboratory investigation of mean drag in a random array of rigid, emergent cylinders[J]. Journal of hydraulic engineering-ASCE, 2008, 134(1): 34-41.

[255]TAYLOR G. The Dispersion of matter in turbulent flow through a pipe[J]. Proceedings of the royal society of London, 1954, 223(1155): 446-468.

[256]THOMANN R V, MUELLER J A. Principles of surface water modeling and

control[M]. New York, USA: Harper & Row Publishers, 1987.

[257]THOMS M C, SHELDON F. An ecosystem approach for determining environmental water allocations in Australian dryland river systems: the role of geomorphology[J]. Geomorphology, 2002, 47(2-4): 153-168.

[258]TONINA D. Surface water and streambed sediment interaction: the hyporheic exchange//Fluid mechanics of environmental interfaces GUALTIERI C, MIHAILOVIĆ DT(Editors)[M]. 2nd ed. The Netherlands, Leiden: CRC Press/Balkema, 2012: 255-294.

[259]URMCC(Utah Reclamation Mitigation and Conservation Commission). Stream Habitat Improvement Evaluation Project [Z]. Prepared for the Utah Reclamation Mitigation and Conservation Commission and the US Department of the Interior CUP Completion Act Office Managed by Utah Division of Wildlife Resources Prepared by BIO/WEST, Inc. 1995.

[260]VELZ C J. Deoxygenation and reoxygenation [C]. Proceedings of the American society of civil engineers, 1938, 64(4): 767-780.

[261] VELZ C J. Factors influencing self-purification and their relation to pollution abatement[J]. Sewage works journal, 1947, 19(4): 629-644.

[262] VERDUIN J J, BACKHAUS J O, WALKER D I. Estimates of pollen dispersal and capture within Amphibolis antarctica(Labill.) Sonder and Aschers. ex Aschers. meadows[J]. Bulletin of marine science, 2002, 71(3): 1269-1277.

[263]VUORINEN H S. The emergence of the idea of water-borne diseases//JUUTI P S, KATKO T S, VUORINEN H S. Environmental history of water-global views on community water supply and sanitation[M]. London, UK: IWA Publishing, 2007a: 103-115.

[264]VUORINEN H S. Water and health in antiquity: Europe's legacy//JUUTI P S, KATKO T S, VUORINEN H S. Environmental history of water-global views on community water supply and sanitation[M]. London, UK: IWA Publishing, 2007b: 45.

[265]WANG X Y, XU H L, LING H B, et al. Effects of ecological water conveyance on recovery value of vegetation in the lower reaches of Tarim river[J]. Agricultural research in the arid areas, 2017, 35(4): 160-166.

[266]WEITKAMP D E, SULLIVAN R D, SWANT T, et al. Gas bubble disease in resident fish of the lower Clark Fork River[J]. Transactions of the American fisheries society, 2003, 132(5): 865-876.

[267] WESCHE T A. Stream channel modifications and reclamation structures to enhance fish habitat//GORE J A. The restoration of rivers and streams theories and experience[M]. Boston: Butterworth, 1985: 103-159.

[268]WHARTON C H, KITCHENS W M, PENDLETON E C, et al. The ecology of bottomland hardwood swamps of the southeast: A community profile[M]. Washington DC: US Fish and Wildlife Service, 1982.

[269]WHITE R J, BRYNILDSON O M. Guidelines for management of trout stream

habitat in Wisconsin[J]. Technical bulletin, 1967, 39: 147-156.

[270]WHITE R J. Trout population responses to stream flow fluctuation and habitat management in Big Roch-a-Cri Creek, Wisconsin[J]. Verhandlungen der internationalen vereingung fur theretische und angewandte limonologie, 1975, 19(3): 2469-2477.

[271]WILBUR R L. Two types of fish attractors compared in Lake Tohopekaliga, Florida[J]. Transactions of the American fisheries society, 1978, 107(5): 689-695.

[272]WILSON N R, SHAW R H. Higher-order closure model for canopy flow[J]. Journal of applied meteorology, 1977, 16(11): 1197-1205.

[273] WOOL T, AMBROSE R B, MARTIN J L, et al. WASP 8: The next generation in the 50-year evolution of USEPA's water quality model[J]. Water, 2020, 12(5): 1398.

[274] WRIGHT N, CROSATO A. The hydrodynamics and morphodynamics of rivers//PETER Wilderer. Treatise on water science[M]. Oxford, UK: Academic Press, 2011, 2: 135-156.

[275]WUNDERLICH W O. Heat and mass transfer between a water surface and the atmosphere[R]. Tennessee Valley Authority(TVA) Report 0-6803, Norris, TN, 1972.

[276]YATES F A. Giordano Bruno and the hermetic tradition[M]. Chicago, USA: University of Chicago Press, 1964.

[277]YI Y J, CHENG X, YANG Z F, et al. Evaluating the ecological influence of hydraulic projects: A review of aquatic habitat suitability models[J]. Renewable and sustainable energy reviews, 2017, 68: 748-762.

[278]YI Y J, WANG Z Y, YANG Z F. Impact of the Gezhouba and Three Gorges Dams on habitat suitability of carps in the Yangtze River[J]. Journal of hydrology, 2010, 387(3-4): 283-291.

[279]YOUNG N, WEBER L, NAKATO T. Hydrodynamic characteristics of freshwater mussel habitat in the upper Mississippi River. Inland Waters: Research, Engineering and Management v. 2. IIHR-Hydroscience & Engineering[R]. Iowa City: Department of Civil & Environmental Engineering, University of Iowa, 2003.

[280] ZHANG R J, ZHANG G, ZHENG Q, et al. Occurrence and risks of antibiotics in the Laizhou Bay, China: impacts of river discharge[J]. Ecotoxicology and environmental safety, 2012, 80(2): 208-215.

[281] ZIELINSKI D P, FREIBURGER C. Advances in fish passage in the Great Lakes basin[J]. Journal of great lakes research. 2021, 47: S439-S447.